AF356369

Le temps
vu autrement

Gérard Berry

Le temps vu autrement

Langue, mesure, distribution, ondes, informatique et 'Pataphysique

Sommaire

Avant-propos.. 11

CHAPITRE 1 – Présentation des chapitres suivants 15

CHAPITRE 2 – Percevoir le temps et en parler.............. 25

Comment percevons-nous le temps ? 25

La pendule de référence.................................... 41

Passé, présent et futur.................................... 44

Les durées 46

Les heures et les semaines 48

Les âges 49

Rythmes et fréquences 50

La vitesse 51

Les problèmes ouverts 53

Et chacun a son temps propre............................... 55

Conclusion... 58

CHAPITRE 3 – Mesurer le passage du temps 59

Les calendriers 62

Les premiers appareils à mesurer le temps 66

Le problème de la longitude 76

Le Longitude Act, *les astronomes et John Harrison* 81

L'importance de la fréquence des vibrations mesurées 93

Les horloges atomiques 94

Conclusion 98

CHAPITRE 4 – La distribution de l'heure partout 99

Les deux temps solaires et l'équation du temps 100

Des fuseaux horaires au Bureau international de l'heure 107

Les temps modernes : TAI et UTC 109

La distribution de l'heure aux temps anciens 112

Distribuer l'heure par la radio et le téléphone 114

Synchroniser les horloges à distance 120

Synchroniser les ordinateurs et objets connectés par Internet 123

La fragilité de la distribution du temps 130

CHAPITRE 5 – Les ondes 137

La définition des ondes 138

Premiers exemples 139

Anatomie des ondes sonores 146

De la roue de vélo à la sinusoïde 152

Comprendre les ondes : l'analyse harmonique de Fourier 154

Comment entendons-nous les sons ? 164

Enregistrer le son 169

Les instruments électroniques 179

Produire le son numériquement 181

Les ondes électromagnétiques 186

Communiquer par les ondes : les signaux 192

Le retournement temporel 201

Notre cerveau aussi marche à coups d'ondes et de signaux 205

CHAPITRE 6 – La déformatique du temps 209

Définition et champs d'action de la déformatique 210

Aller plus loin : déformer commercialement le temps 213

La vraie nature physique du temps enfin révélée 215

Le mystère de la matière noire enfin élucidé 218

Pour passer de la science au commerce,
éviter la bureaucratie 220

Lapsagogo.com : synthétiser et vendre du temps 221

Barbonzelle.com : exploiter le paradoxe de Langevin 224

TravelToThePast.com 228

CHAPITRE 7 – Le temps en informatique classique.... 231

Les algorithmes et leurs temps de calcul théoriques 232

La formalisation des algorithmes par Church et Turing 237

Mais que peut-on faire ou pas avec de vrais ordinateurs ?.... 245

Les classes de complexité 247

Les problèmes trop chers à résoudre, au cœur
de la cybersécurité 262

CHAPITRE 8 – Le parallélisme asynchrone en informatique 271

Les racines du parallélisme asynchrone 273

Les méthodes du parallélisme asynchrone 281

Spanner : une base de données répartie connaissant
le temps 285

Langage et modèles pour la programmation asynchrone 287

Les logiques temporelles 294

CHAPITRE 9 – La programmation synchrone 301

Introduction au domaine 301
Les principes de la programmation synchrone 307
Esterel 311
Exemples de programmes Esterel 312
Compiler Esterel 323
Le passage aux circuits électroniques synchrones 324
L'étonnante efficacité des circuits électroniques synchrones ... 330
La causalité en Esterel 342
HipHop, un mélange d'asynchronisme et de synchronisme 346
Bref aperçu de Lustre 348

Conclusion et remerciements 357

Avant-propos

Bien des philosophes et des physiciens ont écrit et écrivent toujours des livres passionnants sur le temps (celui qui passe), mais sans pouvoir vraiment résoudre la question lancinante de sa nature profonde. Le temps reste donc un mystère insondable. Je n'essaierai en aucun cas de résoudre ce mystère dans ce livre, qui a un objectif plus modeste mais aussi intéressant à mon avis : parler du *temps usuel*, celui auquel tout un chacun est habitué, mais selon des angles très différents et tout à fait complémentaires : linguistiques, historiques, scientifiques et pataphysiques – la 'Pataphysique, créée par Alfred Jarry en 1911, étant la science des solutions imaginaires (à des problèmes réels ou pas). Elle me permet souvent de « sortir du dessin » et d'avoir des idées neuves.

Ayant donc une ambition assez large, ce livre est constitué d'un chapitre d'introduction qui présente brièvement les thèmes et l'esprit des chapitres suivants, suivi de huit chapitres traitant chacun un aspect différent du temps et de ce qu'on en fait. Six chapitres parlent des évolutions des sciences associées à la notion de temps, alors que le premier et le sixième sont pataphysiques et plus joyeux. Ces aspects sont selon moi parfaitement compatibles, comme le sont d'ailleurs le sérieux et l'humour.

Après l'introduction, le lecteur pourra s'il le souhaite choisir l'ordre dans lequel il lira les huit chapitres suivants, assez indépendants les uns des autres – ce qui lui fournit exactement 40 320 possibilités de lire le livre en entier[1]. Mais il y a quand même une certaine logique historique dans l'ordre que je lui propose.

Qui suis-je ?

Je suis scientifique depuis mon enfance, ce que mes parents ont su rapidement car dès mes quatre ans j'adorais consulter les livres de chimie avec leurs beaux dessins et leurs formules magiques – j'ai d'ailleurs eu un vrai labo dans la cave. J'ai rencontré l'informatique en 1967 quand j'étais à l'École polytechnique, par un copain qui m'a dit qu'il y avait dans une petite pièce un ordinateur assez antique mais libre d'accès donné par son fabricant. Dès que j'ai commencé à faire mes premières expériences, j'ai compris qu'il était facile de programmer vite mais très difficile de programmer juste, ce qui allait me suivre toute ma vie.

Puis je suis devenu officiellement chercheur en informatique en 1970[2], d'abord en région parisienne à l'École des mines de Paris puis à l'IRIA Rocquencourt, dans un groupe fantastique. Mais la recherche française en informatique n'a

---

1. Ce nombre est la factorielle de 8, donc le nombre de permutations de ces chapitres. Étonnant, non ?
2. Ma tante Emilia, paysanne gersoise de grande éducation et force de la nature, me disait en le pensant très fort et en rrroulant les r : « Que tu sois chercheur, je comprends, parce que tu passes ton temps à chercher tes affaires. Mais qu'on te paie pour ça, je ne comprends pas ! »

pas eu accès aux ordinateurs qu'il lui aurait fallu jusque vers 1980, ce qui nous a rendus forts en théorie. Cela nous a beaucoup servi après.

J'ai migré à Sophia-Antipolis en 1977, puis l'accès aux ordinateurs adaptés a enfin commencé à devenir possible trois ans après. Mon labo comportait alors des informaticiens et des automaticiens, et nous avons commencé par programmer ensemble une petite voiture de course autonome. C'est à cette époque que j'ai compris que mon sujet allait devenir le rapport entre l'informatique et le temps. Théorie et pratique se sont complètement mélangées pour programmer *avec* le temps au lieu de programmer contre lui comme le faisaient la plupart des informaticiens, pour qui le temps était l'impôt à payer pour leurs calculs. Puis, après une période de huit ans à plein temps dans une société industrielle fondée directement sur nos créations, suivie de trois nouvelles années de recherche, j'ai été invité à enseigner au Collège de France, d'abord sur deux chaires annuelles en 2007 et 2009, puis sur la chaire permanente « Algorithmes, machines et langages » de 2012 à 2019. Le cœur de mon enseignement a été la maîtrise du temps en informatique.

Et je suis tout aussi heureux d'avoir été admis en 2009 au Collège de 'Pataphysique, à la suite d'une publication qui fera l'objet d'une grande partie du chapitre 2. Cette institution a été créée en 1948[3] par Raymond Queneau, François Le Lionnais (mathématicien) et quelques autres ; elle a ensuite admis Boris Vian, Georges Perec, Juan Miró, Eugène Ionesco, René Clair, Jean-Christophe Averty, et bien d'autres. J'y ai créé la chaire de Déformatique, ainsi définie : « L'informatique, c'est la science de l'information, la déformatique, c'est le contraire. »

---

3. C'était quelques mois avant ma naissance – la France avait également bien fait d'acheter la Corse quelques années avant la naissance de Napoléon, pour être sûr qu'il soit français !

Voici sa devise, empruntée à Oscar Wilde : « Appuyez-vous sur les principes, ils finiront bien par céder. »

Deux chapitres de ce livre expliqueront comment la déformatique s'applique au temps. Mais plusieurs des choses sérieuses et véridiques dont je parlerai dans les autres chapitres ont aussi des côtés pataphysiques profondément réjouissants : l'incroyable saga des horaires de train au début du 20ᵉ siècle, les pieds de nez permanents de la France pour accepter de passer officiellement à l'heure de Greenwich de l'ami/ennemi anglais – finissant à la même heure que l'Angleterre mais sous un autre nom, les changements permanents heures d'hiver et d'été dans beaucoup de pays pour des raisons variées, ou encore le choix du nom UTC pour l'heure qui nous gouverne maintenant. Ne ratons jamais une occasion de sourire !

CHAPITRE 1

Présentation
des chapitres suivants

D'abord, un avertissement : les résumés courts ci-dessous sont faits pour comprendre comment s'orienter dans ce livre. Chaque chapitre développe son sujet bien plus en profondeur, avec un niveau de détails qui va nécessairement assez loin car les développements techniques et mentaux nécessaires ont été lents et souvent chaotiques, en particulier vu les nombreux conflits entre les pays et les opinions des uns et des autres. Les chapitres 2 et 6 sont purement de mon fait, le 2 étant semi-pataphysique, alors que le 6 l'est complètement. Les sujets et aventures relatés dans les chapitres 3, 4 et 5 ont déjà été écrits, mais dans des endroits et par des auteurs très divers et dans des publications dispersées ; mon but est de rendre cohérentes les notions présentées. En revanche, les sujets des chapitres 7, 8 et 9, résolument informatiques et assez différents dans ces trois chapitres, n'ont apparemment jamais été racontés au grand public, à ma connaissance. Vous y verrez que l'histoire du temps dans nos sociétés est loin d'être finie, malgré tous nos outils modernes !

Le chapitre 2 commence par une brève analyse de notre perception du temps, qui n'est en aucune façon précise sauf toutefois pour les rythmes en musique. C'est un sujet déjà bien travaillé ailleurs. Le chapitre s'intéresse ensuite à la langue française du temps, où le mot lui-même cumule quatre sens temporels nommés par quatre mots différents en anglais – sans compter le temps qu'il fait. Passant en mode pataphysique, j'énumère un nombre étonnant d'expressions toutes faites que j'adore, généralement orales et souvent de nature paysanne, qui remontent parfois à la *nuit des temps*. Cette énumération s'étend ensuite à des notions dérivées du temps comme les âges, les fréquences et la vitesse. Je les avais déjà classifiées dans un article pataphysique[1], avec d'autres qui parlent de distances, d'argent, etc. Mais la civilisation moderne tend à les faire disparaître petit à petit, au point que les plus jeunes risquent de ne plus les employer – ni même de les comprendre. Je promeus toujours l'idée de les normaliser, de les incarner de diverses façons et de déposer leurs définitions au Pavillon des poids et mesures, fierté de la France où sont rassemblées les unités physiques internationales. Et j'attends de précieuses contributions des lecteurs pour me signaler mes oublis ou de nouvelles idées !

Le chapitre 3 est consacré à la mesure du temps qui passe, en commençant par la suite des jours qui conduit aux calendriers – dont l'extraordinaire calendrier révolutionnaire. Il décrit ensuite la mesure de l'heure avec les cadrans solaires, puis les horloges, ainsi que la mesure des durées avec les clepsydres, ou horloges à eau, dont la célèbre clepsydre de Ctésibios à Athènes qui indiquait aussi les heures. Lors de leur invention au 13e siècle en Angleterre, les premières horloges fort imprécises ne servaient qu'à faire sonner les cloches, comme les frères Jacques. Puis elles se sont perfectionnées

---

1. G. Berry, « Pour la réhabilitation du Pavillon des poids et mesures », *Viridis Candela, correspondancier de 'Pataphysique*, 2007, n° 1, p. 33-60.

petit à petit, en particulier avec l'introduction du balancier par Huygens au 17ᵉ siècle et celle des cadrans. Le grand tournant a été dû au *problème de la longitude*, celui de savoir où l'on est en mer, qui demande de connaître l'heure à laquelle on regarde la position du Soleil avec une excellente précision. Il a été considéré comme le plus grand défi scientifique dès Galilée, à cause de l'explosion des voyages en mer et de l'essor de la colonisation européenne. Ce sujet est assez peu connu en France car tout s'est passé en Angleterre, après un naufrage dramatique des navires amiraux en 1720 qui a conduit à un prix considérable pour qui trouverait la solution. Ce prix a engendré une lutte acharnée et quelquefois malhonnête entre les astronomes du roi et l'extraordinaire charpentier-horloger John Harrison, qui a fini par gagner malgré tous les obstacles qu'on mettait sur sa route. Cette saga a fait l'objet du livre *Longitude* de Dava Sobel, que je trouve extraordinaire et que je conseille vivement au lecteur, surtout en version illustrée ; je m'appuierai directement sur lui. Le chapitre se termine par les moyens modernes de mesurer l'heure, devenus incroyablement précis grâce à des systèmes oscillatoires à fréquences très grandes et très régulières, d'abord mécaniques puis à quartz et maintenant atomiques ou optiques.

Le chapitre 4 décrit une aventure complémentaire, celle de la définition de l'heure qu'il est et de sa diffusion aux populations, indispensable si on veut pouvoir se donner rendez-vous à d'autres moments qu'au lever du Soleil, qu'à son coucher, ou vers le midi quand on a faim. Mais quelle heure distribuer ? Cela a été longtemps l'heure solaire du lieu ou de la ville la plus proche, dont la définition précise n'a d'ailleurs rien de simple. Mais le chemin de fer a tout changé : il nécessitait d'avoir des horaires précis, par exemple pour partager les voies uniques entre trains roulant dans des sens opposés, et faire un horaire avec des multitudes d'heures locales l'aurait rendu illisible.

Il a fallu choisir une heure de base conventionnelle, en général celle de la capitale du pays en Europe. Cela a entraîné des situations rocambolesques où chaque gare de province devait avoir trois pendules montrant trois heures différentes[2], avec aussi des heures d'été et d'hiver qui changeaient, apparaissaient et disparaissaient très souvent. Puis il a fallu harmoniser les heures mondiales car les pays se traversent. Ce fut une aventure pleine de rebondissements, vu les susceptibilités et rivalités permanentes, qui n'a abouti qu'en 1929 avec la généralisation des fuseaux horaires et en 1967 avec deux temps de référence mondiale, le temps atomique international (TAI) et le temps sidéral (UTC), encore une fois sur fond de rivalités France/pays anglo-saxons. Les méthodes de distribution ont aussi évolué, des cloches aux systèmes pneumatiques et à l'horloge parlante, fierté française. La distribution de l'heure est maintenant réalisée partout et avec une très grande précision par les satellites du GPS vers nos téléphones, ce qui nous fait croire que le problème est résolu. Pas du tout, car le GPS est fragile, comme le montre son brouillage systématique dans les guerres actuelles, qui perturbe de plus en plus les liaisons aériennes. Des méthodes alternatives plus robustes devront être utilisées dans les nombreux domaines où la disponibilité et la précision de l'heure exacte sont critiques.

Le chapitre 5 est consacré aux ondes, phénomènes d'oscillations temporelles extrêmement divers, matériels ou non : vagues, son, radio, lumière, ondes gravitationnelles, tous ces phénomènes sont des ondes. Le chapitre est sensiblement plus long que les précédents, mais peut se lire par morceaux. La grande figure est ici Joseph Fourier, homme d'État et mathématicien français, malheureusement pas connu autant qu'il

---

2. Pourquoi trois et pas deux, l'heure solaire du lieu et l'heure de Paris ? Lisez le chapitre et vous le saurez.

devrait l'être tant sa théorie est partout. Fourier a montré que toutes les ondes peuvent être analysées et caractérisées mathématiquement de la même façon à l'aide de la notion de *spectre*, qui en donne une vision synthétique « sans temps » et exhibe leurs paramètres majeurs invisibles directement, tout en ayant aussi des limitations intrinsèques. Le chapitre commence par l'exemple des vagues, et continue par une analyse plus approfondie du son, simple d'accès et où l'analyse de Fourier garde un côté très naturel en liaison avec la musique. Il se poursuit par les ondes électromagnétiques, lumineuses ou radio, qui ne diffèrent que par leurs fréquences qui déterminent leurs interactions avec la matière et ont des myriades d'applications. L'analyse fine de toutes les ondes et leur synthèse sont aussi devenues possibles, par exemple pour la musique où elle est devenue courante : avec l'électronique et l'informatique on peut synthétiser n'importe quels sons et suites de sons avec une grande précision, par exemple pour permettre les nouveaux instruments informatisés et la synthèse totale de musique. Mais il y a bien d'autres applications majeures comme l'enregistrement numérique et la compression du son, l'astronomie lointaine, la radiologie en médecine, ou encore l'étude du fonctionnement du cerveau.

Le chapitre 6 est une transcription augmentée de ma leçon inaugurale au Collège de 'Pataphysique, donnée à la Cité des sciences fin 2009. Il montre d'abord comment une nouvelle découverte sur la nature du temps m'a permis de résoudre le grand problème de la matière noire de l'univers, sur lequel astronomes et physiciens butaient depuis bien longtemps. Mais la science n'est pas tout : pour suivre la mode (et nous enrichir), nous allons fonder trois starteupes[3]. La première, fondée sur les vieilles théories d'Einstein et exploitant les

---

3. Ou « jeunes pousses », en novlangue politique.

progrès des fusées, fournira une solution définitive au problème éternel des riches barbons amoureux de jeunes donzelles qui ne veulent rien entendre. La seconde, directement fondée sur les résultats précédents, fournira une manière révolutionnaire de gagner vraiment du temps contre de l'argent, par exemple pour avoir quand même son train quand on est pourtant sûr de le rater. La troisième, encore dépendante du temps qu'il me faudra pour vérifier une conjecture physique évidemment vraie, vous rendra possibles des voyages très agréables dans le passé de votre choix, où et quand vous voulez. Je prends déjà les envies de destinations si le lecteur souhaite passer commande.

Les chapitres 7, 8 et 9 seront dédiés au temps en informatique, mon propre sujet de travail scientifique. Pourquoi trois chapitres ? Parce qu'il y a trois informatiques complètement différentes en termes de rapport au temps, étudiées et utilisées par des chercheurs et des industriels tout aussi différents.

La première, celle du chapitre 7, est née théoriquement avec Turing et Church dans les années 1930 et a été mise en application sur les premiers ordinateurs à la fin des années 1940. Elle est toujours applicable à la plupart des calculs actuels, qui se font séquentiellement instruction par instruction selon celles d'un programme classique. Un des problèmes majeurs du domaine est celui de l'ordre de grandeur du coût en temps d'un algorithme, qui dépend du type de problème à résoudre bien plus que de la vitesse de l'ordinateur, allant du négligeable à l'impossible pratiquement. Cette question fait l'objet de la théorie de la *complexité algorithmique*, qui a explosé dans les années 1970. Nous en dresserons un panorama rapide, en insistant sur la variété des problèmes à traiter et l'existence d'un petit nombre de classes de complexité simples à définir : elles caractérisent la difficulté intrinsèque d'un algorithme séquentiel, du très rapide à l'impossible en pratique. Mais une grande catégorie de problèmes fondamentaux et tous équivalents résiste à l'analyse mathématique, car on ne sait toujours pas s'ils sont solubles en pratique ou pas ; nous en analyserons brièvement l'exemple le plus fondamental, le calcul booléen de *vrai* et *faux*, pourtant apparemment très simple. Cette question est considérée actuellement comme l'un des problèmes ouverts les plus durs des mathématiques, mais on connaît des heuristiques (algorithmes approchés) qui marchent bien en pratique – sans qu'on sache pourquoi.

La deuxième informatique, celle du chapitre 8, est née dans les années 1990 avec l'arrivée des premiers réseaux d'ordinateurs puis d'Internet. Il s'agit de faire coopérer plusieurs ordinateurs répartis géographiquement sur un problème donné, sachant que le réseau qui les relie ne donne aucune garantie de temps ni même de réussite pour les transferts d'information. Citons comme exemple une base de données distribuée, un jeu en réseau, un système de télécommunication, ou de façon générale ce qu'on appelle le *cloud computing*[4], calcul effectué sur des ordinateurs distants, qui en nécessite souvent plusieurs travaillant en même temps. Cela demande de définir des outils logiciels de communications et de décisions tolérant les pannes des machines, qui sont particulièrement délicats. Ici, le temps est plutôt un ennemi, car des interférences temporelles cachées peuvent provoquer deux nouveaux types de bugs : l'interblocage ou *deadlock* dans lequel deux ou plusieurs processus attendent chacun une réponse des autres, et la *famine*, où plusieurs processus avancent normalement sauf quelques-uns qui restent sur place. Dans ce domaine, le temps n'est donc vu que comme permettant des bugs durs à détecter et à corriger. La détection et la prévention de ces

---

4. Officiellement « infonuagique » en français, mais personne n'utilise ce mot dans la profession.

bugs temporels sont des problèmes très difficiles, résolus maintenant de façon satisfaisante grâce à des théories et réalisations remarquables. Mais le sujet continue à évoluer car bien d'autres questions se posent, que je ne discuterai pas ici.

Le chapitre 9 présentera enfin l'informatique synchrone (ou réactive) qui considère au contraire le temps comme un paramètre fondamental de la programmation qu'il ne faut absolument pas cacher, à l'inverse des deux précédentes – j'ai été l'un des créateurs du domaine, qui a occupé la plus grande partie de ma carrière. Historiquement, la question à résoudre est issue des problèmes principalement industriels dits *de temps réel*, où l'informatique conduit une machine comme un avion ou un train avec des contraintes de temps de réponse et de sécurité sévères, chose que les méthodes précédentes ne peuvent pas assurer. La science de base est ici l'automatique (*control theory*), la mathématique du contrôle des processus physiques. En 1982, j'étais dans un labo mêlant automatique et informatique, et nous avons eu l'idée de créer un langage de programmation appelé Esterel, très différent des autres car fondé sur une idée simple mais iconoclaste : *supposer que les calculs se font à vitesse infinie, et donc toujours en temps nul*. Stupide, n'est-ce pas ? Pas du tout, au contraire, pour des raisons expliquées dans le chapitre : l'élégance de la programmation, la possibilité de programmer en parallèle tout en conservant le déterminisme des comportements, le découplage du temps de calcul et du temps propre du processus physique, la facilité de génération de code séquentiel classique utilisable dans le système réel ou dans ses simulations, mais aussi de circuits électroniques ultraperformants, la possibilité de vérifier que le temps de réponse de l'implémentation finale satisfait les besoins du système, etc. Mais l'hypothèse synchrone n'est pas simple à faire vivre et à implémenter car elle peut engendrer des paradoxes dans la définition du sens des programmes. Il nous a fallu plus de quinze ans pour trouver la bonne solution mathématique et pratique valable pour tous les cas. Une hypothèse similaire mais dans un style de programmation différent a été prise peu après la naissance d'Esterel mais indépendamment pour deux autres langages, Lustre à Grenoble et Signal à Rennes.

Un choc majeur pour moi durant ce travail a été de découvrir par mon collègue et ami Jean Vuillemin à la fin des années 1980 que l'hypothèse synchrone était déjà bien connue dans un domaine très différent, celui des circuits électroniques numériques, qui est la base de toute l'informatique pratique. J'ai alors montré que les idées et constructions des langages synchrones étaient aussi parfaitement adaptées à ce domaine majeur en pratique, mais à l'époque sans aucune connexion aux domaines précités du logiciel. Avec mon équipe, nous avons mis au point de nouveaux algorithmes de génération de circuits ou de logiciel résolvant la quasi-totalité des problèmes posés par les méthodes précédentes.

Chacun des trois langages a été industrialisé dans les années 1996-2001, avec comme clients des acteurs de l'avionique française et d'autres domaines comme le ferroviaire, l'industrie nucléaire, ainsi que les circuits pour Esterel et d'autres industries où la sûreté des programmes est vitale et quelquefois encadrée par des normes contraignantes. La société Esterel Technologies, créée en 2000 et dont j'ai été le directeur scientifique à plein temps de 2001 à 2009, a développé le langage Esterel v7, bien plus puissant que l'original universitaire et bien adapté à la fois aux systèmes logiciels et à la conception des circuits électroniques. Après le rachat en 2002 de la société qui développait SCADE, la version industrielle de Lustre déjà utilisée dans les avions d'Airbus, Esterel Technologies a conçu le nouveau langage SCADE 6 issu à la fois de SCADE et d'Esterel, et dispose d'un riche outillage de simulation et de génération de code. Le compilateur de SCADE 6 dans le langage C, commun à toutes les plateformes de calcul, est maintenant certifié au niveau international le plus haut applicable en avionique – c'est le seul du domaine à ma connaissance. Esterel Technologies avait donc deux domaines d'activité florissants, les circuits électroniques et le logiciel embarqué. Mais sa partie circuits a été tuée par la grande crise de 2008 qui a provoqué l'arrêt de la branche concernée de Texas Instruments, notre premier client dans le domaine des circuits, et de grandes difficultés chez les autres clients. Mais l'activité logicielle a continué à rencontrer un beau succès, et est devenue un acteur majeur du domaine. Esterel Technologies a été rachetée par Ansys, une société américaine avec des centaines de clients en avionique, ferroviaire, automobile, etc. Qui a dit que la France sait garder ses pépites ?

CHAPITRE 2

Percevoir le temps et en parler

« Quand le temps est venu, l'heure est arrivée. »

Raymond Barre.

Comment percevons-nous le temps ?

Nous percevons et vivons l'écoulement du temps très directement, grâce à nos sens qui nous renseignent à la fois sur ce qui se passe à l'intérieur de notre corps et dans la nature environnante. De l'intérieur, nous sentons directement notre cœur, avec ses battements bien perceptibles, notre respiration, mais aussi d'autres cycles temporels comme ceux rapides des picotements de notre peau et ceux beaucoup plus lents de la faim et de la soif, du sommeil, ainsi que celui pas tout à fait assez lent de notre vieillissement. Dans la nature, il est facile d'observer le cycle perpétuel de l'alternance des jours et des nuits, celui de la pluie et du beau temps, celui des saisons, celui plus mystérieux de la Lune avec les marées qu'elle engendre et que le marin se doit de bien comprendre, ainsi que bien d'autres cycles apparemment immuables. Et aussi tous les mouvements et cycles liés à la vie des plantes et des animaux, de la lente croissance des arbres avec l'éclosion annuelle des bourgeons, fleurs puis fruits aux mouvements rapides de leurs feuilles secouées par le vent, ou encore le chant des oiseaux. Les bruits associés à tous ces phénomènes nous renseignent aussi sur le temps qui passe.

Mais le temps que nous percevons ne nous est accessible qu'au travers de la succession d'événements perceptibles, qu'ils soient apparemment réguliers ou profondément irréguliers. Pourtant, le temps semble aussi passer indépendamment de notre perception et de notre volonté, et sa nature profonde reste un mystère, y compris pour les physiciens dont certains doutent même de son existence au sens où nous l'entendons habituellement. Comme ils ont écrit beaucoup de livres sur ces questions, j'essaierai ici de dire des choses plus terre à terre et assez variées, en espérant qu'elles intéresseront le lecteur.

LE PASSAGE DU TEMPS : RÉGULIER OU NON ?

Au 21e siècle, nous sommes habitués à mesurer constamment le temps avec nos pendules, montres et téléphones, en considérant comme acquis qu'il passe de façon régulière et immuable. Mais cette capacité est récente, disons datant au plus tôt du 19e ou même du 20e siècle pour le commun des mortels. Auparavant, la plupart des phénomènes temporels qui s'offraient à nos sens n'étaient pas réguliers, ou étaient d'une régularité suffisamment complexe pour qu'elle ne nous soit pas directement visible.

La perception que nous avons du temps semble toujours dériver des cycles rythmiques externes ou internes observables.

Mais la plupart des rythmes internes de notre corps auxquels nous avons accès, par exemple ceux des battements du cœur, de la respiration et de la digestion, sont franchement irréguliers car ils dépendent fortement de l'activité physique et des émotions. Quant aux cycles naturels facilement observables qui nous entourent, la plupart sont aussi irréguliers et difficiles à comprendre et à mesurer. Bien sûr, le Soleil se lève et se couche tous les jours, mais sa course change aussi de jour en jour et les nuages peuvent le rendre invisible. Même chose pour la Lune, en plus compliqué. Les saisons rythment les années, mais leurs débuts et leurs fins si critiques pour l'agriculture ne sont ni clairement marqués ni prévisibles. Par exemple, au Tamil Nadu, en Inde du Sud, on distingue trois saisons : *hot* (« chaud »), *hotter* (« encore plus chaud ») et *hottest* (« le plus chaud »), plus marquées que les quatre nôtres, mais les dates des changements entre elles et aussi des moussons, fondamentales pour les habitants, ne sont pas formellement garanties. Par ailleurs, à proximité de l'équateur, les saisons n'existent pas vraiment, et au cercle polaire les notions de lever et coucher du Soleil perdent même leur sens. Mesurer le temps à l'aide des phénomènes naturels visibles n'a donc rien de simple, et seuls des savants des différentes époques ont pu progressivement aborder le problème autrement pour le quantifier et l'analyser.

Or les relations sociales à moyenne ou grande échelle reposent sur la notion de rencontre, et souvent de rencontre programmée et réitérée. Le problème de savoir où se rencontrer est assez simple, mais celui de quand se rencontrer l'est beaucoup moins. C'est pour cette raison que, dans les temps anciens, les rendez-vous étaient souvent fixés à des moments bien identifiables comme le lever ou le coucher du Soleil, ou encore à des moments d'étirement naturel du temps comme le repas de midi.

L'IDÉE D'UN TEMPS UNIVERSEL

Les cycles temporels de la nature nous semblent presque tous à la fois reproductibles et irréguliers. Leur reproductibilité s'exprime par le retour perpétuel ou au moins récurrent des événements induits, du battement du cœur aux cycles complexes de la vie et de la mort des plantes, animaux et humains, en passant par le retour annuel du printemps. Nous comprenons facilement que ces retours perpétuels ne sont pas de notre fait, et nous cherchons constamment à comparer et à relier tous les rythmes que nous observons. Mais cela est rendu compliqué par l'irrégularité de leur durée, variable la plupart du temps ; par exemple, la période des battements du cœur dépend de l'effort physique et des émotions, la durée du jour dépend fortement de sa position dans l'année, et le début de la pluie ne dit pas quand elle finira. Pourtant, nous savons intuitivement percevoir et surtout comparer ces périodes et durées, ce qui suppose une référence cachée qui nous permet de faire la comparaison. De quelle nature est-elle ?

On peut bien sûr comparer deux de ces cycles en comptant combien de fois le plus rapide se complète pendant la durée du plus lent, par exemple pour compter le nombre de jours dans l'année. Mais les cycles sont tellement nombreux, variés et irréguliers que cette méthode ne permet pas de les classer facilement. La réponse la plus simple s'avère être de faire appel à un « temps universel », lui régulier par construction, extérieur à nous et qui préside à toutes choses, en d'autres termes un temps magique probablement régi par quelque démiurge. Ce peut être un Dieu tout-puissant à image humaine (Chronos chez les Grecs), ou encore Dame Nature placée au-dessus de tout. Ce temps universel est très différent de l'espace, car unidirectionnel : quand on quitte un lieu, on peut y revenir, mais quand on vit un moment, on ne peut pas y revenir.

Notre curiosité fondamentale, outillée par quelques inventions intellectuelles comme les nombres, nous a donné la tentation irrépressible de mettre en cage mathématique ce temps fondamental, afin de pouvoir comparer sur une base unique les moments où les différentes choses se passent ainsi que les durées des cycles, puis de prendre le pouvoir sur lui par une mesure de plus en plus précise permettant de transformer chaque phénomène cyclique en banale suite de nombres nommant ses instants d'intérêt.

Après bien des efforts que nous rappellerons brièvement au chapitre 3, ce programme a tellement bien réussi qu'il est parvenu au point où parler précisément du temps demande des compétences scientifiques de très haute volée, encore possédées par peu de savants ; ce sont d'ailleurs ces savants, en commençant par Einstein, qui nous ont aussi appris dans la théorie de la relativité générale qu'il ne pouvait pas y avoir de temps vraiment universel, mais seulement des temps locaux qui ne peuvent être reliés que par les rayons lumineux, eux-mêmes courbés par la masse des choses dont ils s'approchent. Allez comprendre intuitivement… Mais ici, nous resterons sur la terre, dans le simple.

Après des siècles de travaux, la mesure du temps et la confiance dans le temps mesuré vont maintenant si loin que la seconde, son unité officielle, remplace même les autres unités apparemment disjointes comme le mètre et le kilogramme – ce que nous détaillerons plus loin. Étonnamment, le temps est devenu la seule chose que les physiciens savent mesurer avec une précision diabolique, tout en ignorant encore ce qu'il est, ou même s'il existe vraiment. Heureusement, dans la vie courante, on peut encore faire semblant !

L'EXCEPTION MUSICALE

À ma connaissance, il n'existe qu'un seul cas où nous avons une perception mentale directe d'une régularité facilement accessible du passage du temps : celui de la musique. Partout dans le monde, et depuis très longtemps, les hommes font de la musique, et les sons et rythmes musicaux sont partout, même s'ils sont assez différents selon les cultures. Il y a deux types très différents de fréquences en jeu. Les plus perceptibles sont les fréquences associées aux tempos et aux rythmes, du même ordre de grandeur que celles des battements du cœur[1]. D'autres fréquences sont associées à la hauteur et à la texture des sons émis par la voix et les instruments, mais elles sont de fréquences plus grandes et aussi bien plus complexes, surtout pour les attaques qui définissent le timbre d'une note et jouent un rôle décisif dans la perception de la musique.

Cependant, les rythmes trop parfaits peuvent devenir ennuyeux, et les interprètes utilisent des variations rythmiques et des décalages temporels subtils et souvent irréguliers – c'est souvent à ça qu'on les reconnaît. Les jazzmen sont passés maîtres dans cet art. À mon humble avis, la question de pourquoi nous comprenons spontanément et aimons tant la musique est loin d'être résolue, mais heureusement que cela ne rend pas nécessaire de comprendre en détail la théorie des ondes !

Suivant les continents, il y a des approches différentes de la musique. Je n'en citerai que deux. En Occident, et en

---

1. Mais les rythmes musicaux sont-ils effectivement liés aux battements du cœur ? Je ne sais pas si on peut l'affirmer, d'autant plus qu'il existe bien d'autres rythmes dans le cerveau qui ne nous sont pas directement accessibles (voir le chapitre 5).

particulier dans sa musique classique au moins depuis le 14ᵉ siècle, on met l'accent sur la polyphonie liée aux accords entre notes différentes, selon des relations mathématiques précises dues à la physique des ondes et à la structure fine de notre oreille, sujets dont nous parlerons au chapitre 5. Les rythmes sont en revanche peu élaborés, typiquement à deux, trois ou quatre temps, quelquefois cinq, mais d'autres structures rythmiques plus rapides ou plus lentes apparaissent aussi en filigrane, comme le vibrato à l'intérieur d'une note, l'alternance entre mouvements, ou la répétition des séquences musicales et des thèmes tout au long d'une œuvre.

En Inde, où la musique est tout aussi élaborée que notre musique classique, c'est très différent. La polyphonie est tout à fait inconnue, mais les rythmes sont extraordinairement variés. La complexité est placée dans des structures rythmiques plus longues et très élaborées, que l'on peut trouver soit dans une articulation tonale très souple avec des points d'appui entre lesquels on passe par des ondulations continues, comme dans les *alap*, les longs prologues arythmiques et méditatifs fréquents en Inde du Nord, soit à l'inverse dans les rythmes de percussions rapides et très inventifs dans lesquels on se perd avec délice – que soit avec le *tabla* en Inde du Nord qui sait produire un nombre incroyable de sons[2] ou le *mridamgam* et le *gatam* (pot de terre) en Inde du Sud. Plusieurs essais de mélange des styles occidentaux et indiens ont été tentés, mais sans vrai succès tant les cultures musicales sont différentes.

---

2. Écoutez par exemple l'extraordinaire quatrième morceau à 6 1/2 temps du disque *Magical Moments of Rhythm* de Zakir Hussain, morceau enregistré en concert à Berkeley en 1989. Il est facile à trouver sur le Web.

DEUX RAPPORTS AU TEMPS TRÈS DIFFÉRENTS : LA PHOTOGRAPHIE ET LE CINÉMA

La photographie, née en 1826, écrit la lumière sur du papier, comme son nom l'indique. Elle grave ainsi la lumière évanescente dans la matière, pour la faire retrouver plus tard sous une autre lumière. Très lente au début, car il fallait des heures d'exposition pour fixer une image, elle a changé au point qu'on a vite nommé les clichés des « instantanés » pour exprimer qu'ils figent le temps. Le temps d'ouverture de l'obturateur est effectivement bien inférieur au temps de perception biologique de l'œil humain. Par ailleurs, celui-ci ne voit nettement que dans un petit angle solide, ce qui implique qu'il ne peut voir une scène physique qu'en bougeant les yeux pour l'analyser ; cela prend un temps dont nous ne nous rendons pas forcément compte quand nous regardons une photo – mais les photographes savent aussi guider ce regard. Donc, pour regarder une photo prise au centième ou millième de seconde, il nous faut bien plus de temps que celui de la prise de vue. C'est probablement cette dissociation entre le temps gelé de l'événement photographié et le temps propre de celui qui regarde la photo avec ses émotions personnelles qui rend la photographie magique ; son effet était vu comme surnaturel pour les premiers utilisateurs et spectateurs, et il est resté magique même en devenant banal. La photographie reste d'ailleurs le seul moyen à la portée de tous pour figer le temps, car elle profite du fait que les ondes lumineuses ont des fréquences bien supérieures aux autres ondes que nous connaissons bien, les ondes sonores. Nous verrons au chapitre 5 pourquoi on ne peut pas figer un son de la même manière, puisque écouter prend le même temps qu'enregistrer. L'instantanéité de la photographie la rend aussi très différente de la peinture, autre art visuel inscrit dans un rectangle plat : nous savons inconsciemment qu'une peinture n'a jamais été faite en un temps conceptuellement nul.

De son côté, le nom du cinéma(tographe) exprime qu'il écrit le mouvement. Bien que tout film soit constitué d'une succession de photographies, c'est un art tout à fait différent de la photographie, car on ne voit jamais individuellement les photographies. Le temps propre du spectateur qui voit des scènes paraissant continues est complètement asservi pendant la projection à celui programmé par le metteur en scène et son monteur. Le cinéma mérite donc vraiment le titre d'art du temps. Il est d'ailleurs souvent accompagné de musique, un art du temps bien antérieur.

Quelquefois, mais rarement, la photographie et le cinéma se rejoignent, comme dans le film *La Jetée* de Chris Marker, qui est essentiellement une suite de photographies sauf pour une scène où l'on voit une femme cligner des yeux. Chris Marker était d'ailleurs à la fois photographe et cinéaste, ce qui n'est pas si fréquent.

LA CHRONOPHOTOGRAPHIE, UNE DÉCOMPOSITION TEMPORELLE DU MOUVEMENT

Mais il y a un intermédiaire intéressant entre la photographie et le cinéma : c'est la chronophotographie, qui prend une suite de photographies en un temps court, permettant ainsi de ralentir le temps pour permettre d'analyser finement un mouvement. Le précurseur en a été l'astronome français Jules Janssen en 1874, avec l'invention d'un « colt photographique » capable de prendre 48 photos en 72 secondes, qu'il a conçu et utilisé pour observer le transit de Vénus devant le Soleil. Puis le photographe américain Eadweard Muybridge a construit en 1878 une suite de 24 chambres photographiques commandées par des fils cassés successivement par un cheval au galop. Cela lui a permis de montrer que les nombreuses peintures de chevaux au galop avec les jambes en pleine extension et ne touchant pas le sol étaient irréalistes, car le décollage total n'a lieu que dans la phase inverse de regroupement des jambes, comme l'avait conjecturé Étienne-Jules Marey. Mais c'est surtout ce dernier, médecin et physiologiste français, qui a été le grand spécialiste de cette technique. Il a construit une série d'appareils qui a culminé avec le fusil photographique à plaques de verre de 1889, puis le chronophotographe qui utilisait une bande de papier au celluloïd. Ses chrono-photographies sont étonnantes et ont apporté beaucoup à la science de l'époque[3]. De nos jours, la chronophotographie est possible avec n'importe quel appareil numérique un peu sérieux ; le mien peut prendre par exemple jusqu'à 120 images par seconde en pleine résolution.

LA LANGUE FRANÇAISE DU TEMPS

Venons-en maintenant à la question de comment s'exprimer avec notre langue en face d'un concept aussi mystérieux. La réponse de base est que nous parlons du temps en référence à des phénomènes naturels ou à nos propres actions, bien davantage qu'en référence à la physique précitée. De ce point de vue, la langue française est un peu particulière, par exemple comparée à l'anglais (mais mes connaissances des expressions du temps dans les autres langues sont très

---

3. Voir par exemple ses contributions à l'analyse des mouvements de l'air : https://www.musee-orsay.fr/fr/agenda/expositions/presentation/mouvements-de-lair-etienne-jules-marey-1830-1904-photographe-des-fluides.

limitées). Elle regorge de merveilleuses expressions imagées, que j'adore et que je mets en italique ci-dessous pour bien les mettre en valeur.

POURQUOI AUTANT D'EXPRESSIONS POUR PARLER DU TEMPS EN FRANÇAIS ?

Le français est connu pour avoir relativement peu de mots précis, par exemple par rapport à son ancêtre latin ou à la langue anglaise, ce qui fait que le même mot français peut être chargé de plusieurs sens éventuellement assez différents. Cela se voit tout particulièrement pour le mot « temps », lui-même surchargé d'une façon qu'on ne retrouve pas dans les langues précitées, l'anglais utilisant par exemple un mot différent par concept. Le mot désigne bien sûr la notion de temps qui passe, *time* en anglais, mais aussi la pulsation en musique, *beat*, celle du moteur à deux temps ou quatre temps en mécanique, *stroke* (*two-stroke or four-stroke engine*), le temps des verbes en conjugaison, *tense,* et même le temps qu'il fait dehors, *weather*. Un seul mot français pour cinq notions quand même bien distinguables ! Par rapport au latin, temps vient du latin *tempus*, traduit par « fraction de durée », alors qu'une durée continue s'y appelle *aevus*. Enfin « temps » est homonyme de « tant », qui n'a pourtant rien à voir, ce qui engendre des conflits assez cocasses entre ceux qui écrivent « autant pour moi » et ceux qui militent pour « au temps pour moi », avec de longues discussions sur le Web[4].

---

4. Voir par exemple https://www.lalanguefrancaise.com/orthographe/autant-au-temps-pour-moi.

JOUISSONS DONC
DE CES BELLES EXPRESSIONS !

Fort heureusement, pour un amoureux de la langue comme moi-même, cette surcharge massive du mot n'a pas que des inconvénients : pour préciser ce que l'on veut dire, elle conduit à utiliser des expressions idiomatiques bien plus longues, souvent inspirées de notre perception de la nature, donc d'origine paysanne, qui participent gaiement à son charme. Elles sont en général d'origine ancienne, souvent oubliée. Cerise sur le gâteau, leur longueur est largement indépendante de celle de la durée du temps dont on parle.

J'ai essayé de rassembler ces expressions avec d'autres concernant les distances, les poids et d'autres aspects physiques dans un article à la fois sérieux et humoristique intitulé « Pour la réhabilitation du Pavillon des poids et mesures ». Il est paru dans *Viridis Candela*, les cahiers du Collège de 'Pataphysique, noble institution où j'ai l'honneur d'être Régent de Déformatique (et seul chercheur du domaine pour l'instant, même si j'ai récemment recruté un stagiaire).

Dans cet article, mon objectif initial était de restaurer le lustre du pavillon de Breteuil, à Sèvres, où officie le BIPM (Bureau international des poids et mesures). C'est l'organisme où est défini le Système international des poids et mesures, en abrégé le SI. Il sert le monde entier, sauf pour trois pays qui n'ont pas décidé de le prendre comme seul système de mesure légal : le Liberia, le Myanmar, et les États-Unis (!). Le problème technique que j'y résolvais était la compensation de la perte de ses plus belles unités mondiales, toutes remplacées par la seconde d'une façon liée aux progrès de la science. Je souhaitais que le BIPM reste le phare français qui éclaire le monde.

Comme la 'Pataphysique sait associer le sérieux et l'humour, indissociables l'un de l'autre quand on sait s'y prendre, je vais garder ici un ton résolument pataphysique pour analyser la façon particulièrement délicieuse dont nous parlons du temps dans notre belle langue sous sa version populaire. Je reprendrai mes propositions de normalisation, pas encore vraiment acceptées car le BIPM est très soigneux et *prend son temps*, mais j'irai plus loin que dans l'article précité en listant aussi de nombreuses expressions pas vraiment normalisables. Je quitterai ce ton dans les chapitres suivants, pour le reprendre au chapitre 6 où je parlerai de découvertes sensationnelles concernant le temps entièrement dues à la déformatique.

Pour la petite histoire, Mme Céline Fellag Ariouet, directrice générale du BIPM, a eu vent de mon article pataphysique grâce au physicien Christian Bordé[5], de l'Académie des sciences, qui jouait un rôle moteur aux commissions de normalisation en question. L'ayant bien apprécié, elle m'a fait l'honneur de m'inviter au pavillon de Breteuil et de m'y recevoir chaleureusement. Cela m'a permis de contempler le lieu et les superbes objets qu'il contient, une grande émotion pour moi qui ai toujours été passionné par les questions scientifiques et techniques qui s'y sont posées et y ont été résolues, mais aussi de regarder en cachette où y mettre en valeur les nouvelles unités décrites ci-dessous.

COMMENT LE TEMPS EST DEVENU LA NOUVELLE BASE DES UNITÉS DE MESURE

Au 20e siècle, le pavillon de Breteuil détenait encore les unités physiques conçues dans les siècles précédents, comme le mètre étalon et le kilogramme étalon tous deux

---

5. Malheureusement décédé en août 2023.

en platine iridié (un métal qui coûte les *yeux de la tête*, voire est *hors de prix* – autres quantités à normaliser). Mais ces définitions sont caduques, ayant été remplacées par d'autres bien plus précises et théoriquement plus reproductibles. Commençons par la seconde, le mètre et le kilogramme, les définitions qui suivent étant copiées-collées à partir du site Web https://www.bipm.org/fr/.

Voici la définition officielle de la seconde depuis 1967, donc la seule qui permet de parler scientifiquement du temps :

> La seconde, symbole s, est l'unité de temps du SI. Elle est définie en prenant la valeur numérique fixée de la fréquence du césium, $\Delta\nu_{Cs}$, la fréquence de la transition hyperfine de l'état fondamental de l'atome de césium 133 non perturbé, égale à 9 192 631 770 lorsqu'elle est exprimée en hertz, unité égale à s^{-1}.

Très précis, mais incompréhensible pour le lecteur moyen et pas facile à utiliser tous les jours car le césium 133 n'est pas facile à trouver dans les magasins habituels.

Passons aux distances. Le mètre étalon avait concrétisé le projet des révolutionnaires de 1789 de définir les unités du monde de façon rigoureuse et incontestable, en le créant de longueur égale au dix-millionième du quart de la circonférence de la Terre – ce qui honorait aussi le système décimal promu par les révolutionnaires (ce qui ne les empêchait pas de manger une douzaine d'huîtres de temps en temps). La longueur du méridien a été mesurée (ou presque) à la chaîne d'arpenteur et au théodolite par Delambre et Méchain de 1792 à 1799 dans des circonstances rocambolesques[6], puis la définition a été concrétisée dans le magnifique mètre étalon précité, que le monde entier nous enviait. Mais celui-ci

---

6. Voir K. Adler, *Mesurer le monde*, Flammarion, « Libres champs », 2015.

a perdu sa raison d'être en 1960, étant remplacé par la définition suivante :

Le mètre est 1 650 763,73 fois la longueur d'onde dans le vide de la radiation correspondant à la transition entre les niveaux 2p10 et 5d5 de l'atome de krypton 86.

Toujours pas pratique à l'usage ! En 1983, sa définition officielle a encore changé pour une nouvelle, elle directement liée au temps :

Le mètre, symbole m, est l'unité de longueur du SI. Il est défini en prenant la valeur numérique fixée de la vitesse de la lumière dans le vide, c, égale à 299 792 458 lorsqu'elle est exprimée en $\mathrm{m \cdot s^{-1}}$, la seconde étant définie en fonction de $\Delta\nu_{\mathrm{Cs}}$.

Constatons que cette expression qui définit désormais le mètre en fonction de la seconde et de la vitesse de la lumière n'est pas plus utilisable que celle de la seconde dans la vie de tous les jours, exigeant même en plus une lampe électrique et un chronomètre très précis pour la rendre opérationnelle.

Le kilogramme étalon, surnommé affectueusement le grand K, a vécu plus longtemps que le mètre étalon. Mais il y avait un problème : ce grand K avait des copies dans le monde entier, qui étaient rassemblées périodiquement au pavillon de Breteuil pour voir si elles avaient grossi ou maigri. Or les copies étaient très d'accord entre elles, alors que l'étalon avait varié de 50 microgrammes ! Après beaucoup de travail et de discussions internationales, il a été remplacé le 18 mai 2020 par la définition suivante :

Le kilogramme, symbole kg, est l'unité de masse du SI. Il est défini en prenant la valeur numérique fixée de la constante de

Planck, h, égale à 6,626 070 15 × 10^{-34} lorsqu'elle est exprimée en J·s, unité égale à kg·m^2·s^{-1}, le mètre et la seconde étant définis en fonction de c et Δv_{Cs}[7].

La constante de Planck mentionnée ici est, comme son nom l'indique, un nombre caché au fond des atomes que les physiciens ont fini par isoler. Donc le grand K est aussi remplacé par le temps, mais en encore plus abscons. Fort heureusement, nous avons échappé à une définition encore plus absconse :

Le kilogramme est la masse qui subirait une accélération de précisément 2×10^{-7} m/s^2 lorsqu'elle est soumise à la force par mètre entre deux conducteurs parallèles, rectilignes, de longueur infinie, de section circulaire négligeable, placés à une distance d'un mètre l'un de l'autre dans le vide, et à travers desquels passe un courant électrique constant d'exactement 6,24150962915265×10^{18} charges élémentaires par seconde.

Une autre possibilité a également été rejetée, je ne sais pas pourquoi car elle était plus concrète : remplacer l'étalon actuel par une sphère d'atomes de 10 centimètres de diamètre en silicium très pur, dont les physiciens connaissent précisément le nombre d'atomes et leur masse atomique. Il n'y avait qu'à compter patiemment les atomes !

LA LANGUE FRANÇAISE DOIT OBÉIR À CES NOUVELLES DÉFINITIONS !

Un point essentiel mérite d'être répété, et ses conséquences tirées : *longueur et masse sont maintenant définies à l'aide de la seconde*, ce qui doit donc être reflété dans la langue de

---

7. Curieusement, le 10 habituel de 10^{-34} manque sur le site du BIPM ; encore une façon d'honorer le système décimal en le rendant implicite ?

tous les jours. D'après le SI, vous devriez abandonner définitivement le mètre et le kilogramme pour ne plus parler que du temps. Il vous faudra acheter désormais 10 nanosecondes de tissu pour les rideaux ou trois millénaires de viande chez le boucher, qui devrait alors répondre : « Y en a deux siècles de plus, je vous les laisse ? » Je ne serais pas étonné qu'il faille une ou deux générations pour que ce parler devienne la norme.

La pendule de référence

Comme nous le verrons au chapitre suivant, les savants nous ont donné la possibilité de mesurer l'heure qu'il est avec une précision hallucinante, d'abord par les horloges mécaniques, puis par la montre à quartz (ou la montre mécanique suisse pour ceux qui ont les moyens), et maintenant par le GPS et autres systèmes satellitaires, concentrés de science moderne s'il en est. Mais les besoins se modifient : au 20ᵉ siècle, il fallait tourner le bouton du poste *pile à l'heure* pour entendre les informations ; au 21ᵉ, les podcasts ont rendu cela inutile. Mais il reste beaucoup de moments de la journée bien connus à normaliser, et je propose d'employer pour cela une nouvelle pendule de référence, installée à l'entrée au pavillon de Breteuil comme autrefois pour les églises. Elle aura des graduations fixes pour les heures et minutes, mais aussi des indications mobiles de diverses sortes, écrites avec des LED ultrafines pour pouvoir les déplacer selon les jours. Elle est illustrée dans la figure 1 ci-dessous, les annotations écrites à l'extérieur de la pendule étant ajoutées ici pour aider la compréhension.

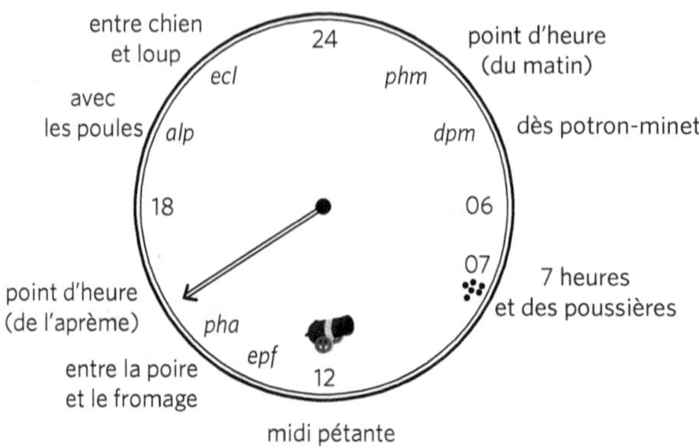

Figure 1. Projet de pendule de référence *(image du canon : flaticon.com).*

DU PETIT MATIN À L'APRÈS-MIDI

Point d'heure du matin, noté *phm*, normalisera l'heure à laquelle le fêtard de référence se couche après une soirée bien arrosée (sauf s'il a décidé de ne pas se coucher pour *faire le tour du cadran*), ou de façon équivalente le chercheur après un travail scientifique interminable mais encore infructueux. C'est d'habitude un peu après *dpm*, et un synonyme est *à une heure indue*.

Quand se lève l'honnête paysan ? *Dès potron-minet* (19e siècle, qui veut dire dès que le chat montre son derrière). Ce moment sera indiqué par le sigle *dpm* automatiquement déplacé au bon endroit chaque jour. Nous considérerons les expressions *de bon matin*, *au petit matin* et *aux aurores* comme de simples synonymes de *dès potron-minet*. Même chose pour l'expression antérieure *dès potron-jacquet* où jacquet est un surnom de l'écureuil, car elle n'est plus utilisée.

À quelle heure l'honnête paysan ou l'ouvrier vont-ils prendre leur petit-déjeuner ? À *sept heures et des poussières*, indiqué par une décoration de fines poussières après le chiffre 7. Pour le déjeuner, *midi pétante* sera marqué *mp* par un canon, qui existait effectivement à Paris au 18ᵉ siècle. L'expression synonyme *sur le coup de midi* n'en est qu'un synonyme. À une heure variable entre midi et 14 heures, après une discussion *entre la poire et le fromage*, marqué *epf*, on trouvera *point d'heure de l'après-midi*, marqué *pha*, pour indiquer l'heure à laquelle fêtards ou chercheurs se lèvent après s'être couchés à *phm* (même synonyme que pour *pha* – attention au risque de confusion).

Attention : la présence de *phm* et *pha* sur la pendule de référence impliquera que son cadran soit gradué de 0 à 24 heures et non pas de 0 à 12 heures comme actuellement, où on utilise un bit supplémentaire AM/PM pour *ante meridiem* et *post meridiem*. La raison péremptoire est que 60 n'est pas divisible par 24. Il faudra donc enlever l'aiguille des minutes habituelle et marquer les minutes, secondes et leurs fractions sur un afficheur digital, ce qui permettra aussi une plus grande précision. Les toutes premières horloges étaient d'ailleurs graduées en XXIV heures, voir la figure 6 au chapitre 3.

LA SOIRÉE

Laissons passer l'après-midi, en général sans grand intérêt, sinon qu'on doit servir un *quatre-heures* aux enfants, pour atteindre enfin le soir. *Avec les poules* (*alp*) sert uniquement à déterminer l'heure du coucher les jours de grande fatigue ou de maladie. Pour la déterminer et la diffuser mondialement par Internet, un poulailler de référence mondiale sera construit dans les jardins du pavillon de Breteuil, filmé en permanence par webcam. L'heure du coucher des poules à Sèvres sera automatiquement déterminée par un système d'analyse d'images fondé sur les nouvelles méthodes d'intelligence artificielle pour éviter d'embaucher une intelligence naturelle, et un décalage horaire sera bien sûr ajouté pour chaque lieu de réception en fonction de son fuseau horaire.

Entre chien et loup (*ecl*) désigne depuis toujours un moment précis de la tombée du jour, variable dans l'année. Cet instant pourra aussi être indiqué avec une grande précision par une aiguille auxiliaire portant un chien et un loup tête-bêche, séparés d'une fente faisant exactement la largeur de l'aiguille principale.

Un autre moment qui reste à définir est *l'heure du berger* (*hb*), l'heure du moment favorable aux amoureux, popularisée par Verlaine dans un poème éponyme.

VERS UN LANGAGE PARLÉ PLUS PRÉCIS

La définition précise de tous ces instants par notre pendule permettra de donner enfin un sens à des formules comme *à point d'heure pétante*, ajoutant ainsi un niveau de précision jusqu'ici inconnu. En revanche, il deviendra tout à fait impossible de trouver *midi à 14 heures*.

Passé, présent et futur

Passons maintenant à la division classique du temps entre passé, présent et futur.

LE PASSÉ

Pour le passé très lointain, seulement deux expressions s'imposent : *dans la nuit des temps* ou *dans des temps reculés* ; leur ordre reste à déterminer. Pour désigner le passé moins lointain, qui est toujours plus ou moins regretté, on trouve plusieurs tentatives plus ou moins équivalentes : *de mon temps, dans le temps, au bon vieux temps,* et *en ce temps-là* (*c'était le bon temps !*). Pour le passé un peu plus proche, les expressions suivantes sont à départager : *il y a un bout de temps, il y a un bon bout de temps* (sensiblement plus long), *il y a une paye, il y a un bail* (qui correspond en gros à une douzaine de payes), *il y a belle lurette* (jolie déformation de *heurette*, petite heure) et *il y a des lustres.* Pour le passé récent, on utilise normalement *il y a peu.* Dans tous ces cas, *il y a.*

Mais ces belles expressions, qui existent je pense *depuis que le monde est monde*, sont de moins en moins employées par nos jeunes – *autres temps, autres mœurs...* Elles sont devenues *de l'histoire ancienne*, et il faut s'habituer au fait que *ce qui est fait est fait.* Mais, même si elles pourraient disparaître *à tout jamais*, ayons confiance dans l'imagination des jeunes pour en inventer de nouvelles !

LE PRÉSENT

Il n'y a rien à en dire, puisqu'il a déjà disparu dès qu'on a commencé à prononcer son nom.

LE FUTUR

Pour le futur immédiat, il semble que les expressions suivantes soient toutes appropriées et synonymes : *dans un instant, sur-le-champ* (expression dont la nature paysanne n'est plus forcément comprise par les urbains), *illico presto, séance tenante,* et *toutes affaires cessantes.* Seule l'une d'entre elles devra survivre officiellement, les autres étant tolérées *pour l'instant* mais ne devant être gardées en vigueur que pour une durée de cinq ans (*une paille*). Une expression un peu plus floue devra aussi rester, car elle est parfaitement adaptée au travail dans l'administration : *incessamment sous peu.*

Pour le futur moyen s'imposent deux expressions magnifiques dont je ne connais pas l'origine, mais qui restent essentielles en pratique : *à un de ces quatre !* et *à la revoyure !*

Un certain nombre de formules bien senties sont d'utilisation courante pour désigner un futur tellement lointain qu'il en devient improbable : *c'est pas demain la veille, quand les poules auront des dents, aux calendes grecques, à la Saint-Glinglin* (lire le livre éponyme de Raymond Queneau) et *Dieu sait quand.* Il faudra bien définir leurs relations.

Pour annoncer l'impossibilité de quelque chose dans le futur, il faut maintenir *à tout jamais,* ou encore mieux *jamais, à tout jamais* ou sa variante *jamais, au grand jamais,* une de mes expressions préférées.

Les durées

L'unité principale de durée est le *laps de temps*, qui dure *un certain temps*. Nous le retrouverons au chapitre 6. Mais ces unités n'étant pour l'instant pas assez précises, on en utilisera des divisions et multiples spécifiques pour les durées courtes ou longues, analysées ci-dessous.

Attardons-nous d'abord sur une expression particulièrement étrange : *l'espace d'un instant.* Elle est d'une grande subtilité, puisqu'elle mélange espace et temps. Mon avis est qu'Albert Einstein a dû tomber dessus par hasard en apprenant le français, et que son esprit aiguisé a immédiatement conçu ses théories de la relativité, qui relient pour la première fois l'espace et le temps !

LES COURTES DURÉES

Les courtes durées s'attachent surtout au temps qu'il nous faut pour faire quelque chose d'urgent. Les expressions sont ici étonnamment nombreuses, et les voici classées par ordre croissant de longueur syntaxique, blancs compris : (faire) *fissa, aussi sec, dare-dare* (origine inconnue), *sans délai, à la minute, en cinq sec, sur-le-champ, en un éclair, tout de suite, en un instant, en un clin d'œil, en moins de deux, en un tourne-main, en un rien de temps* (ce qui n'est pas rien), *incessamment sous peu, en deux coups de cuiller à pot, en deux temps trois mouvements,* et pour finir *en moins de temps qu'il ne faut pour le dire,* expression qui définit incontestablement une durée plus courte qu'il n'y paraît à l'entendre. Le nombre de caractères de ces expressions est trompeur car plus il est élevé, plus il semble que le temps qu'elles dénotent est court. Mais l'important est que le résultat soit disponible *juste à temps,* auquel cas *il tombe pile-poil.* Enfin, il ne faut pas négliger des expressions imagées un peu moins directes, comme *ça n'a fait ni une ni deux* ou *il démarre au quart de tour.*

Tout de suite, expression bien classique, pose un problème encore plus ardu car elle peut être doublée : « Faites-moi ça *tout de suite* », dit le patron ; « *Tout de suite tout de suite,* ou vous me laissez *un peu de temps* ? », répond l'employé[8].

Mentionnons pour finir une merveilleuse expression non causale, donc très intrigante et particulièrement difficile à définir scientifiquement : *c'est comme si c'était fait !*

____

8. Cet étrange doublement m'a été rappelé par mon fils, qui n'est pourtant pas un maître du temps.

LES DURÉES MOYENNES OU LONGUES

Pour nommer les durées moyennes ou longues, on trouve aussi quelques mesures étranges : *un bout de temps, de longues minutes, des minutes qui paraissent des heures, long comme un jour sans pain.* Ainsi que, exclusivement pour un groupe de Méditerranéens attendant par exemple un train qui n'arrive pas, *on a le temps de tuer un âne à coups de figues,* qu'un autre expert du groupe complète généralement par *molles* après un silence. Il existe aussi des multiples à normaliser pour le *bout de temps* : le *bon bout de temps,* dont je suggère qu'il vaut dix *bouts de temps,* et le *sacré bout de temps,* qui me semble valoir dix *bons bouts de temps.*

Notons que, grâce à la précision des pendules et montres actuelles, une mesure auxiliaire comme *une heure, montre en main* est devenue parfaitement précise. Mais il est plus difficile de donner un sens technique à *de longues minutes, montre en main.*

Une expression intéressante fait aujourd'hui florès, en particulier à la radio : *de longues années,* étrangement utilisée pour signifier de nombreuses années. Mais, contrairement aux longues minutes, elle a un sens bien déterminé car les années bissextiles sont effectivement plus longues que les années normales.

Les heures et les semaines

La *plombe* est un simple synonyme argotique de l'heure. En revanche, la durée de la semaine reste problématique. Bien qu'une semaine dure officiellement sept jours, le mardi suivant ce mardi-ci s'appelle le *mardi en huit*, et celui d'après le *mardi en quinze*, expressions qu'on ne peut même pas réconcilier avec des semaines de huit jours...

Les âges

Le calcul de l'âge humain se fait avec des unités tout à fait spécifiques. Avant 1 an, un enfant est *en bas âge* – mais curieusement, quelle que soit la durée de sa vie, il ne sera jamais *en haut âge*. 18 mois est *l'âge du non* : pour le reconnaître, demandez à un enfant s'il est à l'âge du non – s'il répond « non », c'est oui[9]. Puis 7 ans est *l'âge de raison*, c'est-à-dire celui où on a toujours raison. De 10 à 13 ans, surtout chez les garçons, on est dans *l'âge bête*. Entre 14 et 18 ans, surtout chez les filles, l'âge est *tendre*. Elles fêtent leurs *18 printemps*, deux ans avant d'avoir *20 ans et toutes ses dents*. Se succèdent ensuite *30 piges*, où se finit le *bel âge, 40 balais*, qui marquent, chacun l'espère, *son heure de gloire*, peu avant que les autres disent *il* (ou *elle*) *n'est plus tout(e) jeune*. On atteint ensuite *50 berges*, qui est aussi *l'âge mûr*, celui où *on n'est pas né de la dernière pluie* car on dispose enfin de *la force de l'âge*, avec quand même quelques dégradations de sa santé : on a *l'âge de ses artères*. On passe ensuite *entre deux âges*, avant de prendre *un coup de vieux* pour atteindre successivement un âge *respectable*, un âge *avancé* (celui où on a *un pied dans la tombe*), un âge *canonique*, où l'on a vraiment *fait son temps* car on

---

9. Mon dernier petit-fils a été un expert de l'âge du non, au point qu'on aurait pu le loger au pavillon des poids et mesures. À l'heure où j'écris, il vient de pousser le bouchon très loin en nous demandant : « Ça veut dire quoi, refuser ? » Mais, après bien des efforts, j'ai réussi à lui faire dire oui, à l'aide d'une question certes sournoise : « Tu trouves ça bien de toujours dire non ? » Heureusement, ça va s'arrêter un jour...

est *vieux comme Hérode*, et avec un peu de (mal)chance finir *hors d'âge*. *Attention :* sur le trajet, il y a un passage délicat entre un *certain âge* et un *âge certain*[10].

Notons qu'on peut avoir *trente piges* ou *quarante balais* mais pas pour l'instant *trois piges, huit balais* ou *seize berges*. Et *deux ans et toutes ses dents* sera à tout jamais inacceptable.

Enfin, il existe une unité fort intéressante issue de l'aviation qui mesure non pas le temps mais l'expérience d'un homme ou d'une femme en fonction d'une durée cumulée d'activité : *l'heure de vol*. Quand on veut marquer un certain respect pour l'expérience cumulée d'une personne, l'expression la plus appropriée est la suivante : *il (elle) a beaucoup d'heures de vol*.

Rythmes et fréquences

L'unité officielle de fréquence est le *hertz*, en abrégé Hz, qui représente le nombre de fois par seconde. Ce nom n'est ni attirant ni utilisé par la population. Aussi, quelques fractions de hertz ont reçu des noms beaucoup plus parlants. Nous donnons ici quelques suggestions de normalisation : *à tout bout de champ*, vieille expression paysanne qui complète *sur-le-champ*, dénotera une fréquence comprise entre 1/300 et 1/1 200 Hz, car la durée d'un sens de labour oscille entre 5 et 20 minutes. Pour *toutes les morts d'évêques*, on pourra proposer la fréquence 1/3092644800 Hz, soit 1 divisé par le nombre de secondes dans 98 ans, en comptant les années

---

10. Pour le coup, voilà une différence que l'anglais ne peut pas exprimer, comme pour la belle expression *bonnet blanc, blanc bonnet*, dont *white bonnet, white bonnet* ne traduit pas vraiment le sens caché !

bissextiles. Le superbe *tous les 36 du mois* sera un bon moyen de nommer une fréquence quasiment nulle.

On peut penser en revanche qu'il est prématuré de normaliser des expressions fréquentielles courantes mais laissées volontairement imprécises comme *à tout moment, de temps en temps, de temps à autre,* et *au gré du temps.* Plus dure est la question posée par *tout le temps,* sur laquelle il faudra beaucoup travailler pour élucider son sens exact.

Notons enfin une contrainte fondamentale en matière de rythme : il ne faut jamais aller *plus vite que la musique.*

La vitesse

C'est avec la vitesse que l'espace et le temps se rejoignent. L'unité officielle de vitesse est le *mètre par seconde,* en notation physique $m \cdot s^{-1}$. Mais il faut oublier les $m \cdot s^{-1}$ officiels, seul le *km/h* étant pertinent en pratique. A-t-on déjà vu un cadran d'automobile gradué en $m \cdot s^{-1}$? Un humain peut-il convertir des $m \cdot s^{-1}$ en *km/h* sans se tromper de sens ? Cependant, d'autres unités méritent d'être normalisées, car elles restent utilisées *par les temps qui courent* (les temps ne marchent jamais, d'ailleurs). En voici un florilège.

LA VITESSE PIÉTONNE

Un pauvre primate comme vous et moi va bien lentement, sauf lorsqu'il a *le feu aux fesses*[11]. Il faudra quantifier la hiérarchie d'unités suivantes, très parlantes : *marcher d'un train*

---

11. « Avoir le feu au cul » est péjoratif, la fesse étant l'apanage de l'homme : a-t-on déjà vu un chien, une bouteille ou une basse-fosse avoir des fesses ?

de sénateur, marcher d'un bon pas, marcher d'un pas soutenu, courir comme un dératé. Mais il n'est pas clair que deux sénateurs aient un pas plus rapide qu'un seul : ces unités semblent invariables par multiplication, comme celles de la *pifométrie*[12], proposition antérieure à mon travail mais trop approximative pour être normalisable.

LA VITESSE
ET L'ACCÉLÉRATION AUTOMOBILES

Pour la circulation automobile, il n'y a que deux expressions pour les vitesses lentes : *rouler au pas* et *se traîner.* Pour les vitesses *rapides comme l'éclair,* il faudra normaliser les expressions classiques suivantes : rouler *pied au plancher, à pleins tubes, à tout berzingue, comme un malade, à un train d'enfer, à fond la caisse, à fond de ballon, à fond les manivelles* et pour finir *à tombeau ouvert,* très explicite. Pour l'avant-dernière expression, on dit aussi *à fond les manettes,* bien sûr celles de feu la locomotive à vapeur.

L'accélération n'est pas beaucoup plus subtile puisqu'elle n'est jamais que la vitesse de la vitesse. Mais les fous du volant utilisent une unité bien particulière, valable uniquement quand ils partent arrêtés : ils démarrent *sur les chapeaux de roues*[13].

---

12. Voir https://asqualab.com/documents/qualite/metrologie/19-unites_pifometriques.pdf, article que je n'ai connu qu'après mon travail sur le sujet, qui reste cependant supérieur : j'autorise par exemple *en six cent douze coups de cuiller à pot,* ce qui est impossible en pifométrie.
13. Merci au regretté grand physicien Yves Couder, de l'Académie des sciences, pour avoir corrigé mes versions préliminaires, où j'écrivais par grossière erreur que les chapeaux de roues mesuraient la vitesse !

LA VITESSE DU VENT

La vitesse du vent est un peu spéciale, car elle concerne surtout les Bretons. On y trouve des unités bizarres comme le *nœud,* qui réfère à l'antique façon de compter pendant un laps de temps bien précis le passage des nœuds d'une corde attachée à un flotteur lancé dans l'eau, et la *force Beaufort,* qui va de 1 à 12. Cette dernière fait encore loi en pratique, bien que définie de façon invraisemblable par son effet sur l'état de la mer. Pourquoi cette unité serait-elle interdite aux terriens ?

Ici, nous allons être sauvés par une remarque fondamentale, qui lie la force Beaufort à une autre expression d'usage bien plus universel : *un vent à décorner les bœufs.* Pour mesurer le vent, il suffira donc de normaliser une gradation des bœufs selon la résistance de leurs cornes, en faisant les mesures dans une grande soufflerie. Pour garder la tradition marine, on conservera la graduation de 1 à 12. On pourra ainsi dire *un vent de force 4 Beaufort,* synonyme de *bœuf fort,* quand il décornera un bœuf de force 4, ou alternativement quand passeront 4 cornes de bœufs-unités par heure.

Les problèmes ouverts

Un certain nombre de problèmes restent ouverts. Je ne détaillerai que le plus important, la vitesse du passage du temps.

Même si elle n'a pas de sens pour le physicien, cette question reste fondamentale en psychologie et neurosciences car elle concerne directement notre système perceptif. Par exemple, nous utilisons couramment les expressions *le temps passe vite* et *le temps passe de plus en plus vite*, qui parlent respectivement de la vitesse et de l'accélération du passage du temps, cette dernière n'étant jamais que la vitesse de la vitesse de ce passage. Mais comment les quantifier ? Une vitesse se mesure toujours en « par seconde ». Donc la vitesse de passage du temps doit se mesurer en *secondes par seconde*, s/s en symbole. Mais cela donne une unité *sans dimension*, donc mesurée par un simple nombre comme 1,2 ou π. De son côté, l'accélération du passage du temps est bien sensible quand on vieillit. En quelle unité doit-on la mesurer ? En *par seconde*, s^{-1} ! On devra donc dire que la vitesse du temps est aujourd'hui de 1,25 et l'accélération de son passage de 1,3 s^{-1}, pas simple à faire accepter par la population...

RENDRE SA VITESSE DU TEMPS PUBLIQUE, UN MOYEN D'ÉVITER LES CONFLITS

Mais passons à la pratique. Ce qui complique souvent les relations humaines, c'est que la vitesse et l'accélération du temps ne sont pas les mêmes selon les individus et les événements qu'ils vivent. Cependant, chaque personne oscille autour d'une moyenne identifiable : par exemple, pour la vitesse du temps, un chef d'entreprise pourra être noté 1,72 puisque le temps passe toujours trop vite pour lui, alors qu'un peintre contemplatif vaudra 0,41 car il aime étirer le temps.

Une fois cette quantification normalisée en place, quand on aura rendu obligatoire d'ajouter systématiquement son coefficient temporel moyen à côté de son nom sur sa carte de visite ou sa page web personnelle, bien des conflits entre gens de bonne volonté pourront être évités. Quand il demandera au peintre contemplatif 0,41 de lui faire son portrait, si le peintre lui dit que ça va lui demander trois heures, le PDG 1,72 habitué aux tableaux Excel calculera d'abord la durée réelle par la formule 3/0,41= 7,3170317 heures réelles, puis sa propre durée ressentie en multipliant ce nombre par 1,72 pour obtenir 12,5853659 heures ressenties, donc 12 h 35 min à quelques secondes près. C'est bien trop pour lui, donc sa réponse au peintre sera un refus.

Et chacun a son temps propre

Nous l'avons dit plus haut, la perception du temps est très variable suivant les individus. Sortons ici de la normalisation.

Pour le vieux paysan, les choses sont simples : le temps coule comme une gentille rivière, et il ne s'agit que de faire *chaque chose en son temps*, puisque la grande loi est qu'*il y a un temps pour tout*. Simple comme bonjour.

À l'opposé, pour le chef d'entreprise 1,74 cité plus haut, le temps se comporte plutôt comme un torrent furieux, car il n'a en permanence *le temps de rien*. Pour lui, *le temps, c'est de l'argent*, ce qui lui demande de définir précisément son *emploi du temps* avec sa secrétaire (son assistante en novlangue). Comme *son temps est précieux*, il lui faut le gérer par un minutage qui doit être strictement suivi, *le temps étant compté* pour chaque rendez-vous ou action. Comme disent les militaires, *avant l'heure, c'est pas l'heure, après l'heure c'est plus l'heure*. Toute action doit être faite *en temps utile* car *il faut battre le fer pendant qu'il est chaud*, et le moindre retard se paye par la contrainte de *rattraper le temps perdu*, alors même qu'*être à la bourre* et *courir après le temps* sont pour lui des sensations très désagréables et néfastes pour la santé. En bref, *sans arrêt*, il lui faut toujours *être dans les temps*, voire *gagner du temps* pour se donner un peu de souplesse, surtout s'il veut rester *en avance sur son temps* dans son milieu de haute compétition : *par les temps qui courent*, à cause de l'impitoyable concurrence, *le temps presse*, d'autant plus que faire des affaires est *une course contre la montre*, et que *le temps perdu ne se rattrape jamais* !

Du point de vue de sa gestion du temps, l'employé est souvent intermédiaire entre le paysan et le chef d'entreprise. Lui s'intéresse bien plus à *avoir du temps libre*, et envisage même de *travailler à temps partiel*, par exemple *à mi-temps*. Bien sûr, au travail, *en temps ordinaire*, il *trouve le temps* de faire les choses qui lui sont demandées, mais il apprécie aussi de *passer du temps* avec ses collègues, par exemple à la machine à café. Mais *ces derniers temps*, la charge de travail a un peu augmenté – *signe des temps* –, et les ordres contradictoires qu'il reçoit lui font souvent *perdre un temps fou*. Pour ne pas être saturé par le travail en retard, il essaie quand même de rendre son travail *juste à temps*, sachant quelquefois qu'il faut savoir *faire fissa* car sinon *il n'aura pas le temps de finir*. Mais *vivre au jour le jour* ne suffisant pas, il sait qu'il faut aussi penser au reste de la vie, dont une part suffisante doit être consacrée à *profiter du temps*. Pour cela, il faut quand même éviter de *perdre son temps*, tout en sachant *marquer des temps d'arrêt* pour ne pas se surmener. Mais *courir après le temps*, ça, non.

Pour le désœuvré, le temps ressemble plutôt à un lac immobile : comme il passe *le plus clair de son temps* à s'ennuyer (voire à l'obscurcir, comme disait Boris Vian dans son chef-d'œuvre *L'Écume des jours*), il lui faut *tuer le temps*, par exemple à coups de *passe-temps* (ou *patiences*, autre nom des réussites qui ratent plus souvent qu'elles ne réussissent[14]). En bref, pour lui, il faut *laisser le temps au temps*, et s'il pouvait *arrêter le temps*, il le ferait. Quel que soit le sujet, *on n'est pas aux pièces, il n'y a pas le feu au lac*, et *prendre son temps* est sa méthode universelle. S'il est obligé d'agir pour une raison quelconque, il considère qu'*il a le temps* et donc *fait passer le temps* en essayant de gagner la réussite qu'il était *en train* de terminer. Mais, comme il finit par comprendre que ses interlocuteurs ne vont pas *attendre cent sept ans*, il se décide à agir. Hélas, souvent, *il arrive comme les carabiniers*, mais pourquoi s'en faire, même s'il a fait perdre aux autres *un temps fou* ? *À la bonne heure !* Quand il essaie de faire un peu de sport, par exemple du basket-ball ou du handball, il apprécie surtout *les temps morts* qui existent dans ces deux sports. Mais faire les choses toujours *à la petite semaine* a aussi des inconvénients : son immobilisme lui fait perdre petit à petit ses amis les plus chers[15]. Pour les conserver, il devrait un minimum essayer d'*être dans l'air du temps* !

Je terminerai par une merveilleuse expression, qui a complètement changé de sens depuis le siècle dernier : *vivre de l'air du temps* est devenu la doctrine du jeune insouciant, alors que la même expression voulait dire auparavant être dans une profonde misère. Mais n'est-ce pas la meilleure façon d'être en permanence *à la page* ?

---

14. J'adore le merveilleux proverbe français : « Si nous tuons le temps, il nous le rend bien ! »
15. « Voici que s'avance l'immobilisme, et nous ne savons pas comment l'arrêter » (Edgar Faure).

Conclusion

Tout ce qui précède a concerné les étonnantes façons imagées de parler du temps en français. Mais il me reste à mentionner deux mots savants, dont l'un est difficile à prononcer, que j'utilise ici dans une phrase tout à fait exacte : écrire est un acte *chronophage*, ce qui me conduit parfois à entrer en *procrastination*[16].

Mais *le temps tourne*, passons maintenant à un autre sujet, la mesure objective du temps.

____

16. Chronophage : qui mange le temps, expression issue du grec (*chronos* = « temps » et *-phage* = « qui mange »), mais datant seulement du 20ᵉ siècle. Procrastination(teur) : mot issu du latin (*pro-* = en amont, et *crastinus* = relatif au *cras*, le lendemain).

CHAPITRE 3

Mesurer
le passage du temps

« Je cherche en même temps l'éphémère et l'éternel. »

Georges PEREC, *Les Revenentes*.

L'histoire de la mesure du temps (ou plus précisément de
l'heure) a été racontée dans des livres très nombreux et souvent de grande qualité. Personnellement j'ai été introduit à
ce sujet il y a bien longtemps par le chapitre sur le temps du
livre *Les Découvreurs* de Daniel Boorstin[1]. J'aime beaucoup
le petit livre simple et bien illustré *La Naissance du temps* de
Bernard Melguen[2] que j'ai eu le plaisir de préfacer, et j'adore
et admire le magnifique livre *Longitude* de Dava Sobel[3], dont
j'ai le bonheur de posséder une très belle version anglaise
illustrée – celle qu'il faut maintenant trouver d'occasion ; ce
livre est aussi disponible en traduction française[4], quoique
pas sous forme illustrée. Il faut aussi citer les livres et émissions de radio d'Étienne Klein et autres, toujours disponibles

---

1. D. Boorstin, *Les Découvreurs*, Robert Laffont, 1988.
2. B. Melguen, *L'Invention du temps*, Apogée, 2020.
3. D. Sobel et W. F. H. Andrewe, *The Illustrated Longitude*, Walker and
Company, 1998.
4. D. Sobel, *Longitude*, Seuil, 1998.

en podcast, qui vont bien plus loin sur cette question, en abordant à la fois ses aspects physiques, historiques et philosophiques.

À cause de ce passé bien rempli, je soulignerai surtout des points moins connus qui seront importants pour la suite du livre. Mais, comme le livre précité de Dava Sobel est trop peu connu en France selon moi, je parlerai de façon assez détaillée du *Longitude Act* et de solution par un charpentier-horloger anglais nommé John Harrison, dans des conditions vraiment romanesques dues à l'hostilité des astronomes de la Royal Society qui ne supportaient pas qu'un artisan résolve ce problème fondamental avant eux. Tout s'est passé en Angleterre, et il reste hélas clair que les livres d'histoire et de science français parlent surtout des questions résolues par des Français : par exemple, la fameuse loi de Mariotte sur les gaz s'appelle la loi de Boyle en Angleterre, découverte en 1662. Mariotte l'a redécouverte indépendamment en 1676, 14 ans après, mais elle a longtemps gardé chez nous son seul nom – on dit maintenant loi de Boyle-Mariotte, mais c'est récent. J'ai donc pu vérifier auprès de pas mal d'amis qu'ils ne connaissaient pas la quête de la longitude, et donc de l'heure exacte, pour laquelle le succès de l'Angleterre était incontestable et largement dû au fait qu'elle dépendait bien plus des mers que la France. Ce succès lui a assuré la maîtrise des océans, et donc celle des colonies qui ont fait sa puissance. Elle dépassait celle de la France, comme l'a reconnu l'abbé Grégoire le 25 juin 1795 lors de la fondation tardive du Bureau des longitudes français, alors que le *Longitude Act* et le Board of Longitude anglais dataient du 8 juillet 1714, plus de quatre-vingts ans avant.

MESURER LE TEMPS, UN OXYMORE ?

Dans tout ce qui précède, j'ai volontairement écrit « mesurer le temps » entre guillemets : en effet, le temps n'est pas quelque chose qu'on peut vraiment mesurer, puisqu'il est par nature évanescent. Le mieux qu'on ait trouvé est apparemment d'introduire deux notions abstraites : celle d'*événement*, chose qu'on ne définit jamais vraiment mais qu'on suppose implicitement être *instantanée*, et celle de *durée* séparant deux événements successifs selon un index de mesure à définir. Mais on voit immédiatement que la notion d'événement instantané n'a pas forcément de sens : quand il se réalise, un événement prend en fait « un certain temps », qui ne nous semble instantané que s'il est trop court pour que sa durée nous soit perceptible.

Cette question a visiblement intrigué très tôt des esprits curieux, qui ont d'abord essayé de trouver des moyens physiques de « mesurer le temps » en exploitant le fait que certains phénomènes naturels sont facilement observables et semblent avoir une régularité compréhensible, comme les mouvements du Soleil, de la Lune et des étoiles, ou encore l'écoulement de l'eau. Arriva ensuite l'ère mécanique, dont nous parlerons longuement ici car elle a été vraiment cruciale, puis les ères électronique, atomique et informatique : les montres à quartz sont maintenant bien suffisantes pour la vie de tous les jours, mais qui sait que la transmission de l'heure par les satellites GPS est considérablement plus précise, ou encore que les horloges optiques les plus perfectionnées ne dérivent pas de plus de quelques secondes depuis la naissance de notre univers, supposé vieux de quelque 13,787 milliards d'années ?

Au chapitre 4 suivant, je traiterai une autre question essentielle mais trop souvent méconnue : *la distribution du temps mesuré*, à travers celle de l'heure précise qui est maintenant définie internationalement par le système UTC. Le public général, mais aussi l'industrie et les transports, sont tellement habitués à avoir en permanence l'heure et la position géographique qu'ils en sont devenus fortement dépendants, mais souvent sans se rendre compte de l'importance et surtout de la fragilité des mécanismes sous-jacents, qui deviennent pourtant un véritable enjeu stratégique sur les plans civils et militaires.

Enfin, dans le chapitre 9, dédié à l'informatique qui parle du temps, nous rediscuterons avec plus de précision des abstractions que sont l'instant et la durée. En attendant, nous ferons comme tout le monde, en faisant semblant d'éluder ce problème, et nous continuerons à dire que nous mesurons le temps qui passe entre deux événements.

Les calendriers

Parlons d'abord des calendriers, qui ne nécessitent pas une mesure précise du temps dans la journée et sont donc très anciens. En effet, dans un passé pas si lointain, on vivait le plus souvent au jour le jour, la succession des jours étant facile à mesurer. Chaque jour, sauf pour ceux de fête, le paysan travaillait du lever du Soleil à son coucher ; *idem* pour l'artisan et le commerçant, dont l'échoppe et le logis n'étaient souvent pas distincts. Pour les transports, il fallait sans doute être un peu plus précis pour décider du moment du départ, celui de l'arrivée étant par essence incertain. Pour les services administratifs, l'ouverture et la fermeture demandaient peut-être plus de précision, de façon assez modérée toutefois. Et, pour les rendez-vous, rien ne vaut le midi, là où le Soleil est le plus haut – si on le voit, sinon la faim reste un bon signe. Mais ce sont certainement les religions qui étaient les plus concernées : agencer précisément les prières du jour et de la nuit a été visiblement crucial pour toutes, même si elles avaient peu de relations entre elles.

Passer au temps long et déterminer les années et les mois des calendriers était une aventure assez simple, en observant la course du Soleil et de la Lune ainsi que le cycle des saisons. Ici aussi, les religions étaient cruciales dans leur détermination, car il était essentiel de rappeler et magnifier en permanence l'importance de la croyance à travers des journées et périodes sacrées qui lui étaient entièrement dédiées. Elles ont ainsi précisément défini les semaines et les mois, de façons fort différentes selon qu'elles se fondaient sur les mouvements apparents de la Lune ou du Soleil. Le calendrier solaire de la chrétienté institué en 1582 par le pape Grégoire est maintenant dominant, mais les calendriers lunaires à base de mois de 28 jours sont toujours d'actualité, voire d'usage exclusif dans certains pays.

La longue histoire des calendriers étant racontée dans beaucoup de livres savants, je n'irai pas plus loin dans sa description, sauf à mentionner ci-dessous deux exemples résolument originaux et éloignés des religions. Je signale aussi que plusieurs pays d'Asie, et non des moindres, qui emploient le calendrier grégorien pour la plupart des usages ne fêtent quand même pas le début de l'année le 1er janvier, mais à une date flottante entre le 21 janvier et le 19 février, en fonction d'un calendrier lunisolaire. En 2024, c'est le 10 février, précisément le jour où j'écris ces lignes ! Ce sont la Chine, la Corée du Sud, le Vietnam, l'Indonésie, la Malaisie et Singapour, ce qui représente quand même une bonne fraction de la population mondiale. Et tous les Coréens (du Sud, je ne sais pas pour le Nord) fêtaient leur anniversaire le 1ᵉʳ janvier, en naissant à 1 an quelle que soit leur date de naissance réelle. Cela fait qu'un Coréen né le 31 décembre avait toute sa vie un an de plus que quelqu'un né le lendemain, le 1ᵉʳ janvier de l'année suivante. Cette règle a été officiellement abolie en 2023, car il était difficile à un Coréen d'expliquer son âge à l'étranger, mais la tradition aura probablement la vie dure.

DEUX CALENDRIERS ORIGINAUX

L'étonnant calendrier républicain (ou révolutionnaire français) a été mis en chantier dès 1790, voté par un décret du 2 janvier 1792, mis en service préofficiel le 22 septembre suivant, mais seulement rendu officiel par décret le 24 novembre 1793 (jour de la nèfle) avant d'être définitivement supprimé le 31 décembre 1805. Il n'est hélas plus du tout enseigné à nos chères petites têtes blondes (ou pas), qui n'entendront probablement jamais parler de son existence éphémère. Après bien des discussions sur le jour exact de la naissance de la Liberté en 1792, celui auquel il aurait été idéal de commencer l'année révolutionnaire, son début avait été fixé au 1ᵉʳ janvier 1792 selon le calendrier grégorien, au motif que « toute l'année devait être mise à l'honneur de la naissance de la liberté ».

La fixation des derniers détails ayant pris longtemps, le calendrier final ne fut publié qu'en 1794. Il comportait des semaines de 10 jours pour s'aligner sur la base 10 du système métrique, avec douze mois de trois semaines, donc de 30 jours, aux doux noms de frimaire, pluviôse, floréal, fructidor, etc. Les suffixes -aire, -ôse, -al et -dor des mois correspondaient aux saisons, en commençant par frimaire, le mois des frimas. Chaque jour de l'année avait un nom particulier tout à fait charmant, choisi par le poète Fabre d'Églantine[5] : par exemple Raisin pour le 1er nivôse (janvier), Pimprenelle pour le 17 floréal (avril), ou Pierre à chaux pour le 18 vendémiaire (octobre). Il y avait aussi cinq ou six jours complémentaires, d'abord nommés les sans-culottides, nécessaires pour respecter la durée de l'année solaire : les fêtes de la Vertu, du Génie, du Travail, de l'Opinion et des Récompenses ; pour les années sextiles, le bi- du calendrier religieux ayant été supprimé, y était ajouté le jour de la fête de la Révolution. Ces cinq ou six jours donnaient effectivement lieu à de grandes fêtes auxquelles j'aurais bien aimé assister – mais j'aurai bientôt ma chance, comme je l'expliquerai au chapitre 6. Voir le riche article de Wikipédia pour plus de détails[6].

L'autre exemple que je veux souligner n'est pas davantage connu du public. C'est le Calendrier pataphysique créé par le Collège de 'Pataphysique en 1948, l'année où je suis né le jour de Noël[7]. Commençant le 8 septembre 1873 grégorien, renommé 1er du mois Absolu de l'an 1 de l'Ère pataphysique, il comporte 12 mois de 28 jours. Ses mois sont soigneusement agencés pour que tous les 1er soient des dimanches et tous les 13 des vendredis.

La liste des saints pataphysiques s'allonge régulièrement, ce qui fait qu'ils ne sont pas tous dans ce calendrier. Une fierté

---

5. Voir par exemple https://napoleon.org/wp-content/uploads/2016/04/nomsjour-scalendrierrepublicain.pdf, pour ces noms magnifiques, inspirés surtout de la nature mais aussi d'activités humaines.
6. https://fr.wikipedia.org/wiki/Calendrier_r%C3%A9publicain.
7. Vous ne le savez peut-être pas, mais c'est à cause de ma naissance un 25 décembre que ce jour est fêté dans le monde entier ! Du moins, c'est ce que j'essaie de faire croire aux enfants dès l'âge de 2 ans, sans aucun succès : l'esprit critique reste bien ancré chez les humains, même débutants.

personnelle, en tant que Régent de Déformatique au Collège de 'Pataphysique, est d'y avoir fait entrer le Professeur Shadoko, le plus grand car le seul savant chez les Shadoks. Sa célèbre devise est : « S'il n'y a pas de solution, c'est qu'il n'y a pas de problème », celle du marin shadok étant : « Quand on ne sait pas où aller, autant y aller le plus vite possible », alors que celle des Shadoks de base est : « Je pomperai d'arrache-pied même s'il ne se passe rien plutôt que de risquer qu'il se passe quelque chose de pire en ne pompant pas. » Il faut revoir et enseigner les 4 × 52 épisodes, disponibles dans un coffret de 5 DVD édités par l'INA[8], et en particulier l'inoubliable cours de mathématiques intitulé « La passoire à nouilles », donné par Shadoko lui-même[9].

Les premiers appareils à mesurer le temps

Revenons maintenant à la notion d'heure, la subdivision du jour et de la nuit qui est utile pendant la journée. Son histoire, longue et compliquée, est relatée dans de nombreux livres. Je n'en détaillerai donc que les points saillants.

LES CADRANS SOLAIRES

Une solution naturelle pour mesurer le temps durant la journée est fournie par le mouvement du Soleil : son lever détermine le passage de la nuit au jour, il traverse le ciel d'est

---

8. Institut national de l'audiovisuel, une institution à préserver absolument.
9. Épisode 5 (BU-ZO) du DVD numéro 2 (ZO), les nombres entre parenthèses étant écrits dans la base quaternaire GA-BU-ZO-MEU, où GA vaut 0 – une abstraction connue des Shadoks.

en ouest (dans l'hémisphère Nord) avec une hauteur maximale au milieu du jour, et son coucher détermine le passage du jour à la nuit. Mais la méthode est bien sûr limitée au jour, et seulement si le Soleil est visible ; la nuit, on peut analyser la position et les mouvements de la Lune et des étoiles, mais c'est nettement plus compliqué.

Tout a commencé avec un instrument astronomique utilisant un bâton ou *gnomon*, au début vertical, dont la longueur et le trajet de l'ombre fournissent une information sur l'heure du moment de la lecture. Il a été introduit il y a bien longtemps en Chine et dans les pays ensoleillés du sud de l'Europe et du nord de l'Afrique, avant d'être perfectionné par les Babyloniens, qui l'ont transformé en véritable instrument astronomique dans le dernier millénaire avant notre ère, puis s'est répandu dans toute l'Europe sous le nom de

Figure 2. Le cadran solaire de Saint-Rémy-de-Provence (*photo : domaine public/Wikimedia Commons/photo : Greudin*).

cadran solaire. Une meilleure compréhension de la course du Soleil a conduit au cadran « moderne » dont le gnomon est incliné selon la latitude du lieu, régularisant la course de son ombre. Il y en avait d'affichés partout, et même de poignet, qu'on peut encore acheter ! La figure 2 montre celui de Saint-Rémy-de-Provence, dont l'inscription traduit bien les habitudes des gens du lieu.

C'est probablement avec le cadran solaire que s'est introduite la notion d'heure : quand le Soleil tourne, la longueur et la direction de son ombre changent. Pour affiner la mesure, il est donc naturel d'inscrire des graduations permettant de découper la journée en tranches, par exemple pour mieux préciser le moment des prières intermédiaires ou l'heure d'un rendez-vous. Mais en combien d'heures découper, et comment ? Les nombres 12, 24 et 60 finalement choisis en Occident pour les heures, minutes et secondes résultent d'une longue histoire démarrant probablement à Babylone, où l'on comptait en base mixte 12-60[10] ; d'autres découpages ont existé et vécu longtemps. Mais quand doit-on démarrer le compte dans la journée, et quelle doit être la durée de l'heure ? Plusieurs solutions ont été proposées, et plusieurs sont restées actives. Par exemple, les Romains avaient adopté l'heure des Grecs qui plaçaient l'heure 0 à *meridiem*, le mi-jour qui nous a donné le mot midi, avec deux fois 12 heures de durées irrégulières : longues la nuit et courtes le jour en hiver, l'inverse en été, et parfaitement égales seulement les jours d'équinoxe.

---

10. La base 12 est plus efficace que la base 10 pour compter sur les mains : on peut compter jusqu'à 12 sur les 3 phalanges des 4 autres doigts en les montrant avec le pouce de la même main. On peut répéter cela 5 fois, indexées par le dépliage des doigts de l'autre main, pour compter jusqu'à 60, la base des minutes et secondes. Cela rend très pratique la division par 4 des nombres jusqu'à 12 en comptant horizontalement ou par 3 en comptant verticalement, leurs restes étant également bien visibles. Hélas cette belle méthode reste largement inconnue car pas du tout enseignée. Mais la base 12 est restée pour les œufs et les huîtres !

Certaines de ces divisions persistent toujours : en Europe, nous utilisons maintenant des jours de 24 heures démarrant à la mi-nuit, où l'ombre n'est vraiment pas visible sur le cadran solaire – mais c'est récent et dû à l'invention d'autres instruments. Les États-Unis et quelques autres pays anglo-saxons[11] ont conservé deux tranches de 12 heures distinctes, avec les suffixes *am* et *pm* (qui viennent d'*ante meridiem* et de *post meridiem* en latin). L'expression « ouvert de midi à minuit » devient *open from 12 am to 12 pm*, franchement moins élégant. Mais on s'habitue à tout... Nous verrons au chapitre suivant que le temps universel coordonné (UTC), devenu la référence internationale actuelle en 1972, a son zéro à minuit et des jours de 24 heures.

Et quelle est la durée de l'heure ? Nous avons dit qu'elle était irrégulière pour les Grecs et les Romains. Cela a continué jusqu'au 16ᵉ siècle, car c'était sans gros problème pour les sédentaires et pour les églises, contentes de garder les prières aux mêmes heures solaires. Le cadran solaire de la figure 2 est encore à heures irrégulières. Mais ce devait être plus difficile pour les administrations et services divers, où le temps de travail ne pouvait pas se mesurer simplement, et aussi pour les transports quand ils se sont accélérés. Il a finalement fallu abandonner ces heures pour les remplacer par des heures régulières, d'abord avec les graduations adaptées sur les cadrans solaires, puis avec les pendules mécaniques dont nous allons parler plus tard.

La figure 3 montre l'extraordinaire Brihat Samrat Yantra de Jaipur, dans le Rajasthan indien, qui est situé dans le non moins fantastique observatoire Yantra Mandir construit en même temps que la ville par le maharajah Jain Singh en 1726.

---

11. États-Unis, Canada sauf Québec, Australie, Nouvelle-Zélande, Inde, les Philippines (longtemps colonie américaine), et peut-être quelques autres.

Figure 3. Le Brihat Samrat Yantra et son cadran de marbre *(photo de l'auteur).*

C'est un gigantesque cadran solaire à heures régulières, dont le gnomon incliné, en maçonnerie à arêtes en marbre blanc à droite de la figure 3, ne fait pas moins de 27 mètres de haut : les deux personnages, qui sont moi-même (1,80 mètre) et mon épouse, donnent l'échelle. La finesse de la gravure régulière sur marbre blanc du grand cadran semi-circulaire qui entoure ce gnomon de loin est réellement fantastique. Mais la précision de la mesure sur ce cadran reste limitée au mieux à une demi-seconde, à cause du diamètre du Soleil et de la diffraction de ses rayons, le Soleil étant décidément trop gros ! Le maharajah était passionné d'astronomie, lisait toute la littérature du sujet publiée à son époque, et le Yantra Mandir contient bien d'autres instruments astronomiques admirables[12].

---

12. Une chose amusante : en 2017, lorsque nous visitions pour la deuxième fois le Yantra Mandir, l'astronome védique qui nous guidait nous a dit qu'il pensait qu'il

LES HORLOGES À EAU OU CLEPSYDRES

Un besoin qui a été longtemps différent de la mesure de l'heure était la mesure des durées. Les horloges à eau y étaient bien mieux adaptées et utilisables tout le temps et n'importe où. Elles sont très anciennes et de nombreux types. L'idée en est simple : faire couler de l'eau contenue dans un récipient par un trou, soit en pure perte en attendant que le récipient se vide, soit dans un récipient gradué pour mieux suivre la progression de l'écoulement et mesurer des durées intermédiaires.

Le système probablement le plus répandu était la clepsydre de base, un récipient de taille plus ou moins normalisée doté d'un trou d'écoulement, très utilisée dans l'Antiquité mais aussi dans les églises avant le 14e siècle. « Monsieur le juge, donnez-moi une autre clepsydre », pouvait dire l'avocat romain qui n'avait pas terminé sa plaidoirie grandiloquente ; la clepsydre en question coulait pendant à peu près vingt minutes.

Mais cette clepsydre de base n'était pas suffisante pour tous les usages ou pour satisfaire toutes les envies des inventeurs. Bien sûr, il fallait que le trou reste propre pour que le temps de vidage reste plus ou moins constant, ce qui a quelquefois conduit à le creuser dans une pierre précieuse. Mais il fallait surtout tenir compte de l'irrégularité de l'écoulement, car le jet sortant ralentissait au cours du temps à cause de la chute de pression au niveau du trou. Dès les anciens Égyptiens, des formes non cylindriques efficaces ont été adoptées, certaines proches de l'idéal qui est un paraboloïde du 4e degré. De plus, le froid augmente la viscosité de l'eau et diminue donc le débit, et le gel l'annule carrément. La précision restait donc faible, et l'entretien permanent.

---

existait peut-être d'autres planètes dans l'univers que celles du Système solaire. Je me suis permis de l'informer qu'on en connaissait déjà quelques centaines...

Une méthode plus élaborée a été de tenir constant le niveau dans le réservoir principal en lui adjoignant un trop-plein et en l'alimentant un peu plus que nécessaire depuis un autre réservoir, l'eau coulant finalement dans un réceptacle gradué comme illustré par la figure 4.

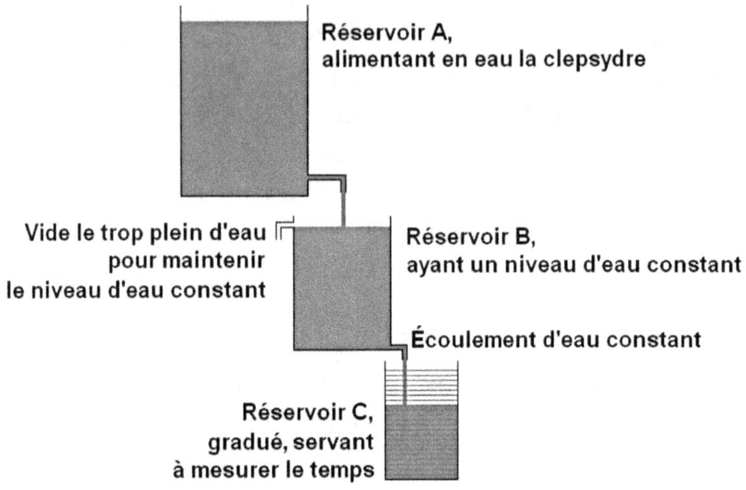

Figure 4. Principe de la clepsydre graduée (*source Wikimedia Commons*).

Ce principe a été adopté par exemple pour la célèbre clepsydre de Ctésibios située dans la Tour des vents à Athènes, qui comportait aussi plusieurs cadrans solaires à diverses orientations. Il s'agit d'un des premiers systèmes finement régulés connus. De plus, grâce à un flotteur, l'eau coulant dans le réceptacle du bas faisait monter une statuette tenant un bâton qui montrait l'heure sur un cylindre gradué ; au bout de 24 heures, le réceptacle se vidait automatiquement, faisant donc redescendre la statuette. Mais il y avait un problème : l'eau coulait régulièrement, alors que la durée de l'heure changeait tous les jours puisque le monde marchait à l'heure solaire ! La solution était particulièrement astucieuse : le cylindre était décoré par des courbes horaires subtiles, dessinées suivant la longueur des heures irrégulières pour chaque jour. Quand la cuve se vidait, un système d'engrenages à réduction d'un facteur 365 faisait tourner le cylindre juste de la quantité voulue pour qu'il marque l'heure solaire au jour suivant[13]. Brillant !

On connaît une grande variété de clepsydres et horloges à eau, certaines où le trou est remplacé par un siphon et d'autres capables de faire sonner une cloche, encore largement utilisées dans les églises au Moyen Âge. L'horloge à eau de la tour astronomique de Su Song en Chine, au 11e siècle de notre ère, avait déjà un échappement d'horlogerie. (Voir l'article dédié de Wikipédia qui détaille bien ce sujet.)

LES PREMIÈRES HORLOGES MÉCANIQUES ET LA NAISSANCE DU TIC-TAC

La date de naissance de la toute première horloge mécanique n'est pas vraiment connue, ni le nom de son inventeur. Mais la première bien identifiée a été installée en 1283 au prieuré de Dunstable, dans le Bedfordshire anglais. Son mécanisme, appelé *l'échappement à foliots*, est illustré dans la figure 5 empruntée au livre précité *La Naissance du temps* de Bernard Melguen. Le foliot était une pièce horizontale qui tournait alternativement dans un sens et dans l'autre. La force motrice était un poids attaché à une corde, elle-même enroulée autour d'un cylindre. Par gravité, le poids faisait tourner par un système d'engrenages la roue B portant des dents

---

13. Voir par exemple http://www.mdt.besancon.fr/wp-content/uploads/2015/02/L%C3%A9chappement-%C3%A0-foliot.pdf pour une explication claire et complète, avec les dessins appropriés.

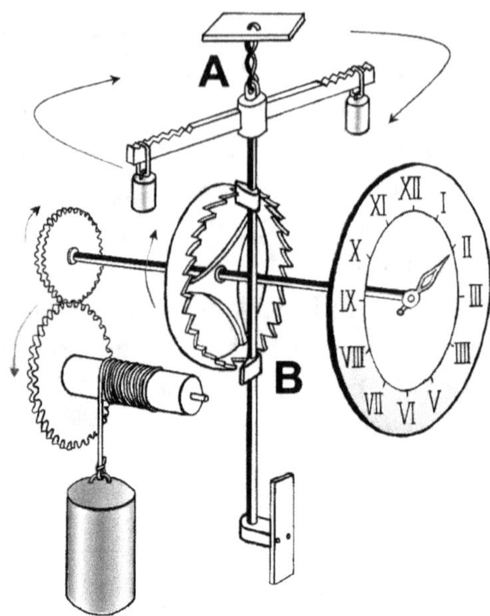

Figure 5. Le schéma d'une horloge à poids et foliot *(source : Bernard Melguen)*.

asymétriques. Mais la rotation de cette roue était régulièrement bloquée par un choc sur une des languettes de l'axe **A**, ce qui renvoyait le foliot dans l'autre sens ; cette languette s'échappait alors de la roue **B** à cause de la forme de ses dents, puis l'autre languette bloquait à son tour la rotation du foliot pour la relancer encore dans l'autre sens. C'était ce mécanisme d'échappement qui provoquait le *tic-tac* qui allait devenir pendant des siècles l'emblème de la mesure du temps. Pour régler la fréquence du tic-tac, on pouvait déplacer des petits poids suspendus près des extrémités du foliot.

Quand le poids principal était trop bas, il fallait le remonter à l'aide d'une manivelle fixée à l'axe horizontal, sans même toucher à l'axe vertical grâce à la forme astucieuse des dents qui tournaient alors dans l'autre sens – d'où le tic-tic-tic bien connu du remontage. Encore une fois, les mots ont la vie dure : le propriétaire d'une montre mécanique moderne à ressort spiral et échappement hyperfectionné doit toujours la *remonter* une fois tous les quelques jours, alors que le mot n'a plus rien à voir avec une quelconque réalité physique, puisqu'il n'y a plus de poids à remonter !

Les innovations de l'horloge à foliot n'avaient rien de mineur : le temps ne se mesurait plus à partir d'un phénomène continu comme la course du Soleil ou le vidage d'un réservoir, mais à partir d'une *vibration périodique*, ici celle du foliot, dont on détecte la *fréquence* par l'intermédiaire du *battement de l'échappement* – le mot battement étant issu d'une analogie avec les musiciens et spectateurs qui battent la mesure avec leurs mains. En termes d'aujourd'hui, la mesure du temps est passée à ce moment précis de continue (analogique) à discrète (numérique).

Toutes les méthodes qui ont suivi, de l'utilisation de balanciers ou de ressorts spiraux jusqu'aux montres à quartz et aux horloges atomiques puis optiques, ont gardé ce même principe de mesure d'une fréquence, à tel point que la seconde est maintenant définie à l'aide d'une fréquence de vibration interne à l'atome de césium, comme nous l'avons vu au chapitre précédent[14].

Mais les horloges à foliots n'étaient pas bien fiables, se décalant parfois d'une ou deux heures par jour. Elles n'avaient souvent ni cadrans ni aiguilles, peu nécessaires car la plupart des gens ne savaient pas lire ; elles servaient surtout à faire sonner les cloches. Les premiers cadrans comme celui de la figure 6 n'avaient d'ailleurs qu'une seule aiguille, la paire d'aiguilles heures-minutes n'étant apparue que quand la précision a augmenté.

---

14. Merci à Christophe Salomon, grand spécialiste des horloges atomiques, qui m'a fait comprendre l'importance du passage à la vibration.

Figure 6. Une horloge à cadran de 24 heures, *ca.* 1496, à Venise (*photo de l'auteur*).

Le problème de la longitude

Dès le début du 15ᵉ siècle, la mesure mécanique de sa position sur le globe terrestre est devenue un sujet scientifique majeur, en particulier à cause de l'explosion du trafic des bateaux européens, qu'ils soient commerciaux ou de guerre. En effet, bien se positionner sur la mer était un vrai casse-tête, qui devenait rapidement un casse-bateau dans de trop nombreux cas. Si la mesure de la latitude était déjà bien maîtrisée et suffisamment précise en observant la hauteur maximale du Soleil au-dessus de l'horizon vers midi, ce n'était pas du tout le cas pour la mesure de la longitude, beaucoup plus subtile. Or il y avait de plus en plus de marchandises ou troupes à transporter dans des navigations de plus en plus aventureuses. Les naufrages et pertes de bateaux en tout genre se multipliaient, presque toujours avec leurs équipages, et les cartes marines signalant les côtes et les dangers restaient très approximatives parce qu'on ne savait pas calculer la longitude de leurs points caractéristiques. Sans compter une autre difficulté majeure : les bateaux se calaient souvent sur une latitude fixe pour les grandes traversées, ce qui arrangeait bien les nombreux pirates qui n'avaient qu'à croiser ces routes prévisibles.

AVENTURES ET MÉSAVENTURES DES MARINS

Édifiante est l'histoire du *Centurion*, bateau commandé par le commodore George Anson. Il se trouva dans une terrible tempête pendant trois mois dans la région du cap Horn, perdant plusieurs hommes par jour à cause des éléments et du scorbut. Quand la tempête se calma, il remonta la côte ouest du Chili jusqu'à la latitude des îles de l'archipel Juan Fernandez (33°38′). Là, fallait-il tourner vers bâbord, vers l'ouest, ou tribord, vers l'est ? Il ne pouvait pas le savoir car cela lui aurait demandé de connaître sa longitude. Il essaya d'abord bâbord pendant plusieurs jours, puis, pensant s'être trompé, repartit dans l'autre sens pour finalement voir la côte du cap Noir, en Terre de Feu, tenue par les ennemis espagnols. Regrets et re-demi-tour, pour atteindre enfin l'île promise avec un équipage valide réduit à huit hommes – cela 16 jours après la première décision pour bâbord qui l'avait probablement conduit près du but... D'autres hommes d'équipage purent se rétablir avec la nourriture terrestre ou marine, mais une grande partie étaient morts. Trois bateaux de son escadre le rejoignirent, à peu près dans le même état, les trois autres ayant eu des fortunes diverses. Tout cela est raconté en détail dans Wikipédia[15].

---

15. https://fr.wikipedia.org/wiki/Voyage_du_Commodore_Anson.

Mais il y a aussi eu des erreurs de navigation à retour positif. En 1605, année où le transport des épices et autres ressources des Indes orientales (l'Indonésie moderne) faisait la richesse de la Hollande et de sa compagnie phare, la VOC[16], un marin aventureux nommé Willem Janszoon partit de l'ouest de Java en tant qu'éclaireur envoyé pour lancer le commerce avec la Nouvelle-Guinée et la cartographier. Il partit vers l'est en suivant sa côte, puis vers le sud-est, butant alors sur une côte inconnue. Il la prit pour un prolongement de la Nouvelle-Guinée, alors qu'il avait franchi sans s'en apercevoir le détroit de Torrès qui sépare celle-ci de l'Australie, qu'il venait ainsi de « découvrir » en arrivant sur la côte ouest du cap York. Je trouve indispensable d'utiliser les guillemets pour le mot découvrir dans la phrase précédente, car les hommes habitaient dans cette île-continent depuis à peu près 50 000 ans[17] ! À l'époque, ils étaient probablement venus à pied sec, ou presque, le niveau de la mer étant plus bas, mais n'en avaient pas moins de mérite à s'y être installés.

COMMENT PEUT-ON MESURER SA LONGITUDE EN BATEAU ?

Pour mesurer sa longitude, il n'y a qu'une solution possible, qui est de mesurer le décalage entre l'heure locale et celle d'un point fixe sur la terre, par exemple le méridien de Greenwich pour les Anglais ou de Paris pour les Français – bien entendu. On savait déjà mesurer assez précisément l'heure locale en fonction par exemple de la hauteur du Soleil au-dessus de

---

16. Vereenigde Oostindische Compagnie.
17. La notion de « découverte » d'un continent par les Occidentaux, qu'on enseigne encore à l'école, est évidemment sujette à caution. Je pense qu'il est improbable que les indigènes locaux, quand ils ont vu débarquer Christophe Colomb, aient prononcé dans leur langue la phrase : « Nous avons été découverts ! »

l'horizon. Mais savoir l'heure qu'il est à un point fixe éventuellement lointain était bien plus difficile. Il n'y avait que deux solutions possibles. La première était d'observer les astres autres
que le Soleil, dont les astronomes tabulaient les positions en
fonction de l'heure du point fixe considéré (Greenwich par
exemple) à l'aide de puissantes lunettes logées dans leurs obser-
vatoires. Mais l'observation de ces astres depuis le pont d'un
bateau qui bouge tout le temps était une tout autre histoire.
La deuxième était de fabriquer une horloge capable de garder
longtemps l'heure du point fixe avec une grande précision, y
compris dans un voyage au long cours avec des tempêtes et des
changements de température pouvant devenir extrêmes. Cette
solution avait cependant deux inconvénients majeurs : une
panne totale était toujours possible, ou bien un décalage non
détectable de l'horloge embarquée rendait toutes les mesures
fausses et donc la localisation aussi jusqu'à la fin du voyage.

Dans les deux cas, une seconde d'erreur sur la mesure de
l'heure locale du point où on se trouve en mer se traduit par
une erreur de position de pas moins de 460 mètres à l'équateur et 320 mètres à nos latitudes. Cela devient respectivement
27 et 19 kilomètres pour une minute, donc bien plus qu'il n'en
faut pour être mis à la côte ou sur des rochers.

Il fallait donc résoudre le *problème de la longitude*, rapidement considéré comme le plus important des problèmes
scientifiques de l'époque.

LES PREMIÈRES TENTATIVES :
GALILÉE ET HUYGENS

Mieux comprendre les mouvements des astres et mieux
mesurer le temps à travers eux a longtemps été une grande
ambition des astronomes, probablement les premiers savants

de l'humanité. Cette longue histoire a culminé avec Galilée, le premier scientifique moderne, qui était déjà concerné par le problème de la longitude. Il a observé les apparitions et éclipses des satellites de Jupiter avec une lunette et beaucoup de patience, et montré qu'on pouvait mesurer précisément l'heure en observant les moments où ils sont occultés par la planète. C'était un vrai exploit à cette époque car les lunettes venaient d'avoir été inventées par Huygens et n'étaient pas encore de grande qualité. Sa méthode fut rapidement adoptée, et devint la méthode officielle pour l'amirauté britannique. Quiconque a navigué peut pourtant se rendre compte que c'est bien loin d'être pratique en bateau, si tant est que ce soit même possible !

Comme il avait aussi étudié la période des pendules, Galilée a eu l'idée de remplacer le foliot des premières horloges par un balancier bien plus régulier et prédictible, avec un mécanisme qu'il a dessiné mais visiblement pas construit car il ne comportait pas de puissance motrice. Indépendamment, Huygens a aussi inventé le balancier et l'a vraiment utilisé pour construire des horloges précises pour l'époque, en visant aussi le problème de la longitude. Puis il l'a beaucoup amélioré, d'abord en faisant suivre à son poids une courbe non pas circulaire mais cycloïdale, qui maintenait la période constante même avec une amplitude de mouvement élevée qui rendait le balancier droit instable. Il a ensuite utilisé des balanciers lourds, conduisant à ceux de nos horloges de grand-mère. Il a enfin fabriqué des horloges spécifiques visant la marine, certes très précises, mais qui ne pouvaient pas tenir le mauvais temps pourtant garanti lors de toute croisière d'envergure. Hooke, autre savant touche-à-tout de l'époque, a également apporté des perfectionnements aux horloges, non détaillés ici.

Mais la multiplication des bateaux, l'accroissement constant des distances parcourues vers les colonies présentes ou futures, les nombreux naufrages et la facilité d'attaque déjà mentionnée pour les pirates rendirent le problème de la longitude de plus en plus critique.

Le Longitude Act, *les astronomes et John Harrison*

Voici un résumé concis de la partie principale du livre *Longitude* de Dava Sobel précité, dont le sous-titre est *L'histoire véritable d'un génie solitaire qui a résolu le plus grand problème scientifique de son temps*[18].

UN NAUFRAGE QUI A TOUT CHANGÉ

Un naufrage très célèbre et crucial pour la suite fut celui d'une partie d'une flotte majeure pour l'Angleterre, celle de l'amiral sir Cloudesley Shovell en 1707. De longues discussions entre les officiers leur ont fait conclure qu'ils étaient à l'ouest de l'île d'Ouessant, alors qu'ils étaient aux îles Scilly, à 96 milles marins (173 kilomètres) au nord-nord-est d'Ouessant, un endroit plein de cailloux et absolument à éviter par gros temps. Plusieurs de ses bateaux, dont le bateau amiral, furent perdus dans une forte tempête avec tous leurs pléthoriques équipages. L'amiral lui-même se noya en tentant de regagner une plage. Pourtant, un de ses marins lui avait dit avoir bien suivi la navigation, affirmant que les bateaux n'étaient pas à Brest mais dans la zone des Scilly ; l'amiral l'avait fait pendre en public pour rappeler à l'équipage qu'on ne conteste pas l'autorité...

---

18. En anglais : *The True Story of a Lone Genius Who Solved the Greatest Scientific Problem of His Time.*

LE *LONGITUDE ACT*

Devant la menace de nouveaux désastres, et après une pétition signée par de grands marchands et marins, le parlement britannique se saisit du problème. Après une consultation des grands savants qu'étaient Isaac Newton et Edmund Halley, l'un célèbre en tant que créateur de la théorie de la gravitation et président de la Royal Society, l'autre comme astronome ayant réalisé des travaux et découvertes de premier plan (qui ne connaît pas sa comète ?), il avait été compris qu'il n'y aurait que deux solutions possibles : la construction d'une horloge ultraprécise, à laquelle Newton ne croyait pas vraiment car il avait fort justement remarqué qu'une seule panne de l'horloge serait suffisante pour perdre définitivement la longitude, ou le recours à des observations astronomiques faisables en bateau ; mais cela demandait de construire de nouvelles tables astronomiques accompagnées de la création de nouveaux instruments utilisables en mer. Flamsteed, l'astronome du roi, avait fait construire l'observatoire de Greenwich, dans la campagne londonienne, pour cataloguer les étoiles et leurs positions – sujet sur lequel il travailla pendant quarante ans !

En 1714 fut promulgué le *Longitude Act*, promettant trois prix pour les méthodes applicables au problème de la longitude en bateau : 20 000 livres pour une précision d'un demi-degré à l'équateur, 15 000 livres pour deux tiers de degré et 10 000 livres pour un degré. Cela correspondait à des millions d'euros en monnaie actuelle. Simultanément fut créé le Board of Longitude, formé de savants et d'horlogers éminents chargés de juger les candidatures.

UNE AVALANCHE IMMÉDIATE
DE SOLUTIONS FUMEUSES

Les astronomes, horlogers et inventeurs en tous genres se mirent donc au travail, en sachant que la solution demanderait beaucoup de temps. Devant l'énormité des prix promis, le Board of Longitude fut submergé par une multiplicité de propositions pour la plupart fumeuses ou carrément hors sujet, dont certaines délicieuses sont racontées dans *Longitude*. Heureusement, il avait placé une règle simple : un projet ne serait évalué en comité que si cinq de ses membres le demandaient. Une seule proposition, faite par l'horloger Jeremy Thacker, était un peu intéressante : il s'agissait d'une pendule placée dans un récipient où on fait le vide, ce qui lui permettait d'être protégée de pas mal de perturbations atmosphériques, mais hélas pas des changements de température. Seul le nom de cette pendule est resté, bien que plus personne ne connaisse son origine : Thacker l'avait appelée le *chronomètre* !

L'ENTRÉE EN LICE DE JOHN HARRISON

Dans le premier quart du 18e siècle, un charpentier nommé John Harrison, né en 1693 et travaillant dans le Yorkshire au nord de Londres, avait déjà conçu des pendules et horloges étonnantes en résolvant au moins deux des problèmes majeurs de la discipline : la lubrification, qui n'utilisait alors que des huiles végétales très sensibles à la température, et les variations de longueur des balanciers et donc de leurs fréquences d'oscillations, aussi en fonction de la température. Avant ses 20 ans, il avait déjà construit une pendule entièrement en bois, avec la propriété que ses engrenages s'autolubrifiaient grâce à la très fine couche d'huile sécrétée par le bois lui-même. En 1722, il construisit pour un noble local une horloge extra-ordinaire encore toute en bois, qui fonctionne toujours à merveille. Cette fois, il avait utilisé des engrenages résolument novateurs, avec des dents rapportées en bois dur parfaitement sculptées et mises en place dans leur support de bois. Elle n'avait et n'a toujours aucun besoin de lubrification ! Vers 1725-1727, il construisit deux grandes horloges de salon avec deux autres innovations : un balancier bimétal, le *giridon*, dont les coefficients de dilatation différents permettaient de garder la longueur quasi constante malgré les changements de température, et un superbe échappement « sauterelle » (*grasshopper*) diminuant les frottements et donc améliorant la régularité. La dérive finale était de moins d'une seconde par mois, au lieu d'une minute par jour pour les meilleures montres de l'époque. Pas étonnant donc que Harrison se soit consacré à répondre au *Longitude Act* lorsqu'il en a appris l'existence. Il allait y passer le reste de sa vie, dans des conditions difficiles provoquées par certains astronomes devenus des ennemis jurés de ce charpentier même pas issu du monde scientifique.

L'HORLOGE H-1

Harrison termina sa première horloge nommée H-1 en 1730. C'était une imposante construction très originale avec deux balanciers dont les tiges symétriques liées à des axes centraux portaient des boules de laiton d'exactement le même poids à chaque bout. Reliées de chaque côté par des ressorts, elles battaient en sens opposé pour annuler les effets du roulis et du tangage. La H-1 avait aussi un giridon pour annuler les différences de température, ainsi que d'autres innovations pour résister aux mouvements des bateaux. La roue principale était encore en bois pour éviter la lubrification. En 1730, dans le but de la présenter au Board of Longitude, Harrison contacta Halley, l'astronome royal nommé en 1720 après la mort de Flamsteed. Halley se consacrait surtout à la méthode des distances lunaires dont nous allons reparler plus loin, mais Harrison savait qu'il était à la fois compétent, d'esprit ouvert et d'humeur enjouée, ce qui était loin d'être le cas de tous les astronomes.

L'effet de cette présentation sur Halley et les autres membres du bureau présents fut considérable, et le grand horloger Graham qui en faisait partie devint un soutien majeur de Harrison. Il fut décidé de tester la H-1 sur un voyage Angleterre-Lisbonne aller-retour. Le capitaine était ravi des résultats, mais il mourut juste après l'arrivée à Lisbonne ; Harrison était lui moins ravi, car il avait souffert en permanence d'un mal de mer violent et permanent. Au retour, quand le nouveau capitaine aperçut la côte de l'Angleterre, il se croyait en vue du Start Point, près de Dartmouth. Mais Harrison calcula la longitude à partir de son horloge, pour trouver qu'ils étaient en vue du cap Lizard, plus de 100 km à l'ouest, ce qui se révéla exact. Le capitaine fut très impressionné, et le Board of Longitude enthousiaste et prêt à continuer les tests.

Mais, au lieu d'accepter de laisser conduire les tests requis par le *Longitude Act* quand il présenta la H-1 en 1737 lors de la toute première séance officielle du Board of Longitude qui n'avait encore jamais trouvé de raison de se réunir dans les vingt-trois années précédentes, l'hyperfectionniste Harrison détailla plutôt ses faiblesses et proposa d'améliorer la H-1 en construisant une H-2 plus petite et meilleure, à condition de recevoir des avances sur le prix. Cela n'empêcha pas le Board de procéder à d'autres tests concluants sur la H-1. Graham obtint de Harrison de se faire prêter la H-1, mais sans dévoiler ses secrets. Il put par la suite la montrer à pas mal de visiteurs dont les grands horlogers français Pierre Le Roy, qui était alors horloger du roi de France, et Ferdinand Berthoud (né en Suisse en 1727), son élève qui deviendra son rival. Les deux travaillaient aussi sur le problème de la longitude et furent impressionnés par la conception globale et les nouveautés de la H-1. Bien sûr, ils n'ont pas eu les détails car la rivalité entre la France et l'Angleterre était sévère.

La H-1 est toujours visible et en fonctionnement à l'observatoire de Greenwich[19], et une superbe série de photographies en est consultable sur le site Web du musée royal de Greenwich[20].

LES HORLOGES H-2 ET H-3

Harrison se mit donc à la conception et à la fabrication de la H-2, finie en 1741. Elle était plus petite, bien qu'encore de bonne taille, et de forme plus simple et plus compacte. Elle comportait plusieurs innovations, y compris pour mieux tolérer les changements de température. Pourtant, Harrison ne l'aimait pas du tout ; au lieu de la proposer comme solution, il promit de construire en cinq ans une H-3 qui corrigerait les défauts restants. Cela n'empêcha pas le Board of Longitude de conduire à terre des tests sévères sur la H-2, encore une fois jugés étonnamment positifs malgré de grandes variations de température et de pression et des secousses dans tous les sens pour imiter les conditions de la marine. Pour achever la H-3, il fallut à Harrison non pas cinq ans, mais dix-neuf ! Pendant ce temps, il reçut la Copley Medal de la Royal Society, la plus haute distinction scientifique possible,

---

19. Au moins aussi intéressante est la queue des touristes qui viennent se faire prendre en photo avec des attitudes corporelles inimitables, un pied de chaque côté de la plaque du méridien 0°, juste en bas de l'observatoire.
20. Voir https://www.rmg.co.uk/collections/objects/rmgc-object-79139.

ainsi qu'une proposition de devenir membre de cette société savante, qu'il préféra décliner et transférer à son fils William qui travaillait désormais avec lui.

La H-3 était plus compacte et comportait encore une fois des innovations majeures, dont deux balanciers circulaires tournant en sens opposés mais contrôlés par un ressort unique, un bilame simplement formé de deux lames de métaux différents assemblées pour remplacer le giridon, et des roulements à billes qui réduisaient énormément les frottements – saviez-vous que le bilame et les roulements à billes maintenant standards étaient de son invention ? Elle fut terminée en 1759, mais ne put pas prendre la mer à cause de la guerre de Sept Ans, la première guerre vraiment mondiale.

Mais Harrison avait aussi une autre idée dans la tête : un horloger nommé Jefferys avait construit pour lui et sur ses spécifications une montre gousset qui incorporait de nouvelles idées qui se révélèrent fécondes. Harrison fabriqua donc une montre encore plus perfectionnée, nommée H-4. Sa conception était très différente des précédentes, avec des paliers en diamant, et c'était la première qui avait besoin de lubrification. Mais il l'aimait enfin car elle était bien plus compacte et redoutablement précise.

LES ASTRONOMES ET LA MÉTHODE DES DISTANCES LUNAIRES

Pendant ce temps, la méthode des distances lunaires sur laquelle misaient tous les astronomes avait progressé : cette méthode demande de mesurer les angles entre la Lune, le Soleil, l'horizon et certaines étoiles. Elle n'avait rien de simple, car il fallait auparavant mesurer et tabuler le mouvement de ces astres. Flamsteed, le créateur de Greenwich, avait catalogué et mesuré des étoiles pendant quarante ans, et Halley y avait aussi contribué. Mais deux événements allaient changer l'échelle de cette chasse : d'une part de nouvelles tables conçues par le cartographe allemand Tobias Mayer avec l'aide de l'immense mathématicien suisse Leonard Euler ; d'autre part, l'invention de l'octant, précurseur du sextant utilisé encore récemment[21]. Avec son bras mobile et sa paire de miroirs, l'octant permettait enfin de mesurer facilement l'angle entre deux points vus de l'observateur en amenant leurs images à coïncider – bon, ça n'avait rien de simple en mer agitée, ça ne marchait plus s'il y avait des nuages et les calculs étaient longs et pénibles, mais ça devenait faisable.

LA NOUVELLE HOSTILITÉ DES ASTRONOMES

À cause de ces succès, le milieu des astronomes était devenu hostile à tout ce qui n'était pas leur méthode, et en particulier au travail de Harrison. Graham était mort, remplacé par Bradley puis par le révérend Nevil Maskelyne, qui détestaient littéralement Harrison – une haine qui devint vite réciproque. Maskelyne voulait surtout que le prix soit pour lui. Ce n'est qu'en 1761 que les H-3 et H-4 furent programmées pour un voyage officiel en mer, avec William Harrison à bord. Mais les astronomes le firent d'abord poireauter trois mois, ce qui fit dire à John Harrison qu'il n'y avait plus besoin d'embarquer la H-3 vers la Jamaïque car la H-4 était meilleure. Dans la traversée aller de 81 jours, celle-ci ne perdit que 5 secondes,

---

21. J'en possède un beau de marque Poulain qui m'a bien servi avant le GPS. Une fois, en route vers les Baléares sur notre voilier *Le bar est ouvert*, je l'avais emporté mais mon ami Jean-Paul Marmorat avait oublié les tables de calcul. Qu'à cela ne tienne, c'était un excellent mathématicien. Il a reconstitué tous les calculs, ce qui l'a bien occupé, et les a implémentés sur une vieille calculette trouvée dans la table à cartes !

et au retour, particulièrement long, agité et mouillé, elle ne fit qu'une erreur de deux minutes, donc mieux que les exigences maximales du prix !

Mais les astronomes ne l'entendaient pas de cette oreille et trouvèrent en 1762 des raisons futiles de ne pas donner le prix et de demander un nouvel essai. À la même époque, les Français, au courant de ces résultats, dépêchèrent Berthoud à Londres ; mais il ne put rien apprendre car le mécanisme de la H-4 était invisible et Harrison muet. La croisière suivante eut lieu en 1764 vers les Barbades, et William et le capitaine du bateau virent en arrivant que Maskelyne était arrivé avant eux avec d'autres astronomes pour mesurer l'heure exacte à sa façon. Ils contestèrent évidemment son impartialité, ce qui énerva Maskelyne qui rata ses mesures !

Même s'il était évident que Harrison avait gagné le prix, ce ne fut jamais vraiment accepté : le Board of Longitude resta silencieux pendant des mois, avant de dire OK, les résultats sont vraiment bons. Mais il exigea que Harrison démonte sa montre devant d'autres horlogers et explique la fonction de toutes ses pièces, puis qu'il leur donne la montre pour qu'ils en fassent faire trois répliques dont une par lui-même – ce qui n'était d'ailleurs pas idiot car la marine souhaitait que l'exploit soit reproductible. Je passe les détails même s'ils sont très intéressants, vous les trouverez dans *Longitude*. Je dirai juste que le capitaine Cook embarqua pour son tour du monde la K-1, une copie de la H-4 faite par Kendall, ancien élève de Jefferys (celui qui avait fait la montre gousset de Harrison), et clama à de nombreuses reprises tout le bien qu'il en pensait – tout en pratiquant aussi les distances lunaires. La H-5 suivit la H-4, en tant que copie faite par Harrison.

Devant les réticences persistantes des astronomes, qui changeaient les règles à tout bout de champ, les Harrison s'adressèrent directement au roi George en 1772, qui gardait la H-5 dans son palais, émerveillé par le fait qu'elle ne perdait pas plus d'un tiers de seconde par jour. Ils firent comprendre au roi qu'ils avaient été vraiment maltraités par les astronomes du Board, et le roi nomma une commission spéciale qui leur octroya le complément des 20 000 livres, le montant maximum du prix. Mais les Harrison n'ont jamais reçu le vrai prix comme on le voit trop souvent écrit : les astronomes en avaient profité encore une fois pour changer ses modalités au dernier moment, ce qui fait qu'il n'a jamais été décerné !

ET LA FRANCE DANS TOUT ÇA ?

Les horlogers français étaient aussi de grande classe, en particulier les précités Le Roy et Berthoud. Mais l'effort national n'a pas été aussi intense, ce qui s'explique probablement par le fait que la France pouvait agir par voie terrestre en Europe continentale, chose impossible pour l'Angleterre. Berthoud était devenu dominant à cette époque. Il était très différent de Harrison car il souhaitait rendre publique la description de ses mécanismes ; il fut en particulier choisi pour écrire les remarquables articles sur l'horlogerie dans l'*Encyclopédie* de Diderot et d'Alembert[22], et il écrivit plusieurs ouvrages sur l'horlogerie qu'on appellerait maintenant de vulgarisation et qu'on peut toujours acheter ou trouver sur le Web[23]. Il devint horloger du roi Louis XV en 1770.

En 1763, le roi envoya un groupe d'horlogers et de savants à Londres pour étudier la H-4, dont bien sûr Berthoud. Harrison leur montra les H-1, H-2 et H-3 pour une coquette somme d'argent, mais pas la H-4 ; Berthoud se fit cependant

---

22. https://fr.wikisource.org/wiki/L%E2%80%99Encyclop%C3%A9die/1re_%C2%A0
C3%A9dition.
23. https://www.eyrolles.com/Arts-Loisirs/Livre/l-art-de-conduire-et-de-regler-
les-pendules-et-les-montres-9782329424606/.

nommer membre associé étranger de la Royal Society. L'année suivante, la marine française mena des essais avec sa propre montre marine numéro 3. Berthoud revint à Londres en 1765, mais Harrison demanda 4 000 livres pour lui montrer la H-4, ce qui ne fut pas accepté ! Il n'apprit son fonctionnement que de Thomas Mudge, un autre horloger anglais de grande classe, mais toujours sans pouvoir la voir. Cela ne l'empêcha pas de développer plusieurs autres montres marines qui se montrèrent d'excellente qualité et servirent la marine française.

Le Bureau des longitudes français n'a été créé qu'en 1795, quatre-vingt-un ans après celui des Anglais, en fonction de la reconnaissance de la supériorité de ces derniers bien exprimée par le discours de son fondateur l'abbé Grégoire :

> Une des mesures les plus efficaces pour étouffer la tyrannie britannique, c'est de rivaliser dans l'emploi des moyens par lesquels cet État, qui ne devrait jouer qu'un rôle secondaire dans l'ordre politique, est devenu une puissance colossale. Or les Anglais, bien convaincus que sans astronomie on n'avait ni commerce, ni marine, ont fait des dépenses incroyables pour pousser cette science vers la perfection.

Ce bureau a été logé dans les locaux des cinq académies de l'Institut de France. J'y suis entré souvent, mais il n'existe plus depuis la mise en chantier récente du grand amphithéâtre de l'Institut. J'ai gardé une photo de sa plaque d'entrée, ainsi que le souvenir d'un de ses membres qui me racontait qu'il recevait toujours des coups de téléphone de Français qui voulaient connaître la longitude de leur maison. Il leur répondait qu'il suffisait de consulter n'importe quelle bonne carte papier, ou encore mieux son téléphone portable qui la fournit immédiatement avec une très grande précision – nous verrons plus loin pourquoi.

L'ÈRE DE L'HORLOGERIE FINE

Il fallait désormais construire beaucoup de montres précises, puisqu'il y avait beaucoup de bateaux, et les horlogers de toute l'Europe s'y mirent en grand. Puis la montre se démocratisa, devenant un cadeau standard pour les enfants par exemple lors de la première communion – c'est comme ça que j'ai eu ma première Yema, avec trotteuse pour les secondes s'il vous plaît ! Des nouveautés apparurent, dont bien sûr les montres à quartz, avec d'abord des écrans numériques, puis les Swatch originales et pas chères. Dès les années 1950, il devenait possible pour tout un chacun de savoir l'heure de façon fiable, sans supposer le moins du monde qu'il avait fallu des siècles pour ça. Et les modes vont et viennent : les cadrans numériques des premières montres digitales, longtemps à la mode, ont progressivement disparu pour revenir aux bonnes vieilles aiguilles qui ne font que montrer l'heure de façon agréable, avant de revenir dans des montres « connectées », celles qui sont de vrais ordinateurs montrant votre pouls, comptant vos pas, etc. Rien que des choses auxquelles les Harrison n'auraient jamais pensé ! Et il n'y a même plus besoin de montre, puisque tous les téléphones donnent l'heure ultraprécise – mais attention, pas de façon aussi fiable qu'on ne le pense, comme nous le verrons dans le prochain chapitre.

Tout cela n'empêche pas les vénérables montres mécaniques d'être toujours d'actualité : les entreprises spécialisées suisses, leurs principaux fabricants, gagnent plus de 20 milliards de dollars par an en vendant leurs chefs-d'œuvre mécaniques. Et les innovations continuent d'être nombreuses, y compris sur les échappements nés au 13$^\text{e}$ siècle !

L'importance de la fréquence
des vibrations mesurées

Voici un point majeur sur lequel insiste toujours mon collègue précité Christophe Salomon, horloger atomique : augmenter la fréquence des vibrations est devenu progressivement indispensable pour mesurer le temps de façon précise. Je reprends son argumentation : l'avantage de la méthode des vibrations est qu'il est facile d'utiliser comme base de mesure la durée qui sépare deux maxima successifs d'une vibration donnée, par exemple à l'aide d'un échappement, mais son inconvénient est qu'il est très difficile de réaliser une mesure intermédiaire précise entre ses positions extrêmes car l'échappement n'actionne le mécanisme des aiguilles qu'en ces points. Donnons un exemple. La fréquence d'une vibration se mesure en hertz, nombre de cycles complets de la vibration par seconde. Avec un chronomètre dont le mécanisme bat à 10 hertz, c'est-à-dire dix fois par seconde, on peut mesurer le temps pour courir un 100 mètres au dixième de seconde près. C'était ce qu'on faisait avec de bons chronomètres mécaniques quand j'étais enfant. Mais, avec l'amélioration constante des performances, on a voulu passer au centième de seconde, ce qui n'était pas possible mécaniquement. Il a donc fallu passer à des vibrations plus rapides, de natures différentes.

LES OSCILLATEURS ÉLECTRONIQUES

C'est l'électricité qui a permis de réaliser les premiers oscillateurs rapides. Au 19ᵉ siècle, de nombreuses façons de créer des oscillateurs électriques simples ont été inventées, par exemple pour des fréquences allant jusqu'à quelques kilohertz (kHz). Mais ils n'étaient pas stables en fréquence. L'électronique a permis de faire bien mieux, en particulier avec l'invention de la lampe radio dans les années 1910 puis du transistor en 1947, ce dernier restant très utilisé pour cadencer les calculs à l'intérieur d'un circuit électronique avec des montages sophistiqués permettant de faire varier la fréquence pour économiser l'énergie. Mais la méthode reine pour la mesure a été l'*oscillateur à quartz*, qui exploite la faculté du quartz de vibrer de façon très rapide et surtout très régulière quand il est excité par un courant électrique, avec des fréquences qui vont de quelques kilohertz à des centaines de mégahertz (MHz). Les montres à quartz étaient les reines de la précision pour vous et moi, et les quartz de haute qualité restent au cœur des méthodes les plus modernes que nous allons mentionner maintenant.

Les horloges atomiques

Un changement encore plus profond est advenu au 20e siècle avec les horloges atomiques fondées sur la mécanique quantique. Elles sont nées en 1955 en Angleterre, puis ont été développées partout dans le monde. L'idée de base des premières horloges atomiques était d'utiliser la fréquence du rayonnement électromagnétique des électrons quand ils changent de niveau d'énergie dans un atome. Le champ électromagnétique utilisé dans une horloge atomique au césium bat à 10 gigahertz (GHz), soit 10 milliards de battements par seconde ; cette fréquence ultrarapide est utilisée pour asservir un oscillateur à quartz de plus basse fréquence,

10-100 mégahertz, plus facile à utiliser pour les mesures – voir par exemple l'article de Wikipédia sur les horloges atomiques. Il existe même des horloges atomiques « de poche » qui peuvent être intégrées dans une carte électronique. Mais les fontaines atomiques et les horloges optiques ont encore amélioré les mesures, voir l'encadré ci-après pour les curieux.

> Dans une fontaine atomique, les atomes sont refroidis par laser jusqu'au microdegré kelvin, puis lancés en l'air par laser. Ils traversent une cavité micro-onde qui les excite à la fois à la montée et à la descente. Le temps utile de mesure, qui est le temps passé par les atomes au-dessus de la cavité, est considérablement augmenté par rapport à celui des horloges atomiques conventionnelles : il atteint la seconde.

LA DÉFINITION ACTUELLE DE LA SECONDE

La très grande précision des horloges atomiques a conduit à les utiliser pour redéfinir la seconde dès la 13ᵉ conférence des poids et mesures en 1967. Cette définition, faite à partir des horloges au césium et toujours en fonction, n'a rien d'intuitif :

> La seconde est la durée exacte de 9 192 631 770 oscillations (ou périodes) de la transition entre les niveaux hyperfins de l'état fondamental de l'atome de 133Cs (atome au repos T = 0 K).

Elle n'est pas non plus vraiment opérationnelle, car la température mentionnée du zéro absolu n'est pas atteignable, mais les physiciens savent suffisamment s'en approcher en pratique. C'est donc à l'aide de plusieurs centaines d'horloges atomiques, soit placées dans le sous-sol profond de l'Observatoire de Paris pour éviter les vibrations, soit réparties à travers le monde et soigneusement moyennées, que le BIH (Bureau international de l'heure, partie spécifique de celui des poids et mesures) définit le TAI, c'est-à-dire le *temps atomique international*. Ce n'est cependant pas celui qui gouverne nos vies actuellement, mais le temps UTC décrit au chapitre 4 qui suit.

LES HORLOGES OPTIQUES

On sait maintenant faire des horloges optiques bien plus précises et stables que les horloges atomiques. Le principe de ces horloges est précisé dans l'encadré ci-dessous.

Les horloges optiques fonctionnent dans le domaine visible du spectre électromagnétique, à des fréquences de l'ordre de 10^{15} hertz, donc 1 million de gigahertz, et présentent une stabilité de fréquence encore meilleure que les fontaines atomiques. Elles utilisent des lasers ultra-stables pour exciter les atomes qui sont piégés par laser, ce qui permet d'augmenter encore le temps de mesure. Ces dispositifs présentent aujourd'hui une instabilité de fréquence meilleure que 10^{-18} et même 10^{-20} pour certaines d'entre elles. Rapportée à l'âge de l'univers, cette instabilité est inférieure à une seconde sur 13,7 milliards d'années !

Il faut noter que la France joue un rôle central dans ce domaine, principalement à l'Observatoire de Paris où sont développées à la fois des fontaines atomiques et des horloges optiques.

Mais notons que la définition officielle de la seconde décrite ci-dessus utilise un appareillage spécifique, l'horloge ou la fontaine atomique au césium, et que les définitions du kilomètre et du kilogramme en dépendent aussi. Le nombre de vibrations mentionné dans cette définition a neuf chiffres décimaux, ce qui correspond bien aux horloges atomiques mais pas aux horloges optiques qui pourraient définir le temps avec de l'ordre de 15 chiffres décimaux pour le nombre de vibrations par seconde. Faudra-t-il changer cette définition en remplaçant les horloges atomiques par les horloges optiques ?

VERS DE NOUVEAUX CAPTEURS
FONDÉS SUR LA RELATIVITÉ GÉNÉRALE

Enfin, Einstein a formulé en 1915 la théorie de la relativité générale, où il a expliqué comment la masse des corps courbait l'espace autour d'eux, réinterprétant au passage la notion de gravité et montrant que le temps ne passe pas pareil en deux points non soumis à la même gravité, modifiant ainsi la notion même de temps.

Le spécialiste des horloges atomiques Jun Ye a réalisé récemment une expérience étonnante, en montrant qu'on peut effectivement observer un décalage progressif entre deux horloges optiques identiques posées côte à côte, mais l'une plus haute que l'autre de 1 millimètre – donc avec une gravité minusculement plus faible : les horloges se décalent effectivement, celle du haut étant plus rapide que celle du bas. Autrement dit, le temps passe un peu plus lentement pour la plus haute ; ce décalage temporel avait été déjà vérifié avant, mais avec des horloges moins précises écartées de quelques dizaines de centimètres. On prévoit donc d'utiliser des horloges atomiques comme capteurs ultraprécis en vulcanologie et sismologie : elles permettront d'étudier finement les modifications du sous-sol qui influent sur la gravité en un point donné.

MAIS LE PASSAGE DU TEMPS EST-IL VRAIMENT RÉGULIER ?

Un peu paradoxalement, la définition officielle de la seconde caractérise aussi la notion même de régularité du passage du temps, à laquelle nous ne pouvons pourtant pas donner un sens intrinsèque : la seule chose que nous pouvons faire, c'est de relier le temps à un phénomène dont nous *décidons* qu'il faut l'appeler régulier. Nous avons vu que les rotations de la Terre autour d'elle-même et du Soleil ont été longtemps utilisées, ainsi que le mouvement de la Lune et des étoiles pour la méthode des distances lunaires, mais les astronomes ont détecté que ces mouvements varient au cours des ans. La régularité théoriquement et expérimentalement supérieure des atomes a donc été choisie pour les remplacer – ce qui ne veut pas dire que le temps est vraiment compris et mesuré, puisque sa nature physique profonde n'est toujours pas élucidée ! Certains mathématiciens et physiciens n'hésitent d'ailleurs pas à penser que ce que nous appelons « le temps » n'est qu'une vision macroscopique de ce que nous, pauvres humains, ne pouvons encore pas observer et comprendre quant à l'irréversibilité de l'évolution des systèmes en mécanique quantique...

Conclusion

J'espère que le lecteur aura pris du plaisir à lire ce chapitre, même si je n'ai personnellement strictement rien apporté à ce domaine – qui est tellement beau que j'adore le raconter !

CHAPITRE 4

La distribution de l'heure partout

Dans l'Antiquité puis au Moyen Âge, les avancées des sciences, du commerce et des voyages ont progressivement amplifié le besoin d'une bonne mesure de l'heure et aussi de sa diffusion à la population. Mais de quelle heure parlait-on ? Et, même maintenant, comment définit-on l'heure officielle qu'il est chez nous et comment la distribue-t-on à distance à grande échelle ? Cette dernière étape est essentielle pour atteindre chacun d'entre nous et toutes les machines qui en ont besoin, communiquer à distance, et relier les heures entre ici et ailleurs. C'est le sujet dont nous allons parler maintenant – avec pas mal de surprises pour la majorité des lecteurs je pense (il y en a eu plusieurs pour moi). J'insisterai sur ce grand sujet, car il est tout aussi central que la mesure du temps mais bien moins popularisé.

Les deux temps solaires et l'équation du temps

Voici un problème quand on vit avec le Soleil, ce qui était le cas général, et qu'on a aussi des pendules régulières : les midis solaires vrais sont différents des midis des pendules, car ils ne sont pas séparés de 12 heures mais se décalent un peu tous les jours. Il y a deux raisons à cela. La première raison est le fait que l'orbite de la Terre autour du Soleil n'est pas un cercle mais une ellipse, ce qui fait que la Terre tourne plus vite autour du Soleil quand elle est au périhélie, c'est-à-dire au plus près du Soleil, qu'à l'aphélie, le point opposé où sa distance au Soleil est maximale. La période de cette variation est d'une année. La deuxième raison est le fait que l'axe de rotation de la Terre sur elle-même penche par rapport au plan de son orbite, tout en pointant toujours dans la même direction pendant tout le parcours de cette orbite. Cet effet plus subtil a une période d'une demi-année, de solstice à solstice, ces solstices étant proches des moments de périhélie et aphélie mais pas identiques à eux[1]. Tout cela détermine *l'équation du temps*, expression ancienne qu'on remplacerait maintenant par *correction du temps*. Une manière de visualiser cette correction entre le *temps solaire vrai* d'un lieu (ici Greenwich) et son *temps solaire moyen*, où tous les jours ont exactement 24 heures, est de tracer la courbe de décalage entre le midi vrai et le midi moyen. Cela donne la courbe de la figure 7 qu'on appelle *l'analemme* du lieu.

---

1. Une explication mathématique précise de ces deux phénomènes est donnée dans la page Web https://accromath.uqam.ca/wp-content/uploads/2013/09/LR-8-11-temps-8.2.pdf.

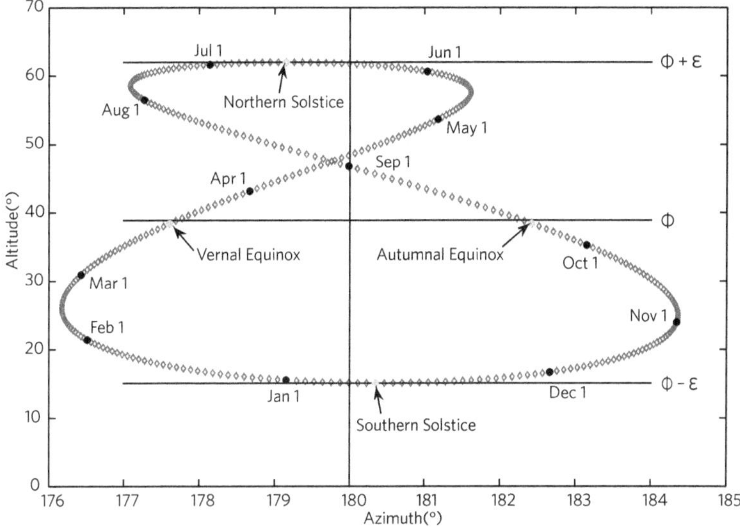

Figure 7. L'analemme à Greenwich en 2006 *(Wikimedia Commons, domaine public)*.

LES PENDULES À ÉQUATIONS

Pour les instruments mécaniques, les horlogers du 18ᵉ siècle ont réalisé des prouesses techniques pour développer des « pendules à équation » donnant l'heure solaire vraie ou moyenne. Dans ces pendules, des pièces non circulaires permettaient de modifier la cadence du mouvement des aiguilles de façon à marquer l'heure solaire vraie du lieu en tenant compte de l'équation du temps. Leurs mécanismes sophistiqués sont bien décrits dans le superbe livre *L'Art de conduire et de régler les pendules et les montres*, écrit par Ferdinand Berthoud[2]. Mais elles n'ont été probablement que peu utilisées car chères, et le temps solaire

---

2. Achetable par exemple à l'adresse https://www.decitre.fr/livre-pod/l-art-de-conduire-et-de-regler-les-pendules-et-les-montres-9782329424606.html.

moyen local fut donc graduellement adopté par chaque ville d'importance.

UNE MÉTHODE PIONNIÈRE : LA DISTRIBUTION PNEUMATIQUE

Aux chapitres 2 et 3, nous avons vu que l'heure n'était pas facile à distribuer un peu partout même dans des temps pas si lointains. Il y avait des cadrans solaires qui ne servaient que quand il faisait beau et des pendules souvent peu fiables. On sonnait les cloches, on faisait péter un canon sur le coup de midi, mais c'était à peu près tout. La première distribution précise et fidèle de grande taille, au moins à ma connaissance, date de 1879. Sous l'impulsion de Viktor Popp et de Ernst Rech est installé progressivement à Paris par la société Sudac Air Service un système de distribution pneumatique pour animer et synchroniser des pendules placées soit dans les mairies, commissariats de police, casernes, écoles, lycées, marchés, etc., toutes financées par l'État, soit dans les commerces et magasins, dans ce cas financées par leurs propriétaires. Cette installation pionnière a demandé la pose de 50 kilomètres de tuyaux. L'alimentation en air comprimé était faite par une machine à vapeur près de la Seine, qui fut submergée par la crue de 1910 – arrêtant toutes les pendules simultanément à 22 h 53 ! La société existe toujours car l'air comprimé a beaucoup d'autres utilisations, mais elle n'est plus dans ses bâtiments d'origine du quai Panhard-Levassor qui ont été conservés et sont classés à l'inventaire supplémentaire des monuments historiques[3].

---

3. Merci à Maurice Gorgy de m'avoir appris cela, et à Wikipédia pour le classement de son magnifique bâtiment.

L'ÉTONNANTE SAGA
DES HORAIRES DE TRAIN

Mais il restait vrai que deux villes n'avaient la même heure que si elles étaient placées à la même longitude, ce qui impliquait que la plupart des paires de villes avaient des heures différentes. Par exemple, il y avait à peu près un quart d'heure de différence entre Nancy et Bordeaux. C'est l'arrivée du chemin de fer qui a tout changé, de façon progressive et d'ailleurs franchement amusante.

Quand les trains sont apparus au début du 19ᵉ siècle, les voyages étaient assez lents et les lignes relativement courtes. Mais le réseau s'étoffa vite et il fut indispensable d'installer des pendules dans les gares et de définir des horaires précis pour le départ et l'arrivée des trains. Mais comment faire avec autant d'heures différentes et autant de trajets ? Les horloges des églises étaient alors calées sur l'heure locale, c'est-à-dire sur l'heure solaire moyenne du lieu, ce qui aurait rendu les horaires aussi difficiles à faire qu'illisibles. Les compagnies ferroviaires ont donc décidé dès le début d'utiliser l'heure solaire moyenne de Paris pour toutes les gares de leurs réseaux. Sauf à Paris, ces gares devaient donc arborer deux pendules, une réglée sur l'heure de la ville et l'autre sur l'heure de Paris, ou bien mettre deux jeux d'aiguilles différents sur la même pendule. Mais ce n'est pas tout : pour ne pas pénaliser les voyageurs qui arrivaient souvent un peu en retard, les compagnies avaient pris l'habitude de faire partir leurs trains soit trois soit cinq minutes après l'heure de Paris[4] suivant les régions, en installant sur les quais une troisième pendule qui avait l'avance correspondante sur l'heure de Paris. Pour simplifier,

---

4. Encore mieux : en Belgique, ce décalage était de 5, 7 ou 10 minutes suivant les endroits !

cette avance fut unifiée à cinq minutes en 1887, donc à l'heure solaire de Rouen : quand un train devait partir à midi pile à l'heure de Paris, les pendules des quais indiquaient midi moins cinq. Les chefs de gare et voyageurs devaient alors s'habituer à pas moins de trois heures différentes, la plus importante étant l'heure de Rouen – ville qui n'y était pourtant pour rien... Heureusement qu'on avait déjà oublié l'heure solaire réelle !

En outre, il fallait aussi que les conducteurs de train aient l'heure exacte. Aux États-Unis, en 1843, deux d'entre eux se heurtèrent frontalement parce que l'un des conducteurs avait une montre qui retardait, provoquant la mort de quatorze personnes. La trop faible précision des montres et les oublis de les remettre à l'heure imposèrent alors le besoin d'une signalisation ferroviaire fiable.

VERS UNE HEURE LÉGALE
DANS CHAQUE PAYS

Ce problème devenu absurde a conduit la IIIe République à définir une heure légale unique pour toute la France en 1891, bien évidemment l'heure solaire moyenne de Paris. Mais il fallut attendre le 11 mars 1911 pour que les trains partent officiellement à l'heure de Paris et plus à l'heure de Rouen, forçant alors les voyageurs à arriver à l'heure.

Comme d'habitude, l'Angleterre avait précédé la France. La Railway Clearing House avait déclaré en 1847 que l'heure des trains serait l'heure moyenne de Greenwich, ce qui fut vite adopté par les compagnies ferroviaires. Mais cela fut contredit en 1858 par une loi disant que ce devait être l'heure moyenne locale, avant que le pays ne revienne légalement à l'heure de Greenwich. Cela n'empêcha pas l'Angleterre et d'autres pays d'ajouter aussi quelques minutes à l'heure de Greenwich pour régler le départ des trains...

Plus tard, en 1884, la Conférence internationale du méridien tenue à Washington consacra un temps universel de 24 heures débutant à minuit à Greenwich, le Greenwich Median Time abrégé en GMT, mais sans obligation pour les pays. Sa rivalité avec l'Angleterre étant ce qu'elle était, la France resta collée à l'heure de Paris jusqu'en 1911, année où elle fit un demi-pas vers Greenwich : elle adopta alors comme heure légale l'heure de Paris à laquelle on soustrait en permanence 9 minutes et 21 secondes, ce qui la laissait en fait décalée d'un dixième de seconde sur l'heure GMT, sans même que le nom de Greenwich eût besoin d'être prononcé ! Ce n'est qu'en 1923 que l'heure légale française devint l'heure GMT sous ce nom.

LE MAQUIS DES CHANGEMENTS D'HEURE

Mais définir l'heure de base ne suffisait pas : pendant la guerre de 1914-1918, les territoires français occupés ou libres n'avaient pas la même heure, les occupés étant passés à l'heure allemande. En juin 1916 est instaurée l'heure d'été, avancée de 60 minutes, puis en 1923 est consacrée partout en France l'heure GMT l'hiver et GMT+1 l'été.

Pendant la guerre de 1939-1945, les zones occupées passent à l'heure d'Europe centrale, GMT+2, sur ordre du gouvernement allemand, alors que la zone libre reste à l'heure d'été GMT+1, aucune des deux zones ne passant ensuite à l'heure d'hiver, supprimée. Puis le régime de Vichy décide en mai 1941 de mettre aussi la zone libre à l'heure allemande, le passage à l'heure d'hiver étant rétabli en 1942. En octobre 1944, donc après le débarquement, la zone occupée et la zone gérée par le gouvernement provisoire passent à l'heure d'été allemande, donc GMT+2. En 1945, après d'autres péripéties étonnantes, l'heure française est fixée à GMT+1 et l'heure d'été GMT+2 est supprimée. Elle ne sera rétablie qu'en 1976 pour des raisons d'économie d'énergie, mais sa pertinence est toujours discutée depuis. Enfin, les moments de passage à l'heure d'été et à l'heure d'hiver dans les différents pays européens ont été harmonisés en 1998 aux derniers dimanches de mars et d'octobre.

Mais la confusion n'est pas près d'achever son règne. En septembre 2018, la Commission européenne a proposé de supprimer le changement d'heure en gardant l'heure d'été pour toute l'année, sauf pour les pays désirant garder l'heure d'hiver qui pourront changer d'heure une dernière fois en octobre 2019. Mais quelle heure de base devait être choisie pour tous ? La Commission proposait de mener des consultations dans les différents pays avant de prendre une décision finale. Or la décision revenait en fait au Conseil des ministres des États qui a décidé de ne pas bouger, en particulier par peur de la création d'une mosaïque d'horaires déstabilisant les échanges et les transports.

Rien n'a avancé depuis, sinon la lancée de consultations des citoyens dans différents pays. En France, les réponses à une consultation de 2019 organisée par l'Assemblée nationale ont donné une vision négative des changements d'heure pour 61 % des réponses et le souhait de les supprimer pour 84 % des réponses, en gardant la seule heure d'été UTC+2 pour 51 % d'entre elles et l'heure d'hiver UTC+1 pour 37 %. Quelle génération verra la fin des débats ?

POUR FINIR, UNE PETITE PERLE

Mais il y a encore d'autres heures à considérer ! Un adorable reportage de Bretagne Actualités tourné en 1976 et visible sur le site de l'Institut national de l'audiovisuel[5] (INA) présente une

---

5. https://www.ina.fr/ina-eclaire-actu/video/rxc00016018/changement-d-horaire-vu-par-les-bretons.

interview d'habitants de la petite île de Molène, entre Brest et Ouessant, à propos du tout nouveau changement d'heure. Certains répondent que ça n'a pas d'importance puisqu'ils restent de toute façon à l'heure solaire, le maire dit que ça pose des problèmes par rapport à l'administration de la terre ferme, et un marin pêcheur répond qu'il s'en fiche complètement car « la seule heure qui compte, vraiment, c'est l'heure de la marée » !

Des fuseaux horaires au Bureau international de l'heure

L'heure de Greenwich résolvait le problème de l'Angleterre et de certains de ses proches voisins comme les îles Anglo-Normandes, celles de Paris et Rouen résolvant de façon assez bancale celui de la France ; mais le même problème existait bien sûr dans tous les autres pays développés, et de façon encore bien plus importante dans les pays très étendus comme les États-Unis ou le Canada.

L'idée de découper les États-Unis en fuseaux horaires, due à Charles F. Dowd en 1863, est encore une fois venue des besoins des chemins de fer. Une variante divisant le pays en cinq zones fut officiellement adoptée par les compagnies en 1883, et vite utilisée partout. L'extension de cette idée au monde entier fut proposée par le Canadien Stanford Fleming en 1876. Mais la conférence de Washington de 1884 précitée ne la mit pas à son ordre du jour. Cependant, en 1929, la plupart des pays avaient de fait adopté les fuseaux horaires. L'heure terrestre était enfin stabilisée.

La base des nouveaux fuseaux était simple : chaque fuseau s'étendait en gros sur 15° de latitude, le premier d'entre eux étant bien sûr centré sur la latitude de Greenwich (ce qui assurait aussi que l'Angleterre et l'Irlande seraient dans un seul fuseau). Mais la répartition des fuseaux à l'intérieur des pays était laissée à leur choix. Certains ont fait simple, comme les États-Unis qui ont choisi comme séparations les frontières des États les plus proches des lignes théoriques, et la Chine qui a combiné les cinq fuseaux horaires qui la couvrent en un seul : l'heure est la même à Kashi et Shanghai, séparés par sept heures d'avion ! Le Portugal a choisi le fuseau de l'Angleterre, ce qui était naturel vu sa latitude. L'Espagne, la France et l'Italie avaient choisi de partager la même heure, mais sans choisir l'heure de leur fuseau comme expliqué précédemment. En France, nous avons donc une heure de décalage par rapport à notre fuseau et à l'Angleterre, bien qu'il n'y ait que 2° de longitude entre Londres et Paris ; l'Espagne a deux heures de décalage par rapport à son fuseau vu sa position plus à l'ouest et son choix de s'aligner sur l'heure allemande, originellement par allégeance de Franco à Hitler ; dans le village de Montesino, frontalier entre le Portugal et l'Espagne avec des maisons de chaque côté de la rivière, on change d'heure dès qu'on traverse le petit pont sur cette rivière ! Il y a bien d'autres cas compliqués, comme ceux des pays qui utilisent des décalages avec demi-heure additionnelle, l'Inde par exemple, ou des chapelets d'îles très distantes en Polynésie. De plus, beaucoup de pays utilisent des heures d'hiver et d'été de façon assez variable, ce qui ajoute à la confusion générale tout en étant périodiquement remis en question un peu partout.

Heureusement pour nous les terriens, nos téléphones savent les jours et heures de partout sur le bout du doigt, quel que soit le jour de l'année.

LA LIGNE DE CHANGEMENT DE DATE

Enfin, il y a une ligne bien particulière aux antipodes de Greenwich, la ligne de changement de date qui zigzague entre les terres et les îles autour du 180e méridien. Quand on la traverse, on doit toujours changer de date en retirant un jour si on va vers l'est ou en en ajoutant un si on va vers l'ouest, chose qui a permis à des touristes fortunés d'avoir deux réveillons successifs lors du dernier changement de millénaire – j'ai déjà réservé pour le prochain. Cerise sur le gâteau, si on est pile sur la ligne, on peut même mettre les deux pieds, les deux bras et même les moitiés gauche et droite du cerveau à des dates différentes !

Les temps modernes : TAI et UTC

La première Conférence internationale de l'heure, en 1912, a aussi créé une nouvelle institution, le Bureau international de l'heure ou BIH. Il est installé à l'Observatoire de Paris et est chargé de deux rôles complémentaires : être le gardien officiel du temps et coordonner la recherche sur la rotation de la Terre et les références temporelles, c'est-à-dire étudier le rapport précis entre l'heure astronomique et l'heure indiquée par les horloges construites par l'homme ; elles ne sont pas identiques, comme nous allons le voir.

Ces deux rôles ont été séparés en 1987, la définition d'un temps universel étant désormais à la charge du BIPM, le Bureau international des poids et mesures, logé en France. Un très gros travail y a été fait pour se mettre d'accord à l'échelle mondiale sur un Temps atomique international ou TAI, désormais défini par la moyenne entre des horloges atomiques réparties dans le sous-sol de l'Observatoire de Paris, puis en 2016 par la moyenne d'environ 500 horloges atomiques de technologies diverses réparties dans des centaines de laboratoires à travers le monde ; nous verrons plus loin comment elles sont synchronisées.

COMMENT UTC EST-IL CALCULÉ À PARTIR DE GMT ET TAI ?

Mais rien n'est simple : les heures GMT, fondées sur la rotation de la Terre, et TAI, déterminées par les horloges atomiques, se décalent progressivement dans un sens ou dans l'autre – en gros d'une seconde environ après quelques années, mais pas de façon régulière. Pour l'instant, la rotation de la Terre ralentit car elle perd de l'énergie à cause des marées provoquées par la Lune et le Soleil : les mouvements de l'eau et aussi des roches qu'elles provoquent lui font perdre petit à petit son énergie de rotation. Les effets ne sont pas négligeables, puisque ce sont justement les marées de la Lune qui ont épuisé sa propre énergie de rotation – c'est pour ça qu'elle nous montre toujours la même face, le saviez-vous ? Mais des phénomènes d'interférence avec les autres planètes font que la rotation de la Terre peut aussi accélérer.

Une nouvelle conférence a donc été convoquée au début des années 1960 pour définir un nouveau temps international remplaçant GMT. En 1972, la décision a été prise d'adopter un nouveau processus : supprimer une seconde ou en ajouter une intercalaire au TAI à des dates variables déterminées par les mesures astronomiques, afin que le temps UTC ne diffère en permanence du TAI que d'au plus 0,9 seconde.

Ces changements sont annoncés au moins six mois à l'avance et ils sont effectués soit à minuit le 30 juin, quand tout le monde danse encore (au nord), soit le 31 décembre, quand les bises claquent de partout pour fêter la nouvelle année.

Le principe du nom de cette nouvelle heure a été vite fixé, mais lui trouver un sigle a pris plusieurs années, car les anglophones voulaient CUT pour Coordinated Universal Time et les francophones TUC pour Temps universel coordonné ! Le sigle, choisi finalement par compromis, fut UTC – qui ne fonctionne vraiment dans aucune des deux langues, tout en gardant aussi les deux dénominations pour chaque langue. Les questions de prérogatives entre anglophones et francophones ne se sont donc pas arrêtées à l'époque de Harrison et de Berthoud... Heureusement quand même, quand elle a quitté la Communauté européenne en 2018, l'Angleterre n'a pas décidé de revenir à l'heure de Greenwich...

Les secondes intercalaires ont été insérées par le BIPM en gros tous les dix-neuf mois, en commençant par le 30 juin 1972. Plus récemment des ajouts ont eu lieu les 1er janvier 2006 et 2009, les 30 juin 2012 et 2015, puis le 31 décembre 2016. Mais la rotation de la Terre s'accélère depuis 2019, ce qui pourrait demander pour la première fois de supprimer une seconde en 2025. Et il est possible que dans un siècle il faille 2 secondes intercalaires positives par an, puis 5 au 25e siècle... Il a été décidé provisoirement de ne plus ajouter de seconde intercalaire à partir de 2035, laissant la différence avec le TAI s'accroître, mais les discussions vont continuer de plus belle.

Pour terminer sur ce sujet, il est important de dire que l'ajout d'une seconde à l'heure de temps en temps n'a rien de simple pour les systèmes informatiques, dont beaucoup n'apprécient pas du tout que deux dates différentes aient le même nom car ils doivent impérativement respecter un ordre temporel exact pour les transactions qu'ils gèrent. Il faut programmer soigneusement ces systèmes pour qu'ils dorment pendant la seconde intercalaire (ou celle qui suit) si on ajoute une seconde. Nous retrouverons ce problème un peu plus loin quand nous parlerons de la synchronisation des ordinateurs.

La distribution de l'heure aux temps anciens

La distribution généralisée de l'heure à la population a mis longtemps à être réalisée. Il faut dire qu'elle n'a pas toujours été nécessaire, la plupart des gens ne s'en souciant pas vraiment car beaucoup ne vivaient probablement qu'au jour le jour. Elle était cependant indispensable pour certaines activités, militaires et religieuses par exemple, et utile dans les villes pour les rendez-vous, les administrations, les commerces et les transports par exemple.

LA DISTRIBUTION DE L'HEURE PAR LA VUE ET LE SON

Les deux seuls médias vraiment utilisables pour distribuer l'heure sont longtemps restés l'image et le son. Les cadrans solaires pouvaient être installés partout, mais ils ne donnaient que l'heure solaire – à condition bien sûr que le Soleil soit visible. De plus, ils ne portaient pas loin car leur vue directe était indispensable. Les clepsydres sophistiquées comme celles de Ctésibios n'avaient pas de problèmes avec les nuages, mais elles étaient rarissimes et encore fallait-il savoir les lire.

Le son était un médium bien plus simple, qui fut employé très tôt par les différentes églises pour marquer l'heure des prières : les muezzins ou cloches peuvent porter loin à condition de les placer assez haut. Nous avons d'ailleurs vu que les premières horloges mécaniques indiquaient aux frères Jacques comment sonner les cloches, voire savaient elles-mêmes les faire sonner avec des mécanismes astucieux. Elles n'avaient souvent pas de cadran, ou alors des cadrans rudimentaires que peu d'habitants savaient lire. De toute façon, ces horloges n'étaient pas non plus bien précises, pour dire le moins. D'autres méthodes sonores ont aussi été employées, comme les coups de canon à midi qui s'entendent de bien plus loin, d'où l'expression encore souvent employée « à midi pétante », ou encore les sirènes de mon enfance qui hurlaient toutes à midi pétante le premier mercredi du mois, nous signalant ainsi la fin du cours – pas question pour le professeur de dépasser !

À la fin du 18ᵉ siècle, l'arrivée des montres précises a changé la donne en favorisant la vue directe sur un objet personnel, mais pas pour tout le monde car elles restaient très chères. Il a fallu attendre le 20ᵉ siècle pour qu'elles se démocratisent petit à petit, avant de devenir les objets fabriqués à la chaîne que tout le monde pouvait posséder dans les années 1950. Les montres, horloges et minuteurs de tous types se sont alors multipliés en grand, y compris sur les fours et autres appareils électroménagers, à tel point que nous ne savons plus où donner de la tête pour savoir quoi regarder.

Mais les montres et pendules n'étaient pas assez fiables, ce qui demandait de les remettre périodiquement à l'heure à partir d'une bonne référence : « Synchronisons nos montres », disait le chef de la bande aux autres gangsters dans tout bon film policier avant de commettre un casse sophistiqué !

Distribuer l'heure
par la radio et le téléphone

Pour donner une référence horaire nationale permettant entre autres aux individus standards, policiers et voleurs de remettre leurs montres et pendules à l'heure, il fallait introduire des systèmes utilisables par tous de distribution de l'heure exacte. La radio puis le téléphone ont été des moyens de choix pour ce faire. Par exemple, dès 1910, le spécialiste des télécommunications Gustave Ferrié a mis en place une distribution de signaux horaires réguliers par l'émetteur radio de la tour Eiffel « pour recaler les pendules de France ».

Ensuite, le téléphone a pris le relais : en France, Ernest Esclangon eut l'idée de construire une « horloge parlante » nationale, consultable en appelant le célèbre numéro « ODEON 84 00 ». Cette horloge parlante a été mise en service en 1933 et est devenue immensément célèbre pour plusieurs générations grâce à sa gratuité et à ses célèbres « au 4e top, il sera exactement 14 heures 53 minutes », puis « 14 heures 53 minutes 20 secondes », etc. C'était la première au monde, tout le monde l'adorait, et son système électromécanique était, je dois dire, assez génial. En 1973, elle a été remplacée par une horloge atomique payante annonçant les tops horaires à l'aide de deux voix en alternance, la belle voix de l'actrice Marie-Sylvie Behr et celle d'un homme inconnu, car on ne voulait pas en haut lieu qu'il n'y ait qu'une voix féminine (!). Sniff, ces horloges parlantes ont été arrêtées le 1er juillet 2022, après soixante-dix-neuf ans de bons et loyaux services[6]...

---

6. Voir un reportage savoureux à l'adresse http://www.bfmtv.com/societe/la-voix-feminine-de-l-horloge-parlante-evoque-ses-souvenirs-avant-la-disparition-du-service_AV-202205100190.html.

L'ÉMETTEUR D'ALLOUIS

Mais les téléphones étaient encore rares, bien plus que les postes de radio. La possibilité d'émettre la radio en grandes ondes (GO), capables d'atteindre tout le territoire métropolitain, a conduit à la fin des années 1930 à la construction du grand émetteur d'Allouis (dans le Cher), doté de quatre antennes de 250 mètres de haut. Il fut occupé et détruit deux fois pendant la guerre, puis reconstruit en 1952. Il fut continuellement amélioré ensuite, en particulier avec deux antennes de 350 mètres savamment couplées en 1968, puis en 1981 avec deux nouveaux émetteurs de 1 mégawatt chacun.

En 1977, en plus de la diffusion de France Inter, l'émetteur d'Allouis devint capable de synchroniser des horloges à quartz réceptrices, fondées elles sur une fréquence de 32 768 hertz (2^{15} hertz) produite par des quartz adéquatement excités électriquement : son émission passa à 163,84 kilohertz, soit exactement cinq fois cette fréquence. En 1980, il diffusa directement le temps légal français sous la forme de messages horaires codés, calculés désormais à partir d'une horloge atomique située dans ses locaux. Cela permet de synchroniser les horloges réceptrices avec une précision de l'ordre de la milliseconde, sans perturber la parole ni la musique. Puis sa fréquence d'émission changea encore une fois en 1986 pour passer à 162 kilohertz afin d'harmoniser les émissions européennes en grandes ondes, l'ancienne méthode de synchronisation des quartz étant supprimée.

La transmission de France Inter a cessé le 31 décembre 2016 à minuit, l'émetteur conservant seulement celle des signaux horaires du temps légal. Sa puissance a été réduite de moitié en 2017, puis à limitée à 800 kilowatts en 2020, ce qui permet encore de synchroniser des dizaines de milliers d'horloges.

Mais l'avenir de cet émetteur n'est pas clair, d'autant plus qu'il consomme énormément d'électricité, coûte 5 millions d'euros par an et ne touche plus vraiment l'intégralité du territoire métropolitain par tous les temps (météorologiques). Astucieusement, il diffusait aussi sur France Inter des tops horaires qui annonçaient l'heure précise juste avant les journaux parlés, ce qui était pratique pour régler sa montre et avoir les nouvelles. Les seniors[7] se souviennent de ces tops qui rythmaient leur journée, ainsi que de la célèbre horloge spiralée de l'ORTF qui était souvent visible sur la télévision, en particulier pour préparer solennellement les spectateurs à cette incroyable aventure qu'était l'Eurovision à ses débuts. Sans parler de l'interminable petit train rébus qui essayait de faire patienter les téléspectateurs pendant les fréquents « interludes » dus à des pannes quelconques restant relativement fréquentes[8]...

LE SYSTÈME ALLEMAND DCF77

Depuis 1959, l'Allemagne dispose d'un système d'émission radio similaire nommé DCF77, qui sert en particulier à diffuser l'heure légale allemande pour mettre à l'heure beaucoup d'objets techniques souvent d'origine allemande (mon pluviomètre en fait partie). Son émetteur de 50 kilowatts est installé à Mainflingen, près de Francfort, avec une antenne en T de 113 mètres de haut. Il émet à la longueur d'onde de 3 868 mètres (77,5 kilohertz), pas utilisée en radio classique

---

7. Mot désormais consacré de la novlangue pour désigner ce qu'on appelait plus simplement « les vieux », tout en étant interchangeable avec « les aînés » pour ceux qui préfèrent.

8. Ce train servant à faire passer le temps est encore visible sur le site de l'Institut national de l'audiovisuel (INA), https://www.ina.fr/ina-eclaire-actu/video/cpf86643404/le-petit-train-interlude-1ere-partie.

car très longue, ce qui a l'avantage de la rendre bien libre ; mais l'inconvénient est qu'elle est sujette aux parasites, surtout le jour. L'heure émise est calculée à partir d'horloges atomiques, et sa diffusion se fait à l'aide d'un protocole élaboré qui permet de mettre à l'heure automatiquement et avec une très grande précision les horloges qu'il atteint[9]. De plus les messages émis ne sont pas limités à des signaux horaires : ils peuvent contenir aussi des messages d'alerte et des bulletins météorologiques pour soixante régions en Europe.

LE RÈGNE DES SYSTÈMES DE GÉOLOCALISATION ET DE LEURS HORLOGES

Le rôle le plus fondamental dans la distribution du temps est maintenant dévolu aux satellites, et en particulier à ceux de géolocalisation que les gens connaissent surtout pour se repérer dans l'espace. On les appelle collectivement les GNSS, abrégé de *global navigation satellite systems*. La première constellation a été celle du GPS américain (Global Positioning System), mise en place pour les militaires en 1973 puis complètement déployée pour le public avec 24 satellites sur quatre orbites en 1995. Elle a été suivie par le russe Glonass, opérationnel en 1996 mais seulement complété en 2010. Puis a été mis en service le chinois Beidu-1 avec trois satellites, opérationnel depuis 2003 avec une précision réduite, mais seulement pour la Chine et quelques régions voisines ; sa deuxième génération Beidu-2 avec cinq satellites a été complétée en 2019, en étant bien plus précise. Enfin apparut l'européen Galileo, auquel la Chine est aussi associée, mis en service

---

9. Consulter le Wikipédia français – ou mieux l'anglais – en posant la question « DCF77 ».

partiel en 2016 avec un service complet prévu pour 2024. Au jour où j'écris ces lignes, les satellites 29 et 30 viennent d'être lancés par une fusée de SpaceX et sont devenus opérationnels peu après.

Depuis le milieu des années 2010, le smartphone est devenu l'outil principal pour savoir où l'on se trouve, car il sait exploiter finement les signaux envoyés par ces satellites. La localisation par GPS, Galileo ou autres s'est répandue dans le monde entier avec une vitesse extraordinaire, même dans ses coins les plus reculés qui reçoivent ses signaux aussi bien qu'ailleurs. Pour le commun des mortels, cet outil fait partie de l'infrastructure de base, car il permet aussi de savoir en un rien de temps quel est le « meilleur » chemin pour aller quelque part (je mets des guillemets car j'ai encore pas mal de surprises, en particulier dans la campagne, à cause des cartes incorrectes ou insuffisantes – ce qui est un autre problème). Mais nous verrons plus loin que ces systèmes satellitaires sont très vulnérables aux attaques, ce que l'utilisateur moyen ignore le plus souvent.

MAIS QUELLE EST DONC LA RELATION ENTRE L'HEURE ET LA POSITION ?

Pourtant, la façon dont les GNSS nous géolocalisent est largement inconnue du public. J'ai demandé à pas mal de mes amis comment ils pensaient que leur téléphone portable faisait ça. La réponse la plus fréquente a été qu'il posait la question aux satellites, qui lui renvoyaient sa position exacte ! Voilà qui est certes naturel pour qui ne connaît pas ces choses, mais évidemment absurde : si des millions de téléphones demandaient leur géolocalisation en même temps, le satellite serait immédiatement mis à genoux, si je puis dire.

La vraie réponse n'est pourtant pas très compliquée, au moins dans son principe. Chaque satellite contient plusieurs horloges atomiques d'une précision inenvisageable même au milieu du 20ᵉ siècle, qui sont synchronisées entre elles. Les satellites sont de plus synchronisés entre eux par échange radio, ce qui demande des calculs de relativité générale car la masse de la Terre courbe le trajet des ondes radio utilisées pour ces échanges[10]. Chaque satellite envoie périodiquement des messages contenant l'heure exacte de l'envoi telle qu'il la connaît, ainsi que l'endroit très précis où il se trouve dans l'espace. Supposons que votre téléphone contienne aussi une horloge atomique ultraprécise permettant de savoir exactement à quelle heure il a reçu le message. Alors la différence entre l'heure d'envoi et l'heure de réception pourrait être utilisée pour connaître la distance du satellite avec une très grande précision, puisque la vitesse de la lumière et donc des ondes radio qui en font partie est connue. Le téléphone se situerait alors sur une sphère d'un rayon bien déterminé autour de la position exacte du satellite lors de l'envoi, incluse dans le message. Pour que le téléphone connaisse ses trois coordonnées sur la Terre (longitude, latitude et altitude), il suffirait d'écouter trois satellites et de calculer le point d'intersection de leurs trois sphères, bien sûr entaché d'une incertitude qui dépend de la précision de la localisation selon les angles des satellites entre eux et la qualité de la réception. Et si on capte davantage de satellites, on réduit nettement cette incertitude.

Mais il y a un *hic* : nos téléphones ne contiennent pas d'horloge atomique, ce qui veut dire qu'ils ne connaissent pas l'heure avec suffisamment de précision. La parade est simple, quoique plus technique : il faut écouter au moins *quatre* satellites pour

---

10. Ce qui est à ma connaissance la seule utilisation de cette théorie dans la vie de tous les jours, mais les horloges optiques en promettent d'autres, voir la fin du chapitre 3.

déterminer longitude, latitude, altitude et heure exacte ! Je n'irai pas davantage dans les détails, mais tout le monde voit à quel point ça marche bien, d'autant plus que les téléphones savent maintenant utiliser chacun des quatre systèmes satellitaires publics disponibles, listés ci-dessus. La localisation se fait aujourd'hui à quelques mètres près, beaucoup mieux avec des récepteurs plus perfectionnés – le mode le plus précis de Galileo est à une vingtaine de centimètres près.

Synchroniser les horloges à distance

Dans ce qui précède, nous avons beaucoup parlé de synchronisation d'horloges, mais sans dire comment on réalise cette étape essentielle. Pour les humains comme vous et moi qui n'ont pas besoin de beaucoup de précision, mettre sa montre à l'heure est simple : on écoute une horloge de référence, et on met à jour l'affichage analogique ou digital au moment choisi. Mais comment fait-on dans des cas plus difficiles, comme ceux des horloges atomiques qu'on utilise pour la définition même du TAI, pour les GNSS ou pour des grandes expériences en physique ou astronomie, qu'il faut synchroniser de façon ultrafine ? Et comment fait-on pour les nombreux systèmes industriels qui ont besoin d'une heure précise distribuée à grande échelle pour fonctionner correctement, comme les réseaux de distribution de l'électricité, de télécommunications par téléphones cellulaires ou de transport ? Ou les grandes usines robotisées ? Ou encore pour mettre à l'heure automatiquement l'ensemble des ordinateurs et objets informatisés disponibles sur Internet n'importe où dans le monde ? Il faut pour ce faire définir et utiliser ce qu'on appelle des *protocoles de synchronisation.* Je vais présenter brièvement deux protocoles majeurs et très différents, PTP pour Precise Time Protocol et NTP pour Network Time Protocol.

PTP = PRECISE TIME PROTOCOL

Le protocole PTP est utilisé pour la synchronisation la plus fine possible de deux horloges très précises situées à deux endroits différents. Il ne s'applique que dans les cas où la communication entre ces deux endroits prend un temps constant, le même dans les deux sens, au moins pendant la courte période durant laquelle le protocole s'exécute. C'est le cas par exemple avec les fibres optiques sur la Terre, ou encore la radio sur fréquences dédiées et non encombrées entre la Terre et des satellites ou entre satellites. Le principe

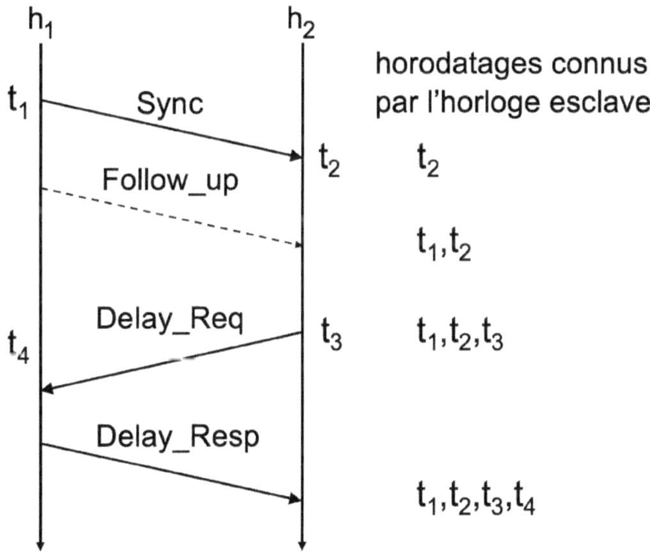

Figure 8. Le protocole PTP à l'œuvre.

de PTP est simple et bien illustré par le graphique de la figure 8, standard dans le domaine.

Il s'agit d'asservir une ou plusieurs horloges esclaves à une horloge maîtresse. Ici nous considérons le cas d'une seule horloge esclave h_2 à droite dans la figure 8, l'horloge maîtresse h_1 étant à gauche. La synchronisation se fait en quatre phases. L'horloge h_1 envoie d'abord au temps t_1 de son horloge un message *Sync* contenant la valeur t_1 (elle peut ensuite envoyer un message *Follow_up* contenant aussi t_1 si elle n'a pas la capacité de mettre t_1 dans *Sync*). Quand *Sync* (ou *Follow_up*) est reçu par l'horloge esclave h_2 celle-ci note le moment exact t_2 de sa réception selon sa propre horloge ; notons que, même si la réception suit nécessairement l'émission, t_2 peut être indifféremment supérieur ou inférieur à t_1 puisque les deux horloges ne sont pas encore synchronisées. Puis l'horloge esclave h_2 envoie à h_1 un message *Delay_Req*, en notant le moment exact t_3 auquel ce message part selon sa propre horloge. L'horloge h_1 note l'heure exacte t_4 de sa réception, puis renvoie un message *Delay_Resp* contenant t_4 à h_2.

Le tour est joué, puisqu'il devient facile à h_2 de calculer son décalage δ avec h_1 puis d'appliquer cette correction. Rappelons que le temps de transmission d est le même dans les deux sens, mais qu'il est inconnu. On a d'abord $t_2 - t_1 = d + \delta$, puis $t_4 - t_3 = d - \delta$. En éliminant d, on obtient $(t_2 - t_1) - (t_4 - t_3) = 2\delta$, et donc la formule finale suivante :

$$\delta = \frac{(t_2 - t_1) - (t_4 - t_3)}{2}.$$

Le protocole PTP permet une très grande précision. Il a permis par exemple au CERN de synchroniser des horloges distantes de 10 kilomètres avec une précision de quelques dizaines de picosecondes (10^{-12} seconde). Mais il exige une infrastructure réseau particulièrement fiable : les physiciens se souviennent amèrement de l'annonce de la découverte de neutrinos plus rapides que la lumière en 2011, ce qui remettait en cause la théorie d'Einstein. Mais cette fausse découverte était simplement due à une connexion défectueuse d'une fibre optique reliant deux des appareils de l'expérience !

Synchroniser les ordinateurs et objets connectés par Internet

Intéressons-nous maintenant au cas bien différent d'Internet, en expliquant d'abord ce que recouvre ce nom abondamment prononcé, chose souvent inconnue du public qui l'associe fréquemment aux seuls sites Web et réseaux sociaux alors qu'il supporte beaucoup d'autres fonctions plus essentielles.

Comme son nom l'indique en anglais, Internet n'est pas un réseau, mais un réseau de réseaux qui permet de connecter entre eux une incroyable foule d'équipements, eux-mêmes pouvant être interconnectés par des réseaux locaux spécifiques. Ce sont les ordinateurs et téléphones bien sûr, mais aussi un nombre encore plus gigantesque d'appareils petits ou grands, des lampes électriques ou capteurs de température aux robots des usines et aux grands systèmes de transport ou d'énergie. Internet n'est donc absolument pas un objet physique précis. C'est en fait un objet intellectuel défini par des *protocoles de communication*, le principal étant IP ou Internet Protocol, qui détermine comment on se connecte et comment on transfère des messages en les tronçonnant en paquets de bits de petite taille (par défaut 1 492 octets – en l'honneur de Christophe Colomb ?). Ces paquets comportent un en-tête qui donne les adresses du destinataire et de l'envoyeur, quelques autres informations pour le réseau, puis la « charge utile » de quelques centaines d'octets fournie par l'envoyeur. D'autres réseaux spécialisés comme les réseaux wi-fi bien connus du public, Zigbee pour la domotique ou LORA pour les objets connectés dans l'industrie utilisent leur propre protocole, mais savent aussi s'interfacer avec les réseaux IP pour communiquer avec le reste du monde.

Outre bien sûr les moyens physiques permettant la communication (fils de cuivre, fibres optiques, ondes, etc.), qui sont indifférents sauf pour leurs performances, il y a deux sortes d'objets sur Internet : les *routeurs*, qui transfèrent les paquets dans le réseau, et les *terminaux*, qui sont les appareils que vous utilisez. Les routeurs vont de votre boîte de connexion (la *box*, comme on dit en français) à des routeurs bien plus gros commutant des milliards de paquets par seconde. Ces derniers sont des ordinateurs spécialisés régis par des algorithmes particulièrement subtils et tout à fait hors du champ de ce livre, et possédés par des firmes dont le nom n'est que rarement connu du public.

POURQUOI INTERNET IGNORE LE TEMPS

Voici un principe déterminant pour ce qui va suivre : dans l'intégralité du réseau, les paquets sont transmis indépendamment les uns des autres selon un système de « meilleur effort » (*best effort* en anglais), sans aucune contrainte spatiale ni temporelle[11]. Rien n'impose à deux paquets successifs de la même communication de prendre le même itinéraire, ce qui fait que ces paquets peuvent arriver dans l'ordre inverse de leur envoi, et même qu'un paquet émis peut ne jamais arriver

---

11. Un autre principe introduit dès la création d'Internet comme réseau ouvert est de nature plus politique : aucun équipement interne au réseau ne peut trier les paquets en fonction de leur contenu, conduisant à ce qu'on appelle la *neutralité du Net*. Hélas, elle a beaucoup d'ennemis…

à son but. Il est d'ailleurs tout à fait normal qu'un paquet soit perdu, soit parce qu'un lien physique a été coupé, soit parce qu'un routeur juge qu'il n'est pas sur un bon chemin et qu'il vaut mieux le supprimer ; pour cela, chaque paquet contient une borne au nombre de routeurs qu'il peut traverser. Il est vraiment fondamental que les paquets mal routés soient tués pour qu'ils n'encombrent pas le réseau. Si besoin, par exemple pour les envois de documents, d'autres protocoles comme TCP (Transfer Control Protocol) se chargent de redemander les paquets manquants, en envoyant dans l'autre sens des paquets de réclamation qui peuvent eux-mêmes se perdre. Tout cela est très subtil, mais, heureusement, vous n'avez pas besoin de le comprendre pour vous en servir !

Un rôle essentiel des routeurs est de calculer dynamiquement où envoyer les paquets qu'ils reçoivent en fonction d'informations reçues des routeurs auxquels ils savent parler et de la charge qu'ils observent ; cela demande des algorithmes probabilistes très sophistiqués non discutés ici car non importants pour notre sujet. Je dirai simplement qu'IP permet aussi d'enlever ou d'ajouter des routeurs à volonté, car le réseau se reconfigure dynamiquement sans avoir à intervenir. En bref, Internet est un objet mouvant dont il est impossible de tracer une carte à quelque moment que ce soit !

Mais chaque équipement doit avoir une adresse spécifique, ce qui pose des problèmes complexes, qui pourraient être résolus un jour si le protocole IP v6 déjà en service devenait vraiment dominant, avec ses adresses de 256 bits, au lieu de celles d'IP v4, limitées à 32 bits soit 4 milliards d'adresses distinctes, bien trop peu pour le monde actuel.

La conséquence temporelle des choix d'Internet est brutale : *il a choisi de ne rien connaître du temps*, ce qui est l'inverse exact des contraintes temporelles strictes que s'imposaient les réseaux téléphoniques du 20e siècle. Mais c'est exactement pour cela qu'il a pu atteindre des tailles gigantesques, ce qui était impossible pour les réseaux téléphoniques qui devaient en permanence connaître leur carte pour allouer des lignes de bout en bout pour chaque conversation. Internet les a d'ailleurs fait disparaître pour cette raison.

Pourtant, si le réseau se fiche de la précision du temps, ce n'est pas le cas de ses utilisateurs. Grâce à des algorithmes dédiés, on arrive à recréer une efficacité temporelle statistiquement correcte si les performances de l'infrastructure sont suffisamment bonnes, ce qui est de plus en plus le cas avec les fibres optiques et les télécommunications cellulaires modernes. Il faut pour cela des protocoles très sophistiqués qui analysent constamment les performances temporelles des transferts, par exemple grâce à des informations additionnelles contenues dans les paquets.

Dans ce domaine, il y a deux grands choix possibles :

• Garantir *le respect des données en sacrifiant au besoin le temps*, c'est-à-dire assurer que ces données seront identiques chez l'émetteur et le récepteur une fois le transfert terminé. C'est ce que fait TCP en gérant le rythme des envois ainsi que le renvoi des paquets supposés perdus, tout en optimisant en permanence le temps de transfert mais aussi l'efficacité globale du réseau, ce qui demande de s'appuyer sur des calculs de probabilité hautement sophistiqués.

• Viser *le respect du temps en sacrifiant au besoin les données*, dans certaines bornes bien sûr. Ceci est central pour la transmission de musique, vidéos et films, ainsi que pour la synchronisation de musiciens jouant à distance mais en temps réel. Ici, ce qui compte le plus est la *latence*, c'est-à-dire la durée entre l'envoi d'un paquet et sa réception, et perdre quelques paquets de temps en temps est tolérable. Nous en reparlerons au chapitre 8.

Prenons deux exemples de respect du temps. D'abord, pour une vidéo, on sait qu'on doit projeter les images à un rythme fixé, par exemple 25 par seconde, et on comprend vite qu'il serait idiot de redemander une image ou un fragment d'image perdus, ce qui pourrait exiger l'arrêt momentané de la projection. On utilise alors le protocole UDP (User Datagram Protocol), simple mais non fiable car sans retransmission des paquets perdus. S'il manque un paquet d'image, on peut par exemple remontrer l'image précédente, ce qui est quasiment invisible à l'œil. On peut aussi faire mieux s'il n'y a pas besoin que les images soient projetées dès qu'elles sont reçues, en en stockant quelques-unes d'avance (ce qu'on appelle la *bufferisation*). Cela permet de réduire les problèmes de respect du temps en donnant plus de temps aux paquets pour arriver, au prix d'un petit décalage de la réception, mais aussi par exemple d'améliorer la restitution en fabriquant une fausse image intermédiaire par interpolation algorithmique entre l'image précédente et la suivante si elles ont été bien reçues. Pour le son, bien plus sensible que la vidéo, stocker beaucoup de paquets d'avance permet d'éviter les clics qui se produisent dès qu'un paquet manque.

Même si on ne peut rien faire de vraiment garanti, on peut obtenir des performances statistiquement satisfaisantes avec des lignes suffisamment rapides, permettant par exemple la diffusion fluide en continu de musique et de films (le *streaming* en franglais). Mais ça marche moins bien pour la musique collaborative à distance, pour laquelle une latence faible est nécessaire, ce qui n'est pas toujours compatible avec les distances physiques entre les musiciens. Et ça ne marche vraiment plus si la liaison devient par moments trop lente ou trop erratique, ce qui était fréquent avec l'ADSL, trop chargé ; heureusement, la généralisation actuelle des fibres optiques et de la téléphonie 4G puis 5G réduit ce problème.

LE CAS DES APPLICATIONS DISTRIBUÉES

D'autres cas pas vraiment « temps réel » posent aussi des problèmes ardus. Un cas typique est l'utilisation de la compilation distribuée de modules logiciels pour construire une application complexe[12]. Les logiciels modernes sont toujours multifichiers, et, quand on les modifie, il ne faut recompiler que les fichiers qui ont été modifiés depuis la dernière compilation complète ou qui dépendent d'autres fichiers modifiés. Cela impose de connaître la date du dernier changement pour chaque fichier et de savoir comparer ces dates entre machines. Aucun problème sur un seul ordinateur, mais on utilise de plus en plus des compilations distribuées sur des réseaux d'ordinateurs pour en faire le maximum en parallèle afin de réduire le temps total du travail. Dans ce cas, il devient indispensable que les horloges des machines du réseau soient bien synchronisées pour ne pas compiler des versions pas à jour des modules. En théorie, il suffirait de les connecter chacune par PTP à une référence atomique ou au GPS, mais, si en théorie la théorie et la pratique c'est pareil, en pratique ça ne l'est pas : se connecter à une horloge de référence est cher, et le GPS ne traverse que rarement les murs ou les toits !

LE PROTOCOLE NTP

C'est entre autres à ce besoin que répond NTP, Network Time Protocol, présent sur quasiment toutes les machines du monde en tant que logiciel libre, la plupart du temps sans

---

12. La compilation traduit un programme d'un langage de programmation évolué dans le langage propre bien plus fruste d'un ordinateur donné. C'est une étape essentielle de tout développement informatique, et elle est donc très fréquente.

que l'utilisateur le sache. Il résulte d'un effort considérable de milliers de personnes à travers le monde, physiciens, électroniciens, informaticiens et utilisateurs depuis 1985 pour avoir un mécanisme de synchronisation efficace et frugal en consommation de ressources.

Intuitivement, son cœur fonctionne un peu comme PTP par connexion à des références, mais avec des délais de propagation ni constants ni symétriques, ce qui demande une approche statistique ; il comporte en fait plusieurs algorithmes de synchronisation globaux ou locaux, voir par exemple Wikipédia[13]. De plus, NTP doit obéir à une contrainte sévère que ne connaît pas PTP : pour une machine donnée, il est facile de faire avancer son horloge locale, mais hors de question de la retarder : le temps ne peut jamais revenir en arrière sur un ordinateur donné, sous peine d'assigner la même date à deux événements strictement successifs – ce qui mettrait en panique de nombreux systèmes de gestion ou de transactions pour lesquels l'ordre temporel des événements ou des échanges est crucial. Nous avons déjà vu ce problème avec la seconde intercalaire qui fait différer UTC de TAI, mais c'était un cas relativement simple car d'occurrence rare et prévisible. Le problème de NTP est lui permanent, et de nature continue. Heureusement, les horloges internes des ordinateurs et téléphones sont déjà de bonne qualité, et les écarts assez restreints tant qu'on est souvent connecté.

Si l'écart est trop grand, NTP le signale à l'utilisateur. Sinon, il demande simplement à l'horloge de l'ordinateur de battre moins vite pendant un temps suffisant. Ce n'est pas parfait, mais raisonnable car on obtient une précision de l'ordre de quelques millisecondes ou dizaines de millisecondes, tout en ne consommant que très peu de ressources dans les objets qui l'utilisent. Mais d'autres applications de plus en plus

---

13. https://fr.wikipedia.org/wiki/Network_Time_Protocol.

exigeantes, comme les bases de données notant les instants précis des introductions ou modifications de chaque donnée élémentaire, donnent beaucoup de travail aux concepteurs de NTP et peuvent exiger des protocoles utilisant des ressources dédiées qui visent pour l'avenir quelques dizaines de microsecondes de désynchronisation avec les liaisons rapides (voir le cas de la base de données Spanner de Google au chapitre 8).

Mais ce n'est pas tout, NTP doit aussi implémenter des algorithmes de sécurité sophistiqués, car attaquer l'heure des ordinateurs est un excellent moyen de mettre la panique dans les grands systèmes informatiques modernes. Mais cette question toujours en évolution est de nature différente et trop technique pour être abordée ici.

La fragilité de la distribution du temps

J'ai écrit au tout début de ce chapitre que la distribution précise du temps était essentielle mais bien fragile, et je vais ici expliquer pourquoi. De fait, elle est directement indispensable pour la conduite des grands systèmes névralgiques que sont les réseaux d'énergie et de communication. Elle l'est aussi en informatique pour le *cloud computing*, les *blockchains*, les *smart contracts*, et les transactions financières pour lesquelles NTP est insuffisamment précis. Et elle est centrale pour la localisation, maintenant fondée sur des satellites qui envoient des messages horaires très précis comme nous l'avons vu précédemment, et donc pour les transports de tous types : sans GPS, plus personne ne sait s'orienter, et, comme il existe depuis longtemps, presque plus personne ne sait se servir d'une carte – ni n'en possède d'ailleurs.

Voilà donc un sujet vraiment stratégique mais bien trop sous-estimé de façon générale car il est inconnu ou mal compris de nos décideurs et hommes politiques (bien moins des militaires), et aussi des usagers du monde numérique. Il est donc loin d'être résolu car les solutions vraiment applicables n'arriveront pas par miracle et demanderont les investissements scientifiques, techniques et industriels adéquats.

LA FRAGILITÉ DU GPS ET DES GNSS : BROUILLAGE ET LEURRAGE

Le GPS avait été créé par les États-Unis avec deux objectifs différents : d'abord un objectif militaire, car le positionnement précis des forces et des vecteurs d'appui est essentiel dans toute bataille, et ensuite un objectif civil, car avoir l'heure et la localisation précises sert depuis longtemps dans toute l'économie, et maintenant de plus en plus dans l'agriculture où une localisation est indispensable, par exemple pour guider les taxis autonomes (aux États-Unis) ou les machines agricoles sans pilote. Pour des raisons de sécurité militaire, le GPS avait deux versions : une cryptée et précise pour les forces américaines ou amies, et une civile dans laquelle l'heure transmise était modifiée de façon aléatoire pour que la position pour les civils ou les ennemis ne soit précise qu'à quelques dizaines de mètres près.

Mais cette idée n'a pas vraiment marché, pour deux raisons. D'abord, lors de la première guerre d'Irak de 1976, les militaires américains n'avaient pas assez de récepteurs militaires capables de recevoir le GPS crypté ! Ils ont donc dû acheter des récepteurs civils et supprimer le floutage, à la grande satisfaction des civils, dont les marins qui l'utilisaient déjà massivement (moi compris), mais aussi des ennemis...

Ensuite, un autre moyen d'annuler le floutage, au moins sur terre, a été vite introduit : c'est ce qu'on appelle le GPS différentiel, qui croise les récepteurs GPS avec des stations fixes au sol connaissant parfaitement leur position et donc capables de dire quelle est l'erreur temporelle pour la corriger dans le récepteur. Notons cependant que les États-Unis gardent la possibilité de réémettre un signal flouté.

Mais il est devenu très facile pour n'importe qui de brouiller les signaux du GPS et des autres GNSS, car ils sont faibles. Il suffit d'allumer un petit brouilleur qui émet simplement du bruit radio sur les fréquences utilisées. Dans un périmètre variable selon la puissance du brouilleur, plus personne ne peut capter le bon signal et donc se localiser. L'usage des brouilleurs est évidemment interdit par la loi et puni en France (et en théorie) de peines allant jusqu'à six mois de prison et 30 000 euros d'amende[14]. Pourtant, si vous tapez « brouilleur de GPS » dans votre moteur de recherche favori, vous trouverez des propositions de vente pour des sommes de l'ordre d'une centaine d'euros !

Pour quelques centaines d'euros, vous pourrez même acquérir un leurreur de GPS, c'est-à-dire un appareil qui produit un faux signal localisant en un point quelconque les récepteurs du voisinage. Lors d'une réunion sur la distribution du temps à laquelle je participais à La Mure (en Isère), les présents voyaient leur téléphone les localiser au sommet de la tour Eiffel...

De fait, bien qu'interdits, ces objets restent répandus et utilisés, avec des conséquences potentiellement dramatiques. Citons le cas de l'aéroport de Marseille : fin décembre 2021, les avions n'ont pas pu utiliser normalement leur GPS pour

---

14. Voir https://cnig.gouv.fr/IMG/documents_wordpress/2021/11/20211015-VFinal-Lutter-contre-les-brouillages-des-systemes-GNSS-de-navig....pdf.

leur approche ou leurs déplacements au sol pendant trois mois. Il a fallu tout ce temps pour trouver et neutraliser le brouilleur, installé par un chauffeur de camion-citerne près de l'aéroport : il ne voulait pas qu'on sache où il était car il faisait du trafic d'essence avec des stations-service[15]... Citons aussi celui de l'aéroport de Nantes, qui a dû annuler tous les avions pendant toute une journée pour une raison similaire. Il arrive aussi que des conducteurs de voiture pas forcément malveillants installent un brouilleur dans leur voiture pour ne pas être tracés et oublient de l'éteindre dans un parking en ville ou avant d'aller prendre un avion. S'il est assez puissant, son pouvoir de nuisance sera considérable.

Les brouillages peuvent être criminels, comme dans certains pays où des brigands détournent des voitures ou des camions pour les piller, mais aussi être étatiques et à grande échelle, comme c'est le cas au moment où j'écris ces lignes pour la guerre en Ukraine, où la Russie brouille régulièrement les signaux GNSS avec des impacts sur le trafic aérien dans les pays baltes, la Finlande, la Pologne ou l'est de la Méditerranée[16]. Un des buts est évidemment de brouiller les drones, utilisés à grande échelle dans les conflits actuels, mais les conséquences atteignent aussi les populations civiles – y compris en Russie. La même chose se produit au Moyen-Orient en ce moment, à cause de la guerre entre Israël et le Hamas ou ses soutiens.

---

15. L. d'Ancona, « En détournant de l'essence, ils coupaient le GPS des avions », *La Provence,* 19 avril 2022.

16. Voir B. Trévidic, « Comment la Russie perturbe le trafic aérien en Europe en brouillant les signaux GPS », *Les Échos,* 23 mars 2022, ainsi que la carte actualisée des brouillages sur le site https://gpsjam.org.

QUELLES ALTERNATIVES ?

Le GPS a été mis en place dans les années 1990, mais sans vraiment intégrer la sécurité. Galileo et les autres GNSS ont suivi le même chemin, et ne peuvent donc pas constituer une solution fiable. Les signaux radio d'Allouis et Mainflingen sont aussi émis par radio, donc brouillables, et NTP sur Internet ne permet pas une précision suffisante pour les applications névralgiques ou critiques.

Il faut plutôt employer des méthodes terrestres, à base par exemple d'horloges ultraprécises synchronisées par des fibres optiques dédiées ou de périodes temporelles dédiées sur des fibres plus généralistes lorsque les synchronisations ont besoin de se faire.

En France, des projets très avancés ont vu le jour dans des sociétés dédiées comme la PME Gorgy Timing à Grenoble et à La Mure, sous la forme d'horloges électroniques de grande précision et de coût abordable couplées à des procédures de synchronisation sécurisées entre horloges, en relation avec une horloge de référence. Elles ont été déployées chez des clients comme la SNCF, EDF, et bien d'autres. Pour simplifier et renforcer ces dispositifs, Gorgy Timing a aussi conduit avec d'autres sociétés spécialisées et des grands industriels un projet européen nommé SCPTime, soutenu par Bpifrance (la Banque publique d'investissement). Ce projet a obtenu des résultats suffisamment positifs pour être sélectionné dans des projets de pointe européens et britanniques. Une école nommée TTIS[17] (Time Technologies International School), dédiée à la formation des ingénieurs sur la distribution sécurisée du temps, a été conçue en partenariat entre Gorgy Timing, l'université

---

17. http://ttis.fr/.

de Grenoble et la région Rhône-Alpes. J'ai l'honneur de faire partie de son conseil scientifique avec d'autres personnalités du domaine, dont Christophe Salomon qui est un des plus grands spécialistes mondiaux des horloges atomiques.

Malheureusement, la perte d'un client majeur a provoqué un arrêt de la participation de Bpifrance. Gorgy Timing a dû fermer, quelques-unes de ses activités étant reprises par d'autres sociétés plus généralistes, et l'avenir de SCPTime est loin d'être garanti. Allons-nous perdre pied dans ce domaine stratégique ?

Il s'agit pourtant d'une question majeure d'indépendance française et européenne, qui reste apparemment ignorée de nos gouvernants, même si des alarmes publiques ont été lancées, en particulier dans une tribune parue dans *Les Échos* du 15 décembre 2022, signée par moi-même, le général de gendarmerie Philippe Guimbert et Christophe Salomon[18]. Je n'ai reçu aucune réaction à cette tribune. Un peu plus tard, je dois dire que j'ai été sidéré de voir le directeur général de Bpifrance montrer une horloge de Gorgy Timing et la prendre comme exemple de succès français dans une interview que j'ai vue en différé sur Internet, peu après la liquidation de cette société due justement à la perte du soutien de Bpifrance – c'est-à-dire de l'organisation qu'il dirigeait lui-même...

Dans les tuyaux, il y avait également le projet collaboratif français TRUSTime dirigé par Gorgy Timing permettant de synchroniser à la nanoseconde près sur l'heure UTC les infrastructures 5G et à terme celles de la 6G. Là aussi la puissance publique n'a pas été à la hauteur de l'enjeu de souveraineté dans ce domaine : disposer d'un back-up filaire au GPS américain et autres GNSS.

---

18. G. Berry, P. Guimbert, « Distribuer l'heure exacte, une question plus stratégique qu'on ne croit », *Les Échos*, 15 décembre 2022. D'autres grands journaux n'ont pas répondu à nos sollicitations.

CHAPITRE 5

Les ondes

Parmi les phénomènes temporels de la nature, les *ondes* jouent un rôle majeur en relation directe avec le temps, à la fois dans notre perception du monde et dans les technologies modernes. D'abord, elles sont partout autour de nous puisque des phénomènes naturels bien antérieurs à l'humanité en font partie, comme les vagues de la mer, le son et la lumière. Ensuite, elles sont devenues un vecteur privilégié de la communication entre nous, avec les machines ou entre les machines. Les sociétés modernes en font donc un usage absolument majeur, sans pourtant que la plupart des gens sachent quelle est leur vraie nature et comment elles fonctionnent. En effet, ce sujet n'est que très peu enseigné dans l'éducation générale, et même dans l'éducation scientifique supérieure, sauf pour des domaines spécialisés. Je vais essayer de combler cette lacune dans ce chapitre, que j'espère presque partout compréhensible.

La définition des ondes

Je recopie ici la définition de Wikipédia, courte, juste et précise[1], mais avec un ajout personnel entre crochets :

> Une onde est la propagation [au cours du temps] d'une perturbation produisant sur son passage une variation réversible des propriétés physiques locales du milieu. Elle se déplace avec une vitesse déterminée qui dépend des caractéristiques du milieu de propagation.

Le premier mot essentiel est *propagation,* qui signifie sans le dire *au cours du temps*, ce que je me suis permis d'ajouter pour que tout soit bien clair. Le second couple de mots essentiels est *variation réversible,* qui indique que tout point de l'espace va revenir à son état initial lorsque la propagation de l'onde s'arrête.

Wikipédia distingue ensuite trois sortes d'ondes :
- les ondes *matérielles,* comme les vagues de la mer, les sons naturels ou provoqués par des instruments de musique ;
- les ondes *électromagnétiques,* comme les ondes radio, la lumière infrarouge qui nous réchauffe, les micro-ondes, la lumière visible qui nous éclaire, les rayons X, etc. ;
- enfin, les ondes *gravitationnelles* qui déforment rien de moins que l'espace-temps ; prévues par la relativité générale d'Einstein, elles n'ont été détectées qu'en 2015.

---

1. https://fr.wikipedia.org/wiki/Onde.

On peut y ajouter les ondes de la mécanique quantique, chaque particule étant associée à une onde qui occupe tout l'espace. Mais seules les ondes matérielles et électromagnétiques nous intéresseront ici.

Certaines ondes se voient directement, comme les vagues sur la mer, d'autres nous informent de façon plus inconsciente sur l'état du monde, comme le font les ondes sonores captées par nos oreilles, les ondes de vibration de la matière captées par notre toucher, et les ondes électromagnétiques de la lumière captées par notre œil. Mais nous ne comprenions pas spontanément qu'elles sont du même type et obéissent aux mêmes lois.

Premiers exemples

L'EXEMPLE DES VAGUES

L'exemple des vagues montre à quel point la nature profonde des ondes et la façon de les comprendre sont peu connues du public non scientifique, comme j'ai pu le vérifier de nombreuses fois en posant la même question à des amis : si vous posez un bouchon sur la mer un jour de houle légère bien régulière et en l'absence de courant marin, quelle trajectoire suit-il ? Certains m'ont répondu qu'il avançait emporté par les vagues, comme le surfeur, d'autres qu'il montait puis qu'il descendait, d'autres encore qu'il avançait puis reculait, mais très peu qu'il tournait autour du point où il serait resté immobile en l'absence de vagues, ce qui est pourtant la bonne réponse.

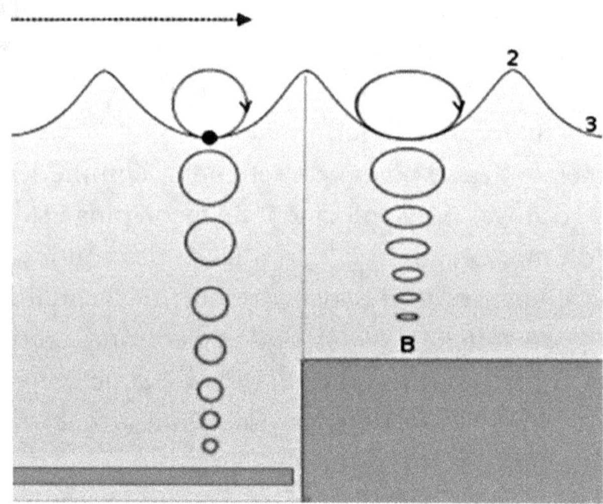

Figure 9. La houle légère *(source André Temperville, « Vagues et houles », L'Encyclopédie de l'environnement[2]).*

Comme le montre la figure 9, sa trajectoire est une ellipse autour de son point de repos (en première approximation) : le bouchon est en haut quand passe la crête (2), et il descend en reculant après la crête pour monter en avançant après le passage du creux (3). Sous la surface, l'ellipse s'arrondit et se réduit progressivement pour devenir un cercle quand on s'enfonce, sauf s'il n'y a pas assez de fond par rapport à la hauteur des vagues (B dans la figure 9) ; mais s'il n'y en a vraiment pas assez, c'est très différent et bien plus compliqué car la vague déferle.

Voici un point essentiel : si la suite de vagues s'arrête, le bouchon revient simplement à sa position initiale ; non, il n'a pas avancé (à peu de chose près car l'eau n'est pas un fluide parfait, mais ce n'est pas important ici). De même, si vous parlez, votre interlocuteur va recevoir le son car les ellipses

---

2. https://www.encyclopedie-environnement.org/eau/vagues-houles/.

des molécules de l'air vont faire vibrer son tympan, mais il ne ressentira pas de vent – sauf s'il est très près de vous et que vous criez en soufflant la bouche ouverte bien sûr.

L'exemple des vagues suffit à introduire la terminologie de base, en supposant qu'on se place en un point donné : l'*amplitude* de l'onde est la distance ici verticale qui sépare la crête de l'onde de son creux, la *longueur d'onde* est la distance qui sépare deux crêtes, la *période* est le temps en secondes qui sépare le passage de deux crêtes successives au point considéré et la *fréquence* est l'inverse de la période, exprimée en hertz (Hz), donc le nombre de crêtes par seconde passant par le point considéré. La vitesse de déplacement des crêtes en ce point est appelée la *vitesse de l'onde* ; elle peut changer selon la nature des milieux.

Vitesse, fréquence et longueur d'onde sont reliées par une relation simple : si λ est la longueur d'onde et f la fréquence, la vitesse vaut $v = \lambda f$. Et ce que nous appelons la même vague dans toute sa longueur s'appelle techniquement un *front d'onde*, lieu des sommets de la même oscillation si on compte les oscillations à partir de l'arrivée de la première d'entre elles. Nous verrons plus loin une dernière notion fondamentale, la *phase*.

Bien sûr, quand on change de point dans l'espace, ces quantités changent : par exemple l'amplitude du son (sa force, en langage courant) diminue quand on s'éloigne de la source car l'énergie de l'onde qui en dépend directement se répartit sur un plus grand périmètre ; on voit aussi quand on lâche un caillou dans une eau calme que les vagues se propagent dans toutes les directions de façon uniforme, en gardant leur fréquence et donc leur période, mais avec une amplitude de plus en plus faible quand elles s'éloignent de la source.

LE SON

Commençons par l'exemple le plus simple, le son, qui est une onde qui se propage dans l'air. Nous entendons très bien les sons de la nature, mais les sons humains de la parole et de la musique sont devenus encore plus importants. Le domaine le plus ancien de production artificielle d'ondes sonores est certainement celui des instruments de musique, les premiers étant probablement les flûtes en os et les percussions, qui remontent à on ne sait quand, suivis dans l'Antiquité par les instruments à cordes ou à vent. Les propriétés physiques de tous ces instruments ont été faciles à exploiter car elles sont simples et intuitives : il est évident qu'on change le son quand on raccourcit une corde ou qu'on augmente sa tension, qu'on tend ou détend la peau d'un tambour ou qu'on bouche et débouche les trous d'un instrument actionné par le souffle. Fabriquer les sons et des musiques déjà remarquables n'a donc heureusement pas eu besoin de science élaborée. L'entrée de ce sujet dans les sciences modernes est effectivement relativement récente, due à Jean Le Rond d'Alembert qui a fourni en 1747 le premier vrai traitement mathématique des cordes musicales.

LA LUMIÈRE

La compréhension de la lumière est également récente. Sa nature ondulatoire a été mise en évidence par Christian Huygens en 1670, alors que Newton pensait qu'elle était particulaire, et il a fallu attendre 1676 pour que le Danois Ole Rømer montre qu'elle se déplace à une vitesse finie – ce qui était évident pour le son. C'est en 1822 que Nicéphore Niépce a réussi à mettre la lumière en boîte avec son appareil photographique, littéralement « qui écrit la lumière ». Mais, si on savait profiter de la lumière naturelle, celle qu'on produisait avec les chandelles était de puissance réduite. Après l'industrialisation de l'ampoule électrique jointe à celle de la production d'électricité à la fin du 19ᵉ siècle, la nuit profonde a petit à petit disparu pour une grande partie de l'humanité.

L'ÉLECTRICITÉ

La compréhension et l'exploitation de l'électricité, un autre phénomène naturel qui existe depuis toujours, datent de la même époque ultraféconde scientifiquement et techniquement. L'électricité statique et ses effets d'attraction et de répulsion étaient connus et analysés dès le 17ᵉ siècle. Après beaucoup de découvertes par les grands savants du 18ᵉ, Volta invente la pile électrique en 1799. Cela a suffi pour la mise en place du télégraphe par Morse en 1838, moyen de communication à distance qui a profondément changé le monde comme nous le verrons plus loin. L'alternateur produisant du courant alternatif est inventé en 1832, et la dynamo produisant du courant continu en étant aussi réversible comme moteur date de 1860. Puis, après bien des tentatives par des savants et des techniciens, Thomas Edison met au point une lampe électrique qu'il pourra produire industriellement en 1879 : on commence aussi à savoir produire à grande échelle du « courant », soit alternatif, soit continu, pour les ampoules et les moteurs. Le mot électrique a définitivement disparu de l'expression « courant électrique », et la « Fée Électricité » est née.

Edison promeut le courant continu avec une malhonnêteté consommée contre Nikola Tesla qui a pourtant inventé le transformateur pour l'alternatif, ce qui le rend bien supérieur en ce qui concerne le transport de l'électricité ; il a été jusqu'à électrocuter en public une jeune éléphante et un condamné à mort, ce dernier en plusieurs fois. Mais tout cela en pure perte car l'alternatif a fini par s'imposer. En bref, ça bouillonne !

Sur le plan scientifique, Maxwell révolutionne le domaine en concevant la théorie des ondes électromagnétiques vers 1850, tout en soutenant la notion d'« éther » dans lequel elles se propagent – idée détruite par Einstein en 1905 avec sa théorie de la relativité restreinte.

Depuis cette époque, il nous est devenu difficile de concevoir un monde sans électricité et sans les ondes électromagnétiques, qui nous ont donné rien moins que la radio, la télévision et les moyens de télécommunication actuels. Les plus récents d'entre eux, comme le téléphone sans fil joint à Internet, ont été jusqu'à reléguer au placard ceux de la fin du 20e siècle : le poste de téléphone gris à fil et cadran rond percé de trous étonne toujours les enfants qui le regardent avec des yeux ronds, car ils ne peuvent plus deviner à quoi il pouvait bien servir !

MAIS JOSEPH FOURIER AVAIT DÉJÀ UNIFIÉ TOUTES LES ONDES

Mais, comme nous le verrons plus loin, le vrai tournant dans la compréhension scientifique des ondes, quelles qu'elles soient, est dû à Joseph Fourier dans les années 1806-1820 : il a établi leurs principes et leurs lois mathématiques tout à fait indépendamment de leurs natures précises. Bien que son nom soit très peu connu, du fait que les ondes restent mystérieuses pour la plupart des gens, les impacts de ses découvertes sont devenus absolument majeurs dans énormément de domaines de la vie moderne, que ce soit pour nos outils de tous les jours, la médecine, et aussi les sciences, où elles fournissent toujours le moyen privilégié de scruter l'Univers.

UN EXEMPLE SPECTACULAIRE

Je ne mentionnerai dans cette introduction qu'un seul effet étonnant de la lumière, en astronomie.

Quand nous avons parlé du **GPS** au chapitre 4, nous avons dit qu'il fallait appliquer des corrections dues à la relativité générale d'Einstein car la masse de la Terre courbe la lumière. Cette courbure de la lumière permet aussi de fournir des observations remarquables des galaxies très anciennes si elles sont cachées derrière d'autres galaxies ou des trous noirs supermassifs, la lumière émise par les premières étant courbée par la masse des secondes, comme l'avait prévu Einstein dans sa théorie de la relativité générale dès 1912. Elle peut alors nous parvenir distordue sous plusieurs angles, comme bien illustré par la figure 10. Les images produites par ces « lentilles gravitationnelles » donnent aux astronomes des renseignements inestimables sur ces vieilles galaxies.

Figure 10. Un effet frappant de lentille gravitationnelle (*recadrée d'après ESA/Hubble & NASA*).

Anatomie des ondes sonores

Continuons par les ondes sonores qui sont un phénomène temporel très familier pour nous qui avons une excellente ouïe. Elles nous renseignent de façon fine sur l'état du monde qui nous entoure en complément de la vue, en permettant de plus une bonne localisation de l'émetteur, y compris sur les côtés et derrière nous, là où notre vue est inopérante – nous verrons pourquoi c'est possible. Ensuite, le son est directement lié aux notions de parole et de musique, qui sont consubstantielles à l'humanité depuis probablement des temps très anciens : nous pouvons reconnaître un interlocuteur en quelques mots et détecter les subtiles nuances d'une interprétation musicale, que ce soit dans ses aspects tonals ou rythmiques. Enfin, l'audition est comme l'olfaction une merveille de précision et de finesse, mais c'est aussi le sens le plus fragile car il se dégrade facilement avec l'âge (j'en sais quelque chose) ou les bruits violents et prolongés qui atteignent de plus en plus les populations jeunes – les exemples commencent hélas à abonder, en particulier avec les concerts de techno. Heureusement, les prothèses auditives sont devenues remarquables, pour des raisons expliquées plus loin.

Nous étudierons dans la suite les caractéristiques physiques du son, l'analyse mathématique initiée par Fourier, qui permet d'étonnantes façons de le manipuler et le synthétiser, puis la subtile façon dont nous l'entendons. Mais commençons par une anecdote qui m'a marqué à vie, en particulier pour ma façon d'enseigner.

COMMENT SE DÉPLACE LE SON ?

C'était une matinée de printemps d'une des années 1995-2000 où j'intervenais à l'école Montessori des Pouces-Verts à Mouans-Sartoux (dans les Alpes-Maritimes). Je devais m'occuper ce jour-là d'une petite dizaine d'enfants de 6 à 9 ans, qui étaient habitués à se poser et à poser à leurs enseignants toutes sortes de questions sur le monde et aussi à écouter les réponses, ce qui est un apport majeur de ces « nouvelles méthodes d'enseignement », étrange expression qu'on entend encore souvent alors que Maria Montessori a créé sa méthode en 1929 – soit il y a un tout petit peu moins d'un siècle.

Cette intervention se faisait dans un cadre plus large que j'avais choisi pour l'année, l'explication de pourquoi le monde était en train de s'informatiser. Je leur avais déjà expliqué que les images et photos numériques étaient des rectangles de points colorés appelés *pixels* (raccourci de *picture cells*), ce qu'ils avaient jugé évident car les pixels individuels se distinguaient parfaitement sur les écrans plats de l'époque. Puis j'ai expliqué le cinéma comme suite suffisamment rapide de photos fixes, ce qui est facile à montrer sur un ordinateur avec un logiciel *ad hoc*. Rien que de très évident pour eux. Mais, ce jour-là, j'avais décidé de faire la même chose pour le son, beaucoup moins intuitif. Ma première question a été simple :

– Comment se déplace le son ?

Elle les a laissés perplexes, et pour tout dire peu intéressés, jusqu'à ce qu'un des enfants sorte une phrase qui m'a laissé pantois :

– Le son, c'est pas comme la lumière, ça prend mieux les virages !

– Mais pourquoi dis-tu ça ? répondis-je en faisant semblant de rester le « savant » que je n'étais plus.

– Parce que la classe d'à côté, par le couloir, on l'entend, alors qu'on ne la voit pas !

Un peu choqué (positivement), j'ai quand même pu expliquer qu'en fait le son, c'est un peu comme la lumière : le mur lui sert de réflecteur, et si on y mettait un réflecteur de lumière, c'est-à-dire un miroir, on verrait aussi la classe d'à côté. Pas de problème pour eux les enfants, qui peuvent passer en temps zéro de « je n'ai pas compris » à « j'ai compris » si l'explication leur va – quelle chance. Mais leur intérêt était maintenant bien éveillé.

Je persistai à demander comment se déplace le son, en faisant quelques expériences comme taper à un bout d'une table avec leurs mains posées dessus à l'autre bout, pour leur faire sentir la notion de vibration. Puis je leur montrai que leur main ressent aussi une vibration s'ils la mettent devant leur bouche quand ils parlent (bon, c'est un peu triché). Les enfants continuaient à s'interroger, et tout à coup Raphaël, 6 ans, a sorti d'on ne sait où une phrase qui m'a laissé encore plus pantois :

– J'ai trouvé : le son se déplace en dansant dans l'air !

Après avoir encaissé ce coup dans le ventre, je répondis :

– Oui, tu as trouvé ! Pour enregistrer le son, il suffit donc de faire comme pour les images, donc de filmer sa danse dans l'air !

Réponse immédiate et unanime des enfants :

– Super, on a tout compris, reviens la semaine prochaine !

J'espère que vous aussi avez tout compris maintenant, même si vous avez le cerveau moins frais et plus plein que ces enfants.

Cette expérience m'a marqué à vie et a fondé toutes mes façons d'enseigner depuis ce jour, y compris pour mes cours au Collège de France : l'essentiel, dans l'enseignement, c'est d'expliquer les choses de façon qu'*on ne puisse pas ne pas comprendre,* ce qui implique d'observer soigneusement la façon dont fonctionnent ceux à qui on enseigne. Mais il arrive aussi que ce soit votre auditoire qui trouve lui-même la bonne réponse !

LA PHYSIQUE ET LA VISUALISATION DU SON

Passons aux « choses sérieuses ». Physiquement parlant, le son est une onde qui se propage dans les gaz, liquides ou solides en faisant vibrer leurs molécules, mais pas du tout dans l'espace où il n'y a pas de matière. La vitesse de propagation du son – qui est de 340 mètres par seconde dans l'air à 15 °C – peut varier considérablement selon les milieux : elle est à peu près quatre fois plus grande dans l'eau. Nous percevons les sons dans une fourchette souvent annoncée par les vendeurs de matériel hi-fi comme allant de 20 à 20 000 hertz (20 kilohertz, kHz). Mais c'est très optimiste pour les aigus, qui vont plutôt à 16 kilohertz maximum, mais dont la perception se dégrade hélas avec l'âge. On appelle infrasons les sons en dessous de 20 hertz et ultrasons les sons au-dessus de 20 kilohertz, que d'autres animaux produisent et entendent très bien – nous verrons plus loin ce qu'en font les chauves-souris.

ENREGISTRER LE SON

Bien qu'il soit par nature évanescent, on peut enregistrer le son en le faisant passer du temps à l'espace matériel. On utilise pour cela des microphones qui produisent ou modifient un courant électrique recopiant l'onde sonore, associés à des systèmes d'écriture de cette onde électrique. Les plus répandus de ces derniers systèmes ont été longtemps les magnétophones analogiques à bandes, maintenant remplacés quasi universellement par les enregistreurs numériques, plus petits, moins chers, bien plus souples et de meilleure qualité. Ceux-ci digitalisent l'onde électrique et stockent la suite de nombres obtenue dans n'importe quelle mémoire numérique sous la forme d'un fichier standard. Ce fichier peut être ensuite dupliqué et envoyé à d'autres *ad libitum*, comme pour tous les fichiers numériques. Ce mode d'enregistrement a fait disparaître le souffle inévitable des bandes (mais pas celui des microphones, qu'on sait rendre très faible) et a permis des enregistrements quasi parfaits, à condition de ne pas se cantonner aux formats du CD, né il y a plus de 40 ans. Nous reviendrons plus loin sur les techniques d'enregistrement analogiques et numériques.

L'enregistrement numérique permet aussi de ne pas se cantonner à la stéréophonie et de réaliser des sons complètement spatialisés, qu'on peut écouter avec des casques ou des salles de concert adaptées. Ce sujet ne sera pas abordé ici.

Tous les exemples qui suivent utilisent des enregistrements numériques analysés avec Audacity, un logiciel libre et gratuit qui fait référence dans ce domaine[3].

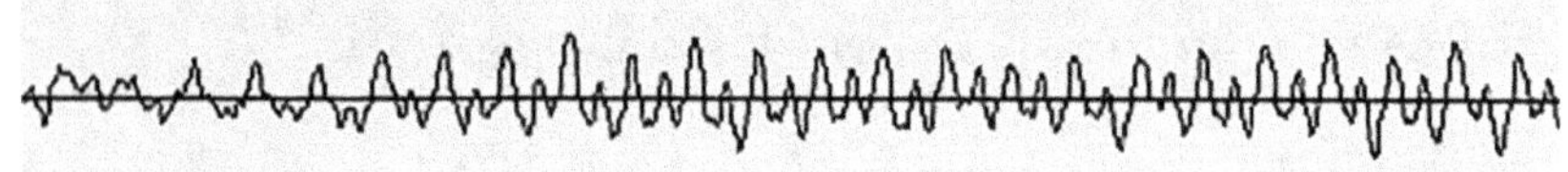

Figure 11. 27 millisecondes de musique, canal de gauche *(image Gérard Berry avec Audacity)*.

La figure 11 montre un enregistrement sonore d'un fragment musical d'une durée de 27 millisecondes[4]. On y voit des vagues complexes relativement stables en fréquence (normal en musique pour cette courte durée) mais irrégulières en amplitude, avec une alternance entre deux types de vagues assez différentes. On trouve

---

3. Audacity est téléchargeable depuis l'adresse https://www.audacityteam.org/.
4. Vous avez bien sûr reconnu un fragment du deuxième mouvement, « Allegro », de la *Sonate n° 1 en fa majeur* pour hautbois et basson de Jan-Dismas Zelenka, entre les millisecondes 32 983 et 33 010 !

24 crêtes majeures assez régulièrement espacées pour 27 milli-secondes, ce qui fait une distance d'en gros 1,12 milliseconde et donc une fréquence d'en gros 889 hertz, ce qui correspond assez bien à un *la* ou un *si bémol* ; mais il est difficile d'être plus précis, d'une part parce qu'on ne connaît pas le diapason auquel les musiciens jouent (qui peut être assez variable pour la musique de cette époque), d'autre part pour des raisons plus fondamentales d'incertitude intrinsèque que nous expliquerons plus loin.

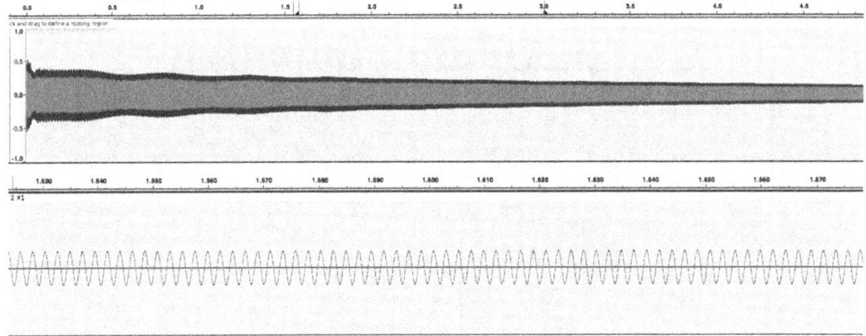

Figure 12. Le son du diapason *(image Gérard Berry avec Audacity)*.

Bien plus simple est le son d'un diapason normalisé maintenant à 440 hertz, représenté à la figure 12 selon deux zooms différents. La partie supérieure visualise l'onde pendant 4,85 secondes. On n'y distingue pas le détail des vagues, mais deux choses importantes apparaissent tout de suite : l'attaque, plus compliquée que le régime continu qui s'établit ensuite (nous y reviendrons), et la perte progressive de l'amplitude due à la dissipation de l'énergie dans le métal et l'air. En dessous, on voit l'onde du diapason entre 1,524 et 1,678 seconde, donc bien après l'attaque quand le son est stabilisé en fréquence et qu'il ne fait que décroître lentement en amplitude parce que le diapason transfère petit à petit son énergie à l'air ambiant. La résolution temporelle est 180 fois plus fine que pour la figure 11 ;

l'onde apparaît parfaitement régulière, avec à peu de chose près 61,6 pics entre 1,530 et 1,670 seconde, ce qui donne la fréquence du diapason considéré : 440 hertz, le *la* de base à l'heure actuelle[5]. La courbe du bas de la figure 12 n'est autre que la *sinusoïde*, la base de la trigonométrie et la courbe fondamentale du domaine des ondes. On peut bien sûr la rendre plus ou moins pointue à l'œil selon les unités choisies sur les deux axes. Cette courbe était déjà connue en Inde sept cents ans avant notre ère !

De la roue de vélo à la sinusoïde

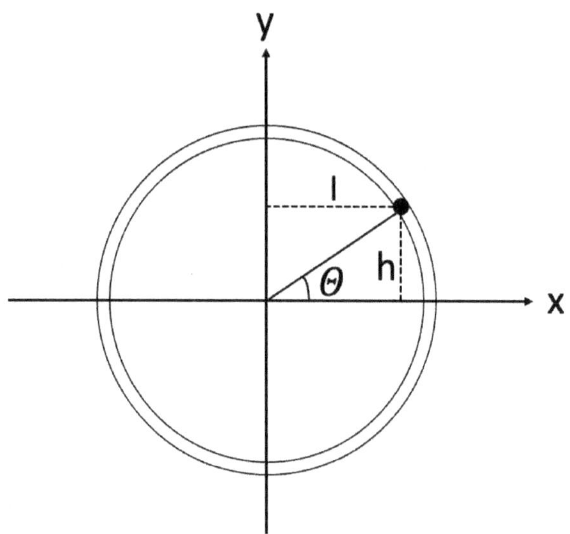

Figure 13. La roue de vélo.

---

5. Attention, la fréquence du *la* n'est pas une constante de la nature : elle a beaucoup changé avec le temps, vers 432 ou 435 hertz pour la musique ancienne, pour monter progressivement et se stabiliser à 440 hertz ; mais les orchestres s'accordent souvent sur le *la* joué par le hautbois, lui à 442 hertz !

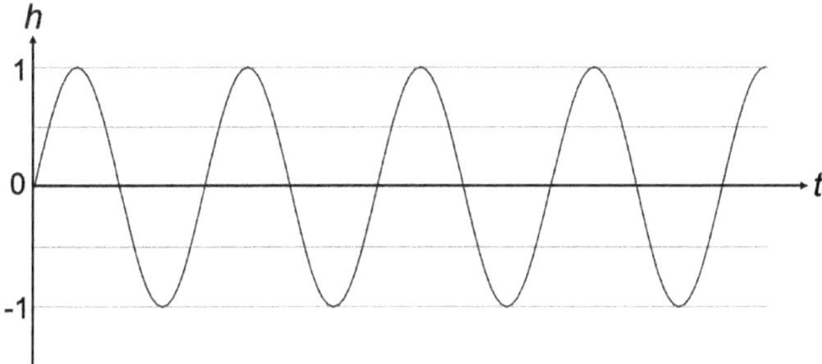

Figure 14. La sinusoïde engendrée.

La sinusoïde de la figure 14 est facile à imaginer et à produire : prenez une roue de vélo, marquez un point sur la jante, placez-le sur l'horizontale puis faites tourner la roue dans le sens contraire des aiguilles d'une montre et à vitesse constante. Tracez la courbe de la hauteur du point marqué en fonction du temps, en mettant le temps en abscisse et la hauteur en ordonnée, dans les unités qui vous arrangent le mieux. Vous obtenez la même forme de sinusoïde, plus ou moins aplatie ou pointue selon votre choix des unités. Ici, la hauteur démarre à zéro, ce qui n'est pas obligatoire. Si vous partez d'un point au-dessus de l'horizontale, la courbe sera simplement décalée à gauche de moins d'une demi-période, et si vous partez d'un point au-dessous de l'horizontale, elle sera décalée à droite. Mais elle aura exactement la même forme. L'angle du point de départ par rapport à l'horizontale est appelé la *phase initiale*. La chose essentielle à comprendre est que la sinusoïde et son équation sont la mère de toutes les ondes, comme l'explique la théorie de Fourier que nous allons esquisser maintenant.

Pour les amateurs de maths, la courbe correspond à l'équation fondamentale des ondes :

$$y = d \, \sin(\omega t + \varphi)$$

où y est la hauteur du point marqué, t le temps, d le diamètre de la roue, et ω une constante égale à $2\pi/\theta$ si la roue fait un tour en θ unité de temps, et φ la phase initiale.

Comprendre les ondes : l'analyse harmonique de Fourier[6]

Dans l'étude des ondes, le grand précurseur qui en a fait la première théorie complète est (Charles) Joseph Fourier, né à Auxerre en 1768, avec son *analyse harmonique*. Professeur de mathématiques à 16 ans, il a participé à la Révolution dès son début dans des postes importants, mais en évitant toute violence et en particulier des exécutions capitales. Après quelques incarcérations dont il s'est sorti à la chute de Robespierre, il devient professeur en 1795 à l'École polytechnique qui vient d'être fondée, avant de participer à la campagne d'Égypte. Puis il devient préfet de l'Isère en 1802, nommé par Napoléon. C'est là qu'il développe sa *Théorie analytique de la chaleur*, également révolutionnaire au sens scientifique du mot. Il a commencé par obtenir ses premiers résultats en 1807, puis a poursuivi par un mémoire à l'Académie des sciences en 1811, pour terminer sa vraie publication en 1822. Il est devenu président de l'Académie des sciences la même année. C'est aussi lui qui a mis en évidence l'*effet de serre*, qui nous occupe bien maintenant.

---

6. Grand merci à Patrick Flandrin qui m'a tant appris sur ce sujet.

Fourier n'a en fait pas travaillé directement sur les ondes, mais sur la propagation de la chaleur. Cependant, il avait déjà conscience que sa théorie serait pertinente aussi pour les ondes, ce qui s'est confirmé de manière éclatante au cours du 20ᵉ siècle et encore plus au 21ᵉ. La théorie de Fourier permet en effet la décomposition d'une onde périodique quelconque (c'est-à-dire qui se répète régulièrement) en somme infinie d'ondes purement sinusoïdales, donc parfaitement régulières, chacune étant de fréquence multiple d'une *fréquence fondamentale* et ayant sa propre amplitude. Ces ondes multiples sont nommées des *harmoniques* de la fréquence fondamentale, et l'opération globale est appelée la *décomposition harmonique*. L'ensemble de ces harmoniques avec leurs amplitudes respectives définit le *spectre* de l'onde. L'application au son par Georg Simon Ohm ne date que de 1843 (il a aussi donné son nom à l'unité de résistance électrique).

Techniquement, la méthode de Fourier pour la décomposition des fonctions périodiques en séries trigonométriques a été perfectionnée par Bernhard Riemann en 1867, qui a introduit à ce moment la première notion vraiment exploitable d'intégration d'une fonction, encore enseignée au lycée sous le nom d'intégrale de Riemann. Les mathématiques des ondes se sont ensuite constamment perfectionnées, et continuent de le faire. Mais les calculs initiés par Fourier restent la base de la théorie et de la pratique des ondes : le calcul des harmoniques mérite bien le nom de *transformée de Fourier*,

Les applications de cette décomposition ont explosé au 20ᵉ et surtout au 21ᵉ siècle, où la théorie de Fourier a été informatisée très efficacement à l'aide d'un algorithme nommé « transformation de Fourier rapide », surnommé FFT pour *fast Fourier transform*, inventé en 1965. La radio, le traitement du son et des images, les télécommunications, la radiologie numérique, le scanner et l'IRM en médecine, le décodage des signaux reçus de l'intérieur de la Terre ou de l'espace, etc., tous reposent sur cette théorie et maintenant sur la FFT.

Mais cette théorie et ses applications ne sont pas abordées au lycée ni même dans beaucoup de cursus supérieurs, ce qui fait que Joseph Fourier n'a vraiment pas la renommée sociale qu'il devrait avoir – aucune rue ne lui est dédiée dans tout le pays, bien qu'il existe pas mal de rues Fourier : les homonymes ne sont pas rares[7].

LA DÉCOMPOSITION HARMONIQUE

Je prendrai comme exemple les ondes sonores, familières, faciles à comprendre, étudiées depuis les Grecs, et sur lesquelles on peut maintenant faire pratiquement tout ce qu'on veut. Comparé aux vagues, le son se propage dans les trois dimensions, mais les notions clefs sont fondamentalement les mêmes. Et tout ce que je dirai ici est valable pour n'importe quel type d'ondes, y compris les ondes électromagnétiques discutées plus loin.

Le théorème de Fourier est à la base de toute analyse des ondes, d'où qu'elles viennent, car il en donne une vision duale, le spectre ayant évacué le temps et fourmillant d'informations illisibles dans de simples tracés de l'onde dans le temps. Mais l'exemple le plus connu est celui des sons musicaux : philosophes et savants se sont gratté la tête depuis toujours à leur propos, sans vraiment trouver la solution – heureusement qu'il n'y a pas vraiment besoin de l'avoir pour chanter et jouer des instruments. Nous l'analysons maintenant.

---

7. Cette minibiographie est tirée de Wikipédia, sauf la dernière phrase qui m'a été communiquée par Patrick Flandrin.

UN CAS SIMPLE :
L'ANALYSE DU SON
D'UN INSTRUMENT DE MUSIQUE

Pour une note de musique jouée isolément, le spectre fourni par la décomposition de Fourier a deux caractéristiques importantes : il montre d'abord la note de base, qui correspond à la note fondamentale, puis le timbre, défini par ses harmoniques. Ces notions étaient connues par les musiciens depuis très longtemps, mais ni théorisées ni exactement qualifiées numériquement, sauf peut-être pour les cordes vibrantes étudiées dès les Grecs.

La figure 15 montre l'analyse de Fourier d'un son de piano par le magnifique logiciel The Snail (« L'Escargot »), développé

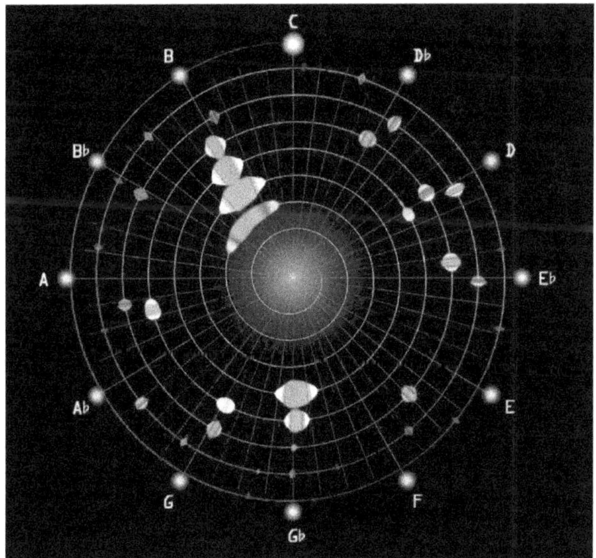

Figure 15. The Snail (copie d'écran faite par l'auteur).

à l'Ircam[8] par Thomas Hélie, grand spécialiste du traitement des signaux musicaux. Les notes et les octaves y sont représentées sous la forme d'une coquille d'escargot avec un tour complet par octave, c'est-à-dire un doublement de la fréquence. Les fréquences basses des graves sont près du centre et les plus élevées des aigus vers l'extérieur. Les fréquences de ces notes ne sont pas figurées, mais elles sont facilement disponibles[9]. Les traits obliques correspondent aux douze notes de la gamme chromatique, c'est-à-dire divisée en douze intervalles égaux, division qui n'est pas forcément respectée par tous les instruments – mais je n'entrerai pas dans ces détails.

La note jouée ici au piano[10] est un *si* (B sur la figure 15, comme en allemand ou en anglais), dont la fréquence fondamentale ω, grave, est marquée par une tache brillante et large car son intensité est grande. On voit en montant sur la même droite ses harmoniques correspondant aux fréquences 2ω, 4ω et 8ω, qui sont donc des *si* aux octaves supérieures ; leur intensité décroissante est indiquée par des taches devenant moins brillantes et moins larges. Les fréquences 3ω et 6ω donnent deux taches encore bien visibles sur la verticale du *fa#*. Ces taches sont sur les spires allant respectivement de 2ω à 4ω et de 4ω à 8ω. On ne voit pas de taches caractérisées pour les fréquences 7ω et 9ω, ces harmoniques étant trop faibles.

La figure 15 est une copie d'écran, bien sûr statique, mais The Snail analyse le son en calculant une transformée de Fourier par petites tranches temporelles de 50 millisecondes (1/20 de seconde), ce qui fait que l'image suit la musique et

---

8. Institut de recherche et de coordination musicale, situé à Paris tout près du Centre Pompidou. Il a été créé par Pierre Boulez en 1970, et est toujours un des principaux labos de recherche en musique et en acoustique. Voir www.ircam.fr. J'ai l'honneur de faire partie de son conseil d'administration, après avoir été deux fois président de son conseil scientifique.
9. Voir par exemple https://musicordes.fr/tableau-frequences-notes/.
10. Au début de la « Deuxième variation Diabelli » de Beethoven, par Grigori Sokolov.

semble l'analyser en continu quand on change de note ou quand on fait un vibrato. Ce logiciel est donc aussi capable de passer aux ensembles d'instruments, montrant alors des assemblages de taches bien plus complexes, non illustrées ici mais qui parlent encore aux musiciens entraînés à l'harmonie. Dans un autre mode de travail, The Snail sait montrer beaucoup plus précisément les fréquences, ce qui le rend excellent pour l'accordage des instruments.

Mais attention à une confusion malheureuse entre les termes mathématiques et les termes musicaux. Techniquement, les harmoniques sont nommés par le nombre par lequel multiplier la fréquence de base, alors que, musicalement, les intervalles entre notes sont nommés par leur écart sur la portée. Reprenons l'exemple du *si* de la figure 15. L'harmonique de fréquence triple de la fondamentale est un *fa#*, qui est appelé en musique la *quinte* du *si* à l'octave – première discordance. Celui de fréquence quintuple est un *mi bémol*, appelé sa *tierce* à la double octave. On voit donc que, ramenées à l'octave de départ, la quinte correspond à la multiplication par 3/2 alors que la tierce correspond à la multiplication par 5/4 : les nombres ne correspondent pas au nommage des harmoniques, créé il y a longtemps pour d'autres raisons. Bon, il suffit de le savoir, et ça n'empêche pas le langage musical d'être bien mieux installé que le langage mathématique dans le milieu des musiciens.

UN CAS PLUS COMPLIQUÉ : L'ANALYSE D'UN FRAGMENT LONG

Un exemple de spectre d'un fragment musical complexe est montré dans la figure 16 ci-dessous ; il m'a été fourni par mon collègue Patrick Flandrin, grand spécialiste des ondes et ancien président de l'Académie des sciences, qui l'avait utilisé lors d'un séminaire de mon cours au Collège de France.

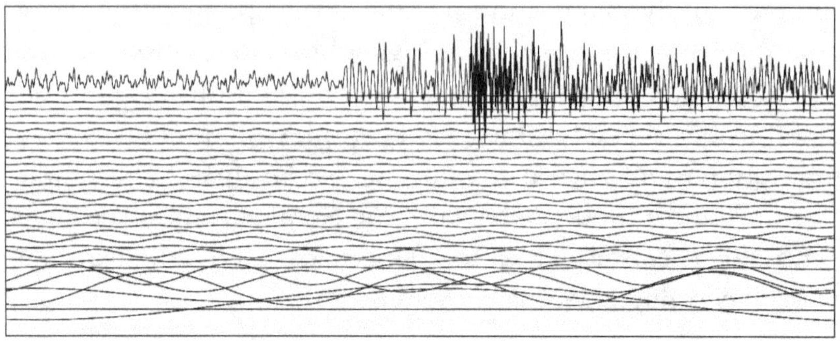

Figure 16. Décomposition harmonique d'un son complexe *(source : P. Flandrin)*.

L'onde source est en haut, avec en dessous les sinusoïdes de sa décomposition de Fourier, présentées de façon étagée parce qu'on ne verrait rien sinon : en bas, on trouve celle de la fréquence fondamentale et, au-dessus, de façon étagée, celles de ses premières fréquences multiples successives, de plus en plus rapides. La taille verticale de chacune des sinusoïdes indique son amplitude, donc sa participation au son final ; on voit que cette amplitude décroît avec la fréquence, ce qui est normal pour un son naturel.

Dans la figure 16, le son est complexe et la courbe dessinée en bas pour la fréquence fondamentale n'a qu'une demi-période. Elle ne correspond donc pas à une note comme dans le cas montré dans la figure 15. Par ailleurs, si on trace un trait vertical correspondant à un instant quelconque dans le temps, on constate que les harmoniques ne sont pas en phase au sens défini précédemment : les intersections de leurs courbes avec ce trait vertical peuvent être arbitrairement décalées – on dit qu'elles sont *déphasées*. Toute l'information est là, mais en se cantonnant à la notion de spectre de fréquence on oublie tous ces décalages, et donc la structure temporelle de la musique. Comment pourriez-vous comprendre où sont le minimum et le maximum d'intensité du son de la figure 15 à un instant donné sans réadditionner toutes les sinusoïdes du spectre, chacune positive ou négative, alors que c'est très facile avec l'onde ?

DEUX VISIONS COMPLÉMENTAIRES DES ONDES

En résumé, il faut considérer deux types d'informations pour une onde donnée : le premier, *temporel*, celui de la courbe initiale de l'amplitude sonore dans le temps, contient toute l'information, mais ne dit rien sur le plan fréquentiel, ici sur la musicalité du son ; le deuxième, *fréquentiel*, celui que calcule l'analyse harmonique de Fourier, permet de connaître précisément toutes les fréquences contenues dans le son et leurs amplitudes, et donc ses bases musicales, mais ne donne aucune information sur son déroulé temporel. Il n'empêche que cette analyse fréquentielle donne beaucoup d'informations sur le spectre sonore, ce qui permet d'analyser les ondes musicales en temps réel comme avec The Snail, mais aussi de restaurer les sons médiocres des vieux enregistrements ou de trouver les informations cachées dans les signaux complexes reçus de l'espace, comme nous le verrons plus loin. Le son n'est qu'un exemple parmi une myriade d'autres, mais c'est celui pour lequel nous pouvons faire des analogies intuitivement pertinentes.

TEMPS OU FRÉQUENCE, IL FAUT CHOISIR[11] !

Attention : la théorie post-Fourier dit aussi qu'on ne peut pas avoir des mesures parfaites *à la fois* sur le temps et la fréquence. C'est comme pour une boîte de conserve qu'on voit sous deux formes selon la façon

---

11. Grand merci à Patrick Flandrin pour cette explication que je trouve limpide.

dont on la regarde : de dessus, elle est vue ronde, de côté, elle est vue rectangulaire, et il n'est jamais possible de voir simultanément un rond et un rectangle parfaits, même en la faisant tourner dans tous les sens (aviez-vous remarqué ça ?). Supposons qu'on observe des vagues pour en mesurer la fréquence : après une dizaine de minutes, on aura vu passer suffisamment de crêtes et de creux pour en avoir une bonne idée. Supposons maintenant qu'on ne dispose que d'une période de temps d'une ou deux secondes : on ne verra probablement pas passer deux crêtes pendant cette période, ni même une crête et un creux. Donc, on ne pourra pas dire grand-chose sur la fréquence. Réciproquement, si on cherche à associer une plage de fréquence donnée à un instant quelconque de l'onde, il faudra probablement attendre bien longtemps. Temps ou fréquence, il faut choisir, ou mieux trouver les bons compromis ! C'est le *principe d'incertitude* (ou mieux d'indétermination). Il a été énoncé par Heisenberg en 1927 pour la mécanique quantique, où il s'agissait de caractériser le rapport entre les informations sur la position et la vitesse d'une particule[12]. En 1946, Denis Gabor (le père de l'holographie) l'a reformulé et étendu au rapport temps/fréquences. Techniquement, ce principe d'indétermination exprime que le produit des incertitudes sur le temps et la fréquence est borné inférieurement par une constante, ce qui fait que diminuer l'un augmente automatiquement l'autre.

Par exemple, nous avons dit ci-dessus à propos de The Snail (figure 15) que ce logiciel analysait les sons musicaux en temps réel par petites tranches temporelles. Les intervalles de temps associés aux mesures doivent être bien choisis pour avoir des plages d'incertitude pour la mesure des fréquences (donc des notes) pas trop larges, mais aussi un mouvement qui paraisse continu. Pour améliorer la détection, il fait aussi un subtil travail sur les phases.

---

12. Hélas très mal vulgarisé en « on ne peut pas savoir en même temps où est un électron et à quelle vitesse il va » : tant qu'on ne le voit pas, un électron n'est pas encore une particule, ce n'est qu'une onde !

L'IRRUPTION DE LA FFT ET DE L'INFORMATIQUE

L'algorithmique et l'informatique des ondes ont fait une avancée majeure avec l'invention de la FFT (*fast Fourier transform*), « transformation de Fourier rapide » en français, qui permet des calculs bien plus rapides qu'avec la méthode directe de Fourier. Cet algorithme très efficace a été inventé par James Cooley et John Tukey en 1965. Il est utilisé constamment, que ce soit pour le son (amélioration, compression, etc.), la photographie (codage JPEG) ou l'analyse des signaux venus de l'espace ; il l'a été par Patrick Flandrin pour la figure 16. Il avait déjà été imaginé dans un passé lointain, par Gauss dès 1805 par exemple (donc deux ans avant les premiers résultats de Fourier), sans pouvoir être mis en œuvre jusqu'à sa vraie formalisation. Il est hors de question de l'expliquer ici, mais The Snail est fondé sur lui, ainsi que quasiment toutes les analyses fréquentielles dans les mondes scientifiques ou médicaux.

AU-DELÀ DE FOURIER

Après le travail de Fourier, et en particulier depuis le milieu du 20ᵉ siècle, les savants du domaine ont constamment cherché à combler ce fossé temps-fréquence en cherchant des intermédiaires efficaces, donc de traiter au mieux temps *et* fréquences au lieu de temps *ou* fréquences. L'approche la plus puissante à l'heure actuelle est la *théorie des ondelettes* développée par Yves Meyer avec des chercheurs comme Ingrid Daubechies et Stéphane Mallat[13], qui permet de localiser beaucoup plus

---

13. Professeur au Collège de France, voir https://www.college-de-france.fr/fr/personne/stephane-mallat.

l'analyse en l'adaptant automatiquement au contexte local au lieu de la garder globale comme pour Fourier. Cette théorie a donné à Yves Meyer le prix Abel en 2017, prix qu'on peut appeler le plus prestigieux en mathématiques car non réservé aux moins de 40 ans comme la médaille Fields. La théorie des ondelettes permet une approche beaucoup plus fine des ondes complexes, avec de très nombreuses applications en traitement et compression du signal[14]. Mais elle est hors de portée de ce livre.

Comment entendons-nous les sons ?

Passons maintenant à l'écoute des sons. Notre ouïe est prodigieusement fine : nous pouvons entendre des sons allant du pianissimo le plus ténu au très puissant fortissimo, en percevant les nuances les plus fines à toutes les intensités. Comment est-ce possible ? C'est en fait assez simple dans le principe, et très directement relié à l'analyse harmonique de Fourier.

Les vibrations des molécules de l'air font vibrer notre tympan, ses vibrations étant relayées dans l'oreille moyenne remplie d'air par la chaîne des trois osselets : marteau, enclume et étrier. Ceux-ci propagent la vibration jusqu'à l'oreille interne qui renferme la cochlée, long cône enroulé sur lui-même comme un escargot. La cochlée est remplie d'un liquide bon conducteur du son et tapissée de quelques milliers de cellules

---

14. Par exemple, en traitement des images – qui peuvent être vues comme des ondes en deux dimensions ; le standard de compression JPEG 2000 fondé sur les ondelettes est plus efficace et plus précis sur les détails – là où il faut l'être – que JPEG fondé sur Fourier. Pourtant, JPEG 2000 n'a pas eu de succès commercial...

ciliées, c'est-à-dire dotées de cils vibratiles, les cils de chaque cellule ne vibrant qu'au voisinage proche d'une fréquence déterminée. À l'entrée de la cochlée on trouve les cils des aigus qui vibrent à de grandes fréquences, à la pointe on trouve les cils des graves profonds qui correspondent aux vibrations les plus lentes, les cils répartis entre l'entrée et la pointe vibrant à des fréquences décroissantes (attention, cette vision est un peu simpliste car il existe aussi une amplification mécanique subtile due à la structure interne complexe des cellules ciliées, qui ne nous concernera pas ici). Pour mieux comprendre tout cela avec de superbes images, il faut vraiment visionner la leçon de clôture de Christine Petit au Collège de France, où elle était titulaire jusqu'en 2020 de la chaire « Génétique et physiologie cellulaire[15] ». Les images qu'elle y a projetées sont extraordinaires.

Chaque cellule ciliée est connectée à une fibre nerveuse du nerf auditif et produit un signal électrique sur cette fibre en direction de la zone auditive du cerveau. Tout cela rend assez évident que ce mécanisme de l'audition de l'oreille interne par traitement séparé de fines plages fréquentielles est similaire dans son principe à la décomposition spectrale de Fourier, au point qu'on pourrait presque l'appeler une implémentation avant coup de cette théorie, puisque la première opération est d'isoler et de quantifier les fréquences et les phases d'un son complexe et de ses harmoniques, en relayant aussi les phases.

Le cerveau intègre l'ensemble des informations auditives qu'il reçoit – on ne sait pas encore comment. Par exemple, pour un son issu d'un groupe de musiciens, les cellules ciliées sont activées par tous les instruments, mais on ne sait pas comment se fait la caractérisation ultrarapide des

---

15. Voir https://www.college-de-france.fr/fr/actualites/lecon-de-cloture-de-la-pr-christine-petit. Christine Petit est aussi la créatrice de l'Institut de l'audition à Paris ; voir https://www.pasteur.fr/fr/nos-missions/recherche/institut-audition.

sons individuels des instruments et de leurs harmoniques liées aux attaques, qui font qu'on peut isoler sans effort le timbre de chaque instrument dans un quatuor ou chaque groupe d'instruments dans un orchestre. Voilà un problème qui va occuper les scientifiques un bon moment !

LOCALISER LES SONS

Mais nous avons deux oreilles et pas une seule, ce qui est le minimum pour entendre de façon satisfaisante. Pourquoi donc ? C'est en fait essentiel pour la localisation latérale des sons : quand la source d'un son est en face de la tête, les deux oreilles envoient au cerveau des signaux synchrones, c'est-à-dire avec la même phase ; mais si l'émetteur est sur un côté, la vitesse du son étant finie, le son atteint une oreille avant l'autre. Cela provoque des décalages de phase des signaux reçus entre cils homologues des deux oreilles. Le cerveau est capable d'interpréter ces décalages de phase pour calculer la direction latérale de l'émetteur – on ne sait pas exactement comment ; la stéréophonie est un moyen simple d'exploiter cela avec seulement deux haut-parleurs. Mais bien d'autres mécanismes fins, apparemment liés à la forme très particulière du pavillon de l'oreille et probablement à d'autres aspects, comme peut-être la forme du crâne, nous permettent aussi de localiser les sons derrière nous et sur le plan vertical – ce qu'on sait aussi reproduire avec les techniques de micros spatiaux et d'ambiophonie 3D à plusieurs haut-parleurs qui spatialisent totalement les sons enregistrés en utilisant des méthodes mathématiques sophistiquées.

Les chauves-souris sont encore plus malignes. Elles y voient très mal mais ont une ouïe très développée, qui s'étend aux ultrasons. Quand elles chassent, elles émettent de très courts mais très puissants ultrasons sous forme de *chirps*, en augmentant leur fréquence de base lorsqu'elles s'approchent d'une proie, typiquement un moustique. Chaque *chirp* a la propriété de diminuer en fréquence très rapidement, allant du très aigu au moins aigu, ce qui permet au moustique d'écholocaliser l'insecte visé de façon immédiate et extrêmement précise, à la façon des radars ou sonars. Mais expliquer ce phénomène nous emmènerait trop loin – si encore j'en étais capable.

MAIS NOS OREILLES SONT FRAGILES !

En revenant à notre audition, il faut insister sur un point : les cellules ciliées sont très fragiles. En particulier, les sons forts et particulièrement les coups de fusil et les boum-boum permanents à fond la caisse des *rave parties* sont très nocifs. Les aigus sont échantillonnés au début de la cochlée par des cils vibrant très vite, qui sont sensiblement abîmés par des bruits continus ou répétitifs trop forts, et en particulier par les sons graves qu'elles sont les premières à recevoir. De plus, une cellule ciliée ne cicatrise pas si elle est endommagée : le dommage est définitif. Cela ajouté au fait que ces cellules se dégradent avec l'âge, celles des aigus en première ligne, mais aussi à cause de prédispositions génétiques. La seule solution est alors de compenser les pertes par des prothèses auditives.

Ici aussi, les animaux font mieux que nous : les oiseaux savent régénérer en continu leurs cellules ciliées, ayant les gènes *ad hoc* qui nous manquent. Il y a encore de la place pour la biologie moléculaire pour ce problème de santé publique !

LES PROTHÈSES AUDITIVES

Heureusement, les minuscules prothèses auditives modernes, hautement informatisées, exploitent à fond les connaissances sur les ondes et les possibilités de l'informatique, ce que ne pouvaient pas faire les anciennes prothèses analogiques, de bien moins bonne qualité.

Les miennes ont bien sûr des fonctions d'amplification des fréquences que j'entends mal, détectées par le spécialiste en faisant un *audiogramme*, examen de routine qui montre le spectre fréquentiel restitué par l'oreille sur des sons de fréquence pure. Mais s'y ajoutent aussi des systèmes très efficaces d'antibruit et d'anti-effet Larsen, celui qui provoquait des sifflements très gênants pour les autres dans les anciennes prothèses[16]. Elles ont aussi une fonction de transposition optionnelle qui fait passer les aigus sur des octaves plus basses, un *do* aigu du piano étant en partie transposé en *do* une ou deux octaves plus bas. J'y gagne beaucoup d'information, en particulier sur la voix parlée sans que son timbre soit trop modifié, et ça me permet aussi d'entendre chanter les cigales ou pas – avec toutefois un chant plus grave que quand j'entendais normalement. Mais je n'utilise pas cette possibilité pour la musique, car elle modifie sensiblement les timbres des instruments de musique – il y a un programme pour ça. Finalement, mes appareils discutent entre eux par conduction osseuse pour mieux synchroniser et favoriser la détection de la localisation des sons. Et tout cela fonctionne grâce à des circuits informatiques d'une très grande efficacité, alimentés par de minuscules piles qui durent une semaine ou

---

16. Ce phénomène est bien connu au concert électrifié, où mettre le micro dans la direction des enceintes acoustiques les fait hurler d'indignation !

des batteries qu'il faut recharger la nuit. Tout cela est rendu possible encore une fois par l'analyse de Fourier et par les progrès fulgurants des circuits électroniques et informatiques.

D'autres modèles compriment optionnellement les fréquences des sons pour transposer les aigus vers les graves mieux entendus, mais en supprimant leur harmonicité ; cela marche apparemment un peu mieux pour la parole mais pas du tout pour la musique – il faut choisir en fonction de ses habitudes de vie.

Mais attention : il est indispensable de s'appareiller tôt, le cerveau s'habituant trop à mal entendre et devenant de plus en plus difficile à rééduquer. La qualité des nouvelles prothèses jointe au vieillissement de la population a conduit la Sécurité sociale à la gratuité de prothèses de bonne qualité, ce qui a beaucoup amélioré leur usage dans la population – qui reste pourtant encore à améliorer.

Enregistrer le son

Enregistrer le son, par nature non permanent, c'est lui donner la capacité d'être reproduit quand on veut. Pour cela, il faut remplacer l'évanescence du temps par la persistance de la matière, que ce soit avec du papier, un disque, une bande, ou une mémoire informatique, mais aussi savoir refabriquer le son à partir de ce support. C'est un vieux rêve de l'humanité, auquel l'écriture et l'imprimerie ont bien contribué, mais de façon partielle : quand on lit un livre, on n'entend que sa voix intérieure, et les sons ne peuvent y être décrits que par des périphrases.

Ce qui suit décrit la suite des progrès réalisés dans le domaine de l'enregistrement des ondes sonores depuis le milieu du 19e siècle.

ÉCRIRE OU GRAVER LA DANSE
DU SON DANS LA MATIÈRE

L'idée d'enregistrer le son en écrivant directement sa danse dans l'air sur un support physique est ancienne. Les premières réalisations ont été mécaniques. La toute première date de 1853-1854, quand le Français Scott de Martinville eut l'idée de coupler un pavillon à une membrane vibrante portant un stylet pour écrire la danse de l'air directement par des traits dessinés sur un cylindre garni de papier noirci au noir de fumée. Mais, même s'il a breveté son invention en 1857, il ne savait pas rejouer les sons ainsi dessinés. Cela n'a été fait qu'au 21e siècle à partir d'un de ses feuillets où il s'était enregistré chantant « Au clair de la lune ». C'est l'informatique qui a rendu la restitution sonore possible par scan numérique et analyse algorithmique des courbes enregistrées[17]. L'intention était bien là mais la qualité bien mauvaise.

Puis est apparu en 1877 le phonographe à cylindre de Thomas Edison, qui utilisait pour la première fois un microphone transformant les vibrations sonores de la danse de l'air en danse d'un stylet gravant directement un sillon enroulé sur un cylindre de cire puis de bakélite. Ce phonographe fut perfectionné en 1880 par le Gramophone d'Émile Berliner, qui enregistrait sur un disque. Les disques ont vite gagné car ils étaient facilement reproductibles : avec les cylindres, Caruso devait chanter plusieurs fois le même air pour en faire des copies, jamais exactement pareil bien entendu – ce qui

---

17. Voir une analyse de son travail à l'adresse https://www.firstsounds.org/research/articles/scott-discography.pdf et écouter la tentative de restitution d'un passage de cette chanson à l'adresse https://www.firstsounds.org/sounds/Scott-Feaster-No-36.mp3.

a rendu ces cylindres uniques éminemment précieux (un de mes collègues, collectionneur, en possédait quelques-uns).

Bien plus tard, le disque 78-tours, de meilleure qualité et pressable en série, s'est rapidement développé, l'enregistrement électrique datant de 1925. Mais sa qualité n'était pas très bonne, en particulier à cause de la difficulté de graver mécaniquement les fréquences aiguës trop rapides, celles qui déterminent le timbre comme nous l'avons vu précédemment. Ces disques aux faces très courtes ont été suivis en 1948 par les microsillons 45-tours et 33-tours bien plus longs et de bien meilleure qualité, qui existent toujours et reviennent même à la mode – il faut dire qu'il est plus facile de faire un paquet-cadeau autour d'un 33-tours et de sa belle pochette qu'autour d'un fichier MP3 ou WAV ! Et les disques ont un avantage méconnu : avec un microscope, on peut visualiser directement l'onde matérielle gravée dessus, celle qui traduit le temps en surface.

Passons à une technologie très différente. Les premiers magnétophones à bandes de papier datent de 1886, aux laboratoires Bell, mais ne furent pas commercialisés. D'autres essais utilisaient des bandes d'acier. Mais les premiers magnétophones à bande magnétique effaçable datent des années 1930. Ayant la capacité d'enregistrer les sons, ils ont beaucoup servi en studio et aussi chez les amateurs (les fameux Revox et Nagra, en particulier). Cette fois, la matérialisation de l'onde était invisible. Puis, en 1962, Philips a introduit la minicassette fondée sur le même principe, dont le succès est devenu gigantesque avec l'invention géniale du Walkman par Sony en 1979, qui a vite envahi la terre entière.

Toutes ces méthodes étaient *analogiques* : l'onde gravée de façon continue dans la matière ou l'aimantation d'une bande était une transposition spatiale de l'onde sonore, et la restitution se faisait de manière symétrique en la retransformant en onde sonore. Avec les magnétophones et les disques, le son pouvait être de très bonne qualité avec du matériel haut de gamme pour l'enregistrement et la restitution, mais il restait des défauts incontournables : un souffle permanent, sous forme d'un signal grave/medium faible mais gênant, dû aux défauts intrinsèques des procédés et difficile à réduire ; les inévitables poussières ou accrocs de surface des disques qui se traduisaient en craquements ; l'effacement progressif des bandes magnétiques au cours du temps ; enfin, les distorsions du son dues à la succession des étapes requises pour la fabrication des disques ne permettaient pas de reproduire au mieux le son du concert.

Mais ce n'était pas grave pour beaucoup de gens, certains reprochant même au son du concert d'être un peu fade par rapport à celui de leur chaîne hi-fi (j'en ai connu) ! Et il existait aussi des ingénieurs hyperfectionnistes qui gravaient des 45-tours 30 centimètres stéréophoniques en gravure directe depuis des « têtes Charlin » stéréophoniques[18] pour s'approcher au mieux du concert en évitant toutes les étapes parasites[19] !

L'ENREGISTREMENT NUMÉRIQUE

L'idée de base de l'enregistrement numérique du son est très simple : *échantillonner* le son, c'est-à-dire mesurer l'amplitude instantanée de son onde de façon précise et à des intervalles de temps précis et suffisamment courts pour

---

18. André Charlin (né en 1903 et mort en 1983) était un ingénieur et inventeur passionné de qualité sonore et très novateur, qui a pensé à mettre deux micros dans les oreilles d'une tête artificielle pour se rapprocher de l'écoute humaine ; voir https://charlin-lescharlinales.weebly.com/biographie.html.

19. Il m'en reste un de la collection Sarastro du génial artisan Marcel Vaissaire, créateur de la société Audiotec à Arcueil, qui développait aussi les merveilleux amplis, tuners et enceintes, que j'ai eu la chance de posséder vers 1970. Cinquante ans après, mon tuner FM obtenu après deux ans d'attente fournit toujours un son aussi parfait que le premier jour !

engendrer simplement une liste de nombres (les échantillons) approximant la courbe du son avec une précision suffisante, ou deux listes en stéréophonie, et stocker ces listes sur des supports informatiques standards.

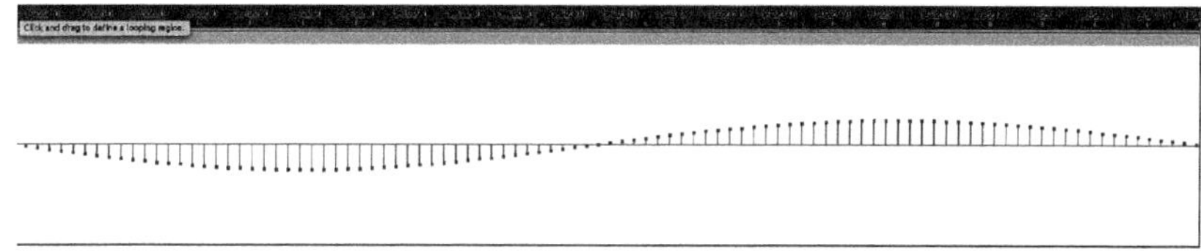

Figure 17. 2,23 millisecondes d'enregistrement numérique du diapason *(image : Gérard Berry avec Audacity).*

La figure 17 montre un zoom puissant sur un enregistrement numérique de 2,23 millisecondes (1 000 millisecondes divisé par 440) du son du diapason, déjà présenté avec un grossissement inférieur dans la figure 12. Le diagramme est fait avec l'aide du logiciel précité Audacity. Avec ce logiciel, qui ne connaît que l'enregistrement numérique, vous pouvez voir ce genre de « courbe discrète » en zoomant suffisamment sur n'importe quel enregistrement sonore.

Mais quelle est la bonne fréquence à laquelle enregistrer ces points ? Ici intervient le théorème central de Harry Nyquist et Claude Shannon : si une onde a toutes les fréquences de son spectre (fondamentale et harmoniques) bornées par une fréquence F, on peut la représenter exactement par une suite discrète de valeurs numériques qui l'échantillonne à une fréquence au moins égale à 2 F. Mais attention : ce théorème exprime que l'échantillonnage doit se faire avec des nombres réels au sens mathématique du terme, donc avec une infinité de décimales pour chaque échantillon – chose évidemment impossible en pratique. Il faut donc se contenter d'une approximation finie pour chaque échantillon, codée sur un certain nombre de bits ; sa valeur est choisie pour être au plus près de la valeur mesurée, en fonction de la taille mémoire souhaitée pour l'enregistrement. C'est ce qu'on appelle la *quantification* du son.

Les choix de la fréquence d'échantillonnage et de la précision de l'approximation sont déterminants pour la qualité de la restitution. Ils dépendent surtout de la technologie, en termes de vitesse de calcul des appareils d'enregistrement et de restitution, de taille de stockage disponible pour les médias physiques de stockage et de ces appareils, ainsi que de leur coût. Plus ces capacités sont grandes, meilleur peut être le son, et mieux on peut le travailler après, avant de le diffuser au public dans des formats demandant moins de puissance et de place.

Techniquement, l'échantillonnage se fait à l'aide d'un dispositif électronique appelé ADC, abrégé *de analog to digital converter*, qui prend en entrée un signal analogique et rend en sortie une série de bits au bon format. Le fichier ainsi obtenu n'est plus qu'un fichier informatique standard, qui ne s'use pas et qu'on peut recopier sans aucune erreur en autant d'exemplaires qu'on veut sur des supports informatiques quelconques comme des CD ou envoyer à l'identique par réseau à l'autre bout du monde. Pour rejouer l'enregistrement, il suffit de donner un par un les nombres enregistrés au dispositif inverse DAC, abrégé de *digital to analog converter*, bien sûr à la même cadence qu'à l'enregistrement. Le DAC est ensuite relié à un amplificateur classique, lui-même relié à des casques ou des haut-parleurs hi-fi, avec des fils comme pour l'analogique ou de plus en plus sans fil en utilisant des protocoles informatiques comme Bluetooth, qui font baisser la qualité – au moins pour l'instant. Les DAC et ADC sont en fait les seuls dispositifs vraiment électroniques restants, si l'on excepte les amplificateurs analogiques traditionnels bien maîtrisés depuis longtemps. La précision du temps de traitement et la qualité de ces dispositifs sont déterminantes pour la fidélité de la restitution.

L'enregistrement numérique, déjà disponible dès les années 1970 dans les magnétophones professionnels, s'est démocratisé avec le CD (*compact disc*) de Philips et Sony dès 1982. Celui-ci, de 12 centimètres de diamètre, contenait au plus 74 minutes et 30 secondes de musique, les passages de 0 à 1 étant représentés par de minuscules cavités de moins d'un micron détectées par un laser. Un CD contient 830 mégaoctets (Mo) utiles, plus un bon tiers pour la correction d'erreurs : cela fait un grand nombre de milliards de minuscules cavités sur un disque. Sa fréquence d'échantillonnage est de 44,1 kilohertz, juste au-dessus de deux fois la fréquence maximale audible. Il utilise des échantillons de deux fois 16 bits, allant donc pour chaque canal de − 8 192 à 8 191 ; c'était aussi le cas de la figure 11, extraite d'un CD de test audio. Au début, le son avait pas mal de défauts à cause des difficultés discutées dans l'encadré précédent, mais les progrès techniques les ont largement gommées pour atteindre un son de haut niveau. Tout cela était remarquable pour l'époque, même si on faisait déjà beaucoup plus fin dans l'enregistrement professionnel pour éviter les artefacts de la quantification.

Un peu de technique : la limitation de la taille des nombres et de la fréquence d'échantillonnage provoque des distorsions harmoniques du son d'autant plus importantes que ce nombre de bits est faible. Un autre phénomène délicat appelé *repliement du spectre* apparaît lors de la reconstruction analogique de l'onde ; celle-ci engendre aussi une onde symétrique autour de la fréquence d'échantillonnage F, donc dans les hautes fréquences où aucune fréquence ne doit être présente si F est bien choisie. Mais cette partie de l'onde reconstruite parasite le signal analogique reconstruit pour des raisons que je n'expliquerai pas ici, si on ne limite pas ses fréquences à F par des montages appropriés après la reconstruction. Le nombre de bits et le filtrage analogique des fréquences supérieures à F doivent donc être bien contrôlés pour avoir une onde restituée de qualité suffisante. Il faut aussi éviter le *souffle,* c'est-à-dire un signal parasite audible comme bruit de fond couvrant un peu toutes les fréquences.

Ces problèmes n'étaient pas bien maîtrisés aux débuts de l'enregistrement numérique commercial, ce qui explique le son désagréablement distordu de certains des premiers lecteurs bas de gamme. Au fil des ans, ils ont été de mieux en mieux compris scientifiquement et résolus pratiquement, d'une part grâce aux progrès des mathématiques des traitements numériques, comme le *bitstream* de Philips, qui ont permis d'éviter ou de gommer beaucoup de distorsions du son restitué, d'autre part grâce à l'augmentation en cours des fréquences d'échantillonnage et du nombre de bits des échantillons.

LA COMPRESSION DU SON

Le son numérique a aussi permis des transformations complètement impossibles en analogique. Une transformation qui a joué un rôle très important, au moment où la mémoire était chère et les accès à Internet lents, est la compression du son, qui peut être de deux types. D'abord, la compression sans aucune détérioration du son, celle du format libre FLAC (Free Lossless Audio Codec), exploite simplement les redondances numériques de la liste de nombres pour obtenir un facteur de compression d'environ 2. Elle n'a aucun inconvénient car la liste initiale des bits 0/1 est restaurée à l'identique.

Mais les compressions avec perte sont bien plus efficaces en termes d'espace mémoire. Ce sont par exemple celles des formats ATRAC de Sony et AAC d'Apple, et du populaire format MP3 du Fraunhofer Institute. Elles permettent de comprimer bien plus mais avec une perte de qualité légère mais quasi inévitable, surtout pour les musiques exigeantes comme la musique classique, à sons très délicats. Ces compressions d'un facteur 5 à 10 étaient indispensables sur les minilecteurs numériques dotés de peu de mémoire comme le Minidisc de

Sony (aussi enregistreur numérique, ce qui m'a beaucoup servi), l'iPod d'Apple et ses concurrents, et aussi pour la transmission sur Internet avec les lignes lentes d'autrefois. Leur utilisation se justifie de moins en moins avec la fibre et les tailles mémoire considérables maintenant disponibles.

LA DEUXIÈME JEUNESSE DU CD, PUIS L'APPARITION DU DVD

Notons aussi que, puisque la musique n'est plus qu'une suite de bits comme les autres, les CD devenus inscriptibles ont aussi servi à stocker des fichiers numériques standards, par exemple pour stocker des MP3, faire des sauvegardes ou distribuer des logiciels : tous les PC avaient des lecteurs-graveurs de CD, la gravure se faisant sur des CD inscriptibles, voire réinscriptibles. Puis le DVD, introduit en 1995, de mêmes possibilités mais de capacité à peu près cinq fois plus grande, est devenu très populaire car il a permis de presser des films avec leur son et d'enregistrer nettement plus de données. Mais les tailles mémoire de ces disques, considérées comme très grandes à l'époque, sont maintenant vues comme bien faibles, les « clefs » USB ayant des capacités mémoire bien plus grandes, tout en étant plus légères et considérablement plus rapides – mais qui se souvient de pourquoi elles s'appellent toujours des clefs ?

Mais l'ère des CD et DVD touche à sa fin, car ils se font progressivement remplacer par les liaisons Internet sur les serveurs de musique. Le dernier né est le SACD (Super Audio CD), format de disque de meilleure qualité mais trop tardif, qui n'a pas eu le succès escompté. De même que nous gardons des vinyles, redevenus à la mode, il faut garder les CD, minicassettes, Minisdic, DVD et SACD, ne serait-ce que pour les montrer aux enfants dans les musées à venir !

LE PASSAGE À L'INTERNET HAUT DÉBIT

On trouve en effet maintenant de la musique numérisée en ligne à une qualité théoriquement bien meilleure, par exemple 2 fois 24 bits échantillonnés à 96 kilohertz, ou encore des enregistrements spatialisés multicanaux. Les principales limites en termes de qualité sont celles des microphones, celles des ingénieurs du son qui les placent, celles des musiciens, et bien sûr celles des haut-parleurs et des oreilles des auditeurs.

Vu la taille considérable des fichiers, il n'est plus intéressant de les stocker sur des dispositifs physiques locaux, rendus obsolètes par les immenses stockages des sites musicaux et la vitesse de l'Internet moderne[20]. Les abonnements à ces sites se généralisent donc. Leurs énormes avantages sont que les fichiers de son ne s'usent pas, contrairement aux disques, qu'ils peuvent se situer dans des serveurs géographiquement répartis, et qu'ils peuvent venir du bout du monde sans la moindre perte de qualité – à condition d'avoir une liaison rapide.

En pratique, pour l'auditeur moyen, il n'est pas forcément nécessaire d'aller si loin dans la qualité de l'enregistrement, car la qualité est limitée à l'écoute par celle du matériel utilisé, qui ne saurait se résumer à un casque sans fil limité par les protocoles de communication informatiques à relativement bas débits actuels.

---

20. Il existe même des techniques dites *de pair à pair*, où les enregistrements sont stockés par petits bouts chez les internautes qui se les envoient les uns aux autres quand ils veulent les écouter, comme le fait Spotify par exemple (voir le chapitre 8).

Les instruments électroniques

Il s'agit ici de faire de la musique, plus seulement de l'écouter. Les instruments acoustiques se sont perfectionnés avec les âges, pour atteindre une conception et une facture qui n'a que peu évolué au cours du 20ᵉ siècle. Mais l'électricité puis l'électronique classique ont permis de construire des instruments aux sons radicalement nouveaux et réellement irréalisables mécaniquement dès les années 1920. Cela a encore profondément augmenté les possibilités offertes aux compositeurs et interprètes. En ce qui concerne l'histoire des instruments mécaniques, électriques ou électroniques, je conseille le merveilleux livre *Les Fous du son* de Laurent de Wilde[21], qui s'arrête avec les dernières créations d'instruments analogiques (non numériques) – j'essaierai de décrire modestement ici les instruments numériques.

L'idée d'un instrument électronique avait été introduite par Léon Thérémine en 1917 avec son étrange instrument nommé « thérémine » qui modifiait le son produit par les battements entre les ondes produites par deux oscillateurs utilisant des tubes électroniques, les changements sonores étant produits par les bras et mains de l'instrumentiste. On dit que Lénine l'aimait beaucoup. Plus important a été l'apport de Maurice Martenot en 1928, avec ses « ondes Martenot » pour lesquelles Messiaen, Varèse ou Milhaud ont composé. Mais ces deux instruments précurseurs sont restés assez confidentiels, même si on peut toujours les acheter et en jouer.

La vraie révolution est venue des guitares « électriques », devenues ensuite guitares électroniques mais en gardant leur

---

21. L. de Wilde, *Les Fous du son*, Grasset, 2016.

nom d'origine. Nées commercialement en 1928 mais sans grand succès initial, elles ont perdu leur caisse de résonance pour devenir des *solid body* dans les années 1930, avant de connaître un succès foudroyant avec les fameuses Stratocaster de Fender et les Les Paul de Gibson ; bien d'autres modèles ont suivi. En écoutant les cordes avec des microphones puis en travaillant électroniquement les sons produits, ils ont permis des sons tout à fait nouveaux, modifiables en temps réel avec des potentiomètres et pédales d'effets. Cela a fait les délices de nombreux musiciens très novateurs, avec par exemple le blues électrique de T-Bone Walker, Muddy Waters, John Lee Hooker et bien d'autres, et bien sûr les Beatles, les Rolling Stones, Jimi Hendrix, Eric Clapton, etc. Des dispositifs fondés sur des filtres électroniques ont été ajoutés, souvent dans des pédales qu'on peut chaîner ; ils agissent non seulement sur les timbres mais aussi sur la structure temporelle des ondes, comme la réverbération qui réinjecte le son avec un décalage temporel pour imiter une chambre d'écho, le *wah-wah* qui modifie l'équilibre des graves et des aigus, le compresseur qui réduit la dynamique et casse les rapports de fréquence, le *phaser* qui réinjecte le signal avec un décalage de phase, etc. Des transformations sonores étonnantes ont été aussi obtenues en faisant travailler les amplificateurs carrément hors de leur zone linéaire normale pour créer des distorsions et saturations de toutes sortes. L'imagination a régné.

Le synthétiseur électronique a fait un pas de plus en se contentant d'un clavier standard et d'un tableau de branchements permettant de mélanger et de distordre de façon très variée des sons de base produits par des oscillateurs électroniques. Il s'est vite avéré très bien adapté pour enrichir encore la musique des années 1960, avec George Harrison des Beatles comme premier grand utilisateur en 1969 pour le disque *Abbey Road*, puis avec d'autres formations comme Pink Floyd et bien d'autres, et aussi une utilisation plus restreinte dans le jazz classique.

Mais, si l'imagination était devenue reine, les instruments électroniques et en particulier les synthétiseurs avaient un problème : les oscillateurs changeaient de fréquences de base en chauffant, ce qui les désaccordait par rapport aux chanteurs et aux autres instruments ; n'était-ce pas paradoxal puisqu'un de leurs buts était de chauffer la salle en jouant juste ? Pour résoudre ce problème, il leur a fallu quitter le son analogique pour le son numérique, ce qui fait complètement disparaître ce problème, mais pas forcément le charme des instruments d'avant.

Produire le son numériquement

Peut-on produire le son de façon purement numérique, sans aucune dépendance physique à la voix et aux instruments ? En théorie oui, puisque produire numériquement une sinusoïde est trivial et puisque la théorie de Fourier explique comment combiner des sinusoïdes pour engendrer des sons arbitraires.

MAX MATTHEWS, LE GRAND PRÉCURSEUR

C'est ce à quoi s'est attelé le chercheur visionnaire Max Matthews dès 1957 aux Bell Labs, à une époque où les ordinateurs étaient pourtant bien lents. Son premier programme MUSIC I lui a permis de réaliser informatiquement une composition monophonique simple de Newman Guttman,

The Silver Scale[22]. Il a été suivi par MUSIC II et III, ce dernier beaucoup plus perfectionné car permettant une composition modulaire de blocs classiques comme des oscillateurs et des mélangeurs, comme on le faisait en musique électronique mais avec plus de souplesse. Mais le calcul d'un morceau était bien long, et donc le temps réel impossible.

MAX MSP ET PURE DATA

La synthèse musicale a été poussée bien plus loin par Miller Puckette, qui a développé le système Max msp (en l'honneur de Max Matthews) à l'Ircam dans les années 1980. Ce logiciel très puissant a été vite utilisé par les compositeurs de musique contemporaine comme Philippe Manoury (qui en parlera de façon bien plus compétente dans un livre à venir), Marco Stoppa, et bien d'autres. À l'époque, sous l'impulsion de Pierre Boulez, l'Ircam avait développé un ordinateur (ou plutôt un processeur de traitement de signal) nommé 4X, qui permettait de jouer la musique en temps réel au lieu de l'enregistrer préalablement ; maintenant, n'importe quel ordinateur portable sait faire ça... Max msp a été diffusé commercialement dès 1990 et reste l'un des logiciels les plus utilisés par les compositeurs et aussi par les amateurs.

Miller Puckette développe depuis plusieurs années un nouveau logiciel *open source* nommé Pure Data, distribué librement sur le Web[23]. Pure Data résout un problème cuisant des logiciels précédents : leur pérennité n'était pas vraiment assurée, soit parce qu'ils ne fonctionnaient que sur des machines très spécifiques comme la 4X, soit parce qu'ils dépendaient de logiciels commerciaux. Au contraire, Pure Data est écrit

---

22. Voir https://www.youtube.com/watch?v=PM64-lqYyZ8.
23. Voir le site https://puredata.info/.

dans le langage C, qui est maintenant devenu le « langage machine portable » de tous les ordinateurs, et son code source est public et librement utilisable. Il est très bien testé, son existence future n'est pas menacée, et celle de la musique qu'il permet de programmer ne l'est donc pas non plus.

D'autres logiciels professionnels payants comme Cubase, Ableton Live ou Garage Band sont souvent utilisés pour d'autres types de musique synthétique. Tous ces logiciels sont capables de synthétiser les sons en temps réel, ce qui permet l'interprétation directe de pièces mixtes entre instruments et ordinateurs.

Toutes ces applications de synthèse reposent sur le fait essentiel que deux sons synthétiques séparés de moins de 15-20 millisecondes sont entendus comme simultanés par nos oreilles. On peut maintenant faire beaucoup de calculs pendant cette durée, éventuellement en utilisant des coprocesseurs spécialisés, mais un simple PC suffit très souvent.

DE LA SYNTHÈSE
À L'APPRENTISSAGE MACHINE

Enfin, les algorithmes d'apprentissage fondés sur les réseaux de neurones profonds de la communauté d'intelligence artificielle (IA) permettent maintenant d'engendrer automatiquement des sons de plus en plus naturels à partir d'un apprentissage lourd, par exemple de voix et d'instruments. Ils permettent aussi de faire des compositions « à la manière de », mais pas encore au niveau de créativité des humains – ce qui est bien normal vu la jeunesse du sujet et la très haute capacité inventive des compositeurs.

ANTESCOFO : LA MUSIQUE HOMME/ ORDINATEUR EN TEMPS RÉEL

On peut aussi faire de la musique mixte homme/ordinateur. C'est le cas pour beaucoup de compositions contemporaines, où la musique jouée par l'ordinateur peut être très différente de celle qui est jouée simultanément par les musiciens, et très complémentaire. Des compositeurs comme Pierre Boulez, Philippe Manoury, Sacha Blondeau et bien d'autres ont écrit beaucoup de pièces de ce type.

Pendant longtemps, l'exercice avait un côté frustrant pour les musiciens : la musique était jouée de façon rigide par l'ordinateur, sans les microchangements de tempos expressifs qui font la vraie bonne interprétation chez les instrumentistes. Pierre Boulez rêvait donc depuis toujours que quelqu'un renverse la situation en développant un système informatique qui écoute les musiciens humains et asservisse sa musique à leur façon d'interpréter, et en particulier à leurs choix de tempo en obéissant en temps réel à ses légères variations expressives.

C'est ce qu'a réussi à faire à la fin des années 2000 Arshia Cont, un jeune doctorant de Philippe Manoury et Miller Puckette, avec son système Antescofo dont le développement continue à l'Ircam dans l'équipe de Jean-Louis Giavitto. Le cœur de ce système est un programme d'écoute : il a comme données la partition concernée et le son, et va détecter en temps réel à quel moment exact chaque note est jouée par les musiciens, ou au moins par l'un d'entre eux comme le premier violon – ce qui peut devenir très difficile dans les compositions contemporaines. Il va alors mettre à jour en temps réel le tempo de la musique jouée par l'ordinateur pour qu'il s'adapte aux musiciens. Je n'expliquerai pas davantage ce système très sophistiqué. Mais, dès la sortie des premiers prototypes, il a gagné le cœur des compositeurs et a été utilisé un peu partout dans le monde. Il a ensuite été perfectionné constamment, avec des mécanismes de rattrapage des inévitables erreurs qui soient programmables par le compositeur, et d'autres améliorant sa souplesse globale.

Antescofo continue sa carrière en musique contemporaine, mais il est aussi développé commercialement sous le nom de Metronaut par Arshia Cont lui-même et ses ingénieurs dans une société indépendante aussi appelée Antescofo. L'application fonctionne sur les téléphones et tablettes, pour un prix modeste par rapport à ceux des logiciels du secteur. Elle est mise à la disposition sur abonnement pour les musiciens amateurs et les conservatoires. On peut par exemple jouer la partie soliste d'une pièce dont la partition défile en temps réel sur une tablette ou un téléphone, l'accompagnement étant joué par cet appareil au tempo choisi par le soliste, Antescofo s'adaptant en temps réel à la façon de le faire varier. Cet accompagnement peut être soit synthétisé en direct, soit préenregistré. Pour s'entraîner, on peut ainsi travailler un allegro d'un concerto pour piano de Mozart à un tempo plus lent, l'accompagnement d'un orchestre enregistré s'adaptant automatiquement à ce tempo sans pour cela changer de hauteur ni de timbre musical comme lorsqu'on ralentissait une bande magnétique ou un disque : cette fonction essentielle de changements en continu de vitesse du jeu est maintenant standard et réalisée par des modules logiciels dédiés, encore merci à Joseph Fourier !

TRANSFORMER LE SON

Les techniques informatiques du son sont bien sûr aussi utilisées pour transformer des sons de toutes sortes, y compris la voix, objet de beaucoup de recherches. Un jour, à l'Ircam, on m'a demandé de lire un texte, puis on a laissé l'ordinateur qui m'avait enregistré calculer une ou deux minutes. Ce qu'il en est ressorti était étonnant : ce que j'ai dit a été répété, mais avec la voix d'André Dussollier, plus du tout avec la mienne, tout en gardant mes intonations ! Arriver à un tel résultat est spectaculaire mais n'a rien de facile.

Beaucoup d'autres transformations sont possibles désormais. Soyons clairs : avec le son numérique, il n'y a aucune barrière, sauf celles de nos esprits et de nos moyens d'expression. Par exemple, en acoustique, on peut produire du son réellement 3D dans les concerts en contrôlant plusieurs dizaines de haut-parleurs, je n'expliquerai pas comment ici.

Les ondes électromagnétiques

Les ondes électromagnétiques sont très variées, des « ondes courtes, petites ondes et grandes ondes » qui ont permis le développement de la radiodiffusion aux ondes ultracourtes et donc de très grandes fréquences des rayonnements X et gamma, en passant par la lumière visible et ses alentours. Leurs effets sur nous et sur la matière sont très variés, dépendant principalement de la longueur d'onde. L'analyse de Fourier est ici tout aussi pertinente que pour le son, mais nous n'en parlerons plus beaucoup dans la suite. Commençons par la lumière, celle qui nous est la plus intuitive.

LA LUMIÈRE VISIBLE

À tout seigneur tout honneur, commençons par les ondes de la lumière visible, pour lesquelles on parle davantage des longueurs d'onde que des fréquences. Ici, elles vont en gros de 380 nanomètres (millionièmes de mètre, en abrégé nm) pour le violet à 700 nanomètres pour le rouge, cette notion de couleur étant purement humaine car les autres animaux ne voient pas comme nous. Les ondes visibles excitent les cônes et les bâtonnets de nos yeux, leurs cellules sensibles à la lumière. Mais, si la lumière visible circule bien dans l'air et le verre, ce qui nous permet de voir loin et de construire nos fibres optiques, elle est bloquée par des obstacles très simples, comme nos paupières – ce qui nous permet de dormir. Les ondes visibles sont aussi décomposées par leurs parcours dans l'atmosphère quand le Soleil est bas, ce qui nous donne les couleurs orange puis rouges des couchers de soleil, et le fameux « rayon vert » pour les chanceux[24]. Enfin, ces ondes modifient les molécules des pellicules photographiques ou les charges électriques des capteurs des appareils photos et caméras numériques, ce qui nous permet de conserver nos photos.

Nous avons dans nos yeux quatre types de cellules sensibles. Les bâtonnets (environ 120 millions) tapissent la rétine ; ils sont très sensibles, détectant quasiment des photons individuels, et réagissent à de grandes plages de fréquences mais sans faire la différence entre elles, donc voyant seulement la luminosité en noir et blanc ; mais ils saturent vite et nous permettent surtout de voir la nuit. Les cônes pigmentés (environ 5 millions) sont principalement présents dans la fovéa, une toute petite zone de la rétine. Ils sont bien moins sensibles, ce qui explique que nous perdions la vue en couleurs quand il fait sombre. Ils sont de trois sortes : ceux plus sensibles au rouge, vers 500-680 nanomètres mais avec une courbe en cloche centrée sur 564 nanomètres ; ceux plus sensibles au

---

24. J'en ai fait partie seulement une fois, en avion, avec un somptueux rayon vert pile sur le mont Blanc.

vert (480-650 nanomètres, centré sur 553 nanomètres) ; puis ceux plus sensibles au bleu (380-550 nanomètres, centré sur 437 nanomètres), de longueurs d'onde plus faibles et donc de fréquences plus élevées (les aigus de la vision) ; ces derniers sont moins nombreux. Mais les autres mammifères ont moins de sortes de cônes que nous, alors que les oiseaux en ont beaucoup plus et sont sensibles à quatre couleurs : les aigles voient une souris à 1,5 kilomètre de distance !

Les cônes et bâtonnets sont connectés à la rétine, qui n'envoie pas du tout l'image au cerveau comme c'est encore raconté partout, mais est en fait un processeur de traitement du signal complexe qui envoie au cerveau une vingtaine de films simultanés mais différents contenant chacun une partie de l'information (contours et couleurs, par exemple) que le cerveau transforme en image virtuelle selon ses connaissances préalables[25]. Savez-vous que nous ne voyons net que dans la fovéa, toute petite, que nous ne voyons les couleurs que dans un angle d'au maximum 60° centré sur elle, et que nous bougeons sans cesse les yeux pour analyser n'importe quelle scène ? Pourtant, l'image que nous voyons est fixe et en couleurs partout ! Les magiciens sont experts à exploiter cette espèce d'image virtuelle dont nous croyons voir tous les détails, pour faire des tours dans notre champ visuel que nous ne voyons absolument pas, cela simplement en nous faisant focaliser notre attention sur un point précis où ils prétendent que les choses se passent.

---

25. Voir le séminaire de Boton Roska, professeur à la faculté de médecine de Bâle (Suisse), *The First Steps in Vision : Real and Imaginary processes*, donné en 2016-2017 dans le cours au Collège de France de José Sahel, créateur de l'Institut de la vision : https://www.college-de-france.fr/fr/agenda/seminar/see-more-visual-restoration-in-perspective/the-first-steps-in-vision-real-and-imaginary-processes.

LES VOISINS DU DESSUS

À l'étage du dessus, donc de fréquences plus élevées et de longueurs d'onde plus faibles, les ultraviolets ont des effets différents sur nous suivant les fréquences. Les UV-A (380-315 nanomètres) pénètrent notre peau. Ils nous font bronzer et secréter la vitamine D lors d'une exposition modérée, mais abîment la peau si on les reçoit trop longtemps. Les UV-B (315-280 nanomètres), plus énergétiques, sont en partie absorbés par l'atmosphère ; ils ne pénètrent que les couches superficielles de la peau et contribuent à la production de la vitamine D, mais provoquent à plus haute dose des coups de soleil et peuvent faire démarrer des cancers de la peau. Les UV-C (280-100 nanomètres), encore plus énergétiques, sont filtrés par l'atmosphère et ne nous atteignent pas.

LES RAYONS X ET GAMMA

Deux étages au-dessus, les rayons X ont été découverts un peu par hasard en 1895 par Wilhelm Röntgen, le premier prix Nobel de physique. Ici, on parle de fréquence, les longueurs d'onde devenant trop courtes. Leur fréquence est très grande, de 30 PHz à 30 EHz, en clair de 30 pétahertz (1 million de milliards de hertz) à 30 exahertz (1 milliard de milliards de hertz). Ils proviennent du nuage d'électrons autour du noyau des atomes. Ils sont très énergétiques, mais vite absorbés par l'atmosphère – ce qui oblige les astronomes à mettre leurs télescopes à rayons X dans l'espace. Et nos précieux appareils de radiologie et scanners médicaux sont fondés sur eux, car ils sont absorbés différemment par les diverses matières. Attention : l'imagerie par résonance magnétique (IRM), maintenant répandue partout, n'est pas fondée sur les rayons X mais sur d'autres mécanismes subtils liés aux interactions entre champs électromagnétiques et noyaux atomiques !

Au grenier, les rayons gamma, de longueur d'onde encore plus courte et donc encore plus énergétiques, proviennent directement de la désintégration du noyau des atomes. Il vaut mieux les éviter.

LES VOISINS DU DESSOUS : D'ABORD LES INFRAROUGES

Et hop, on reparle en fréquence ! De fréquence plus basse (300 gigahertz-400 térahertz), et donc de plus grande longueur d'onde que la lumière visible, les infrarouges nous apportent la chaleur du Soleil, mais aussi celle de nos radiateurs. On les appelait dans le temps la « chaleur invisible ».

LES MICRO-ONDES

Sous les infrarouges, on trouve les micro-ondes, en gros de 1 à 300 gigahertz. À 2,45 gigahertz, fréquence où les molécules d'eau vibrent, les micro-ondes nous servent à chauffer nos aliments dans les fours éponymes. Pour les télécommunications, le spectre micro-onde s'étale entre 700 mégahertz et 2,7 gigahertz, par exemple à 2,4 gigahertz pour le wi-fi et le Bluetooth (canaux libres et ouverts à qui veut) et avec plusieurs bandes de fréquence dédiées à la téléphonie mobile, de la 3G à la 5G. Le GPS utilise précisément les fréquences 1,57542 et 1,22760 gigahertz.

LES « ONDES RADIO »

Les ondes radio sont par convention de fréquence plus petite que 300 gigahertz. En descendant, on trouve d'abord la « très haute fréquence » de la bande MF (FM en anglais) de la radio moderne, de la gendarmerie, etc., puis les « ondes courtes » des radio-amateurs suivies des « ondes moyennes » qui culminent à 3 MHz et enfin des premiers récepteurs radio « grandes ondes » qui vont en descendant de 30 kilohertz à 300 hectohertz. Les propagations de ces ondes sont très différentes : les ondes MF ne portent pas très loin et n'aiment pas trop les obstacles, les ondes moyennes portent plus loin mais sont plus parasitées, les grandes ondes portent beaucoup plus loin comme nous l'avons vu au chapitre 4 avec l'émetteur d'Allouis ; quant aux ondes courtes, elles peuvent faire le tour de la Terre en rebondissant sur l'ionosphère, ce qui a fait le bonheur des radio-amateurs !

Deux moyens différents ont été déployés pour coder l'information à transmettre (musique et voix surtout) suivant la longueur d'onde : la *modulation de fréquence* pour la MF, initiales de ce terme, dans laquelle on garde constante l'amplitude de l'onde et on fait varier la fréquence, et la modulation d'amplitude pour les grandes ondes, les petites ondes et les ondes courtes où l'on modifie l'amplitude du signal à fréquence constante ; la modulation d'amplitude était bien plus simple à réaliser aux débuts de la radio, mais ne permettait pas d'avoir la grande qualité musicale réalisée plus tard par la MF, inventée en 1933 mais devenue populaire seulement dans les années 1950-1960 car demandant des récepteurs plus complexes et plus chers.

Je n'en dirai pas plus ici. Mais tous les chiffres mentionnés ci-dessus montrent l'unité conceptuelle du rayonnement électromagnétique, la variété de ses interactions avec la matière et de ses effets sur nous, mais aussi le nommage de ses plages de fréquences qui est directement issu de notre propre histoire.

Communiquer par les ondes : *les signaux*

Les ondes ont aussi rapidement trouvé des applications majeures qui ont transformé le monde en permettant de transmettre quasi instantanément toutes sortes d'informations sous forme de *signaux*. Je parlerai ici des créations humaines qui permettent à des hommes et des machines de communiquer entre eux, à condition de s'être entendus sur la façon dont ils codent l'information à transmettre. Le plus souvent, il s'agit d'utiliser une onde de façon codée : avec les ondes sonores, parler, crier, taper sur un tambour, faire tonner un canon, etc. Avec la lumière visible, bouger d'une certaine façon visible des interlocuteurs (faire un clin d'œil, lever son bras ou actionner ceux d'un télégraphe Chappe par exemple). Avec les ondes électromagnétiques, donner un « coup de fil » maintenant sans fil. Étudions l'histoire de cette communication codée.

L'EXTRAORDINAIRE EXPANSION DU TÉLÉGRAPHE

Les inventions de la pile, de l'électroaimant et de la transmission de l'électricité sur des fils (dirigée par une onde électromagnétique, qui le sait ?) avaient déjà permis de créer le télégraphe électrique, qui a changé le monde à un point que nous ne soupçonnons plus. Il est apparu d'abord en Angleterre en 1837 à la suite des travaux de Cooke et Wheatstone, en utilisant un pointage direct sur un tableau de lettres. Mais le vrai essor du télégraphe est dû à Samuel Morse en 1840 aux États-Unis, son fameux code discret *ti-ti-ta* étant dû à son assistant Alfred Wall. La première ligne entre Baltimore et Washington date de 1843.

La révolution qu'a engendrée le télégraphe quant à l'usage et la perception du temps a été à nulle autre pareille dans l'histoire de la communication, se développant encore plus vite qu'Internet plus d'un siècle plus tard, et avec des impacts tout aussi considérables dans la société et l'économie.

Par exemple, vers 1850 la communication par courrier entre la côte Ouest et la côte Est des États-Unis prenait encore des mois car elle était surtout effectuée par bateau. En 1860, les chevaux et cavaliers du mythique Pony Express traversaient en dix jours l'Ouest des États-Unis, du Missouri facilement accessible de New York jusqu'à Sacramento, près de San Francisco. C'était une réduction de temps gigantesque. Mais le Pony Express et ses cavaliers furent balayés en dix-huit mois par l'installation du télégraphe d'un bout à l'autre du continent.

En quelques années, le télégraphe a été installé dans tous les États-Unis par de nombreuses compagnies, et deux métiers majeurs à l'époque sont apparus : les télégraphistes qui manipulaient l'appareil et les coursiers qui livraient les télégrammes et les faisaient aussi passer d'un bureau à un autre quand il fallait changer de compagnie de transmission sur le trajet.

Puis le télégraphe s'est rapidement étendu dans le monde entier avec les câbles sous-marins reliant l'Amérique du Nord et l'Europe dès 1866, avant d'atteindre aussi les Indes et les grandes îles comme l'Australie. Le premier câble trans-manche entre Douvres et Calais date de 1851, le premier

câble transatlantique entre l'Irlande et Terre-Neuve date de
1866. L'Inde, la Chine et le Japon furent connectés au reste
du monde en 1870, l'Australie en 1871 et l'Amérique du
Sud en 1874. Partout, le télégraphe changeait les vitesses de
communication de plusieurs ordres de grandeur : par exemple,
un message pour l'Australie transmis depuis l'Angleterre mettait des mois en bateau, et seulement des secondes ou minutes
par le télégraphe. Nous ne connaissons plus des réductions de
cet ordre, qui ont changé la face du monde au moins autant
que notre Internet, d'autant plus que nous étions déjà habitués
aux communications de longue distance.

Le télégraphe a renforcé la supériorité de l'Angleterre en
Europe, les Français restant longtemps arc-boutés sur le télégraphe Chappe, une fierté nationale qui avait fait ses preuves
depuis 1791. Ce n'est hélas pas la dernière fois que la France
s'est tournée vers son glorieux passé plutôt que vers l'avenir
plus incertain – l'informatique répète encore ceci maintenant.

Pour le lecteur intéressé, le livre *The Victorian Internet* de Tom
Standage (en anglais[26]) est une excellente source d'informations
étonnantes ; il est de plus merveilleusement écrit.

UN EFFET DE BORD DU TÉLÉGRAPHE :
LA TRANSMISSION PNEUMATIQUE

C'est pour accélérer le transfert des télégrammes entre les
bureaux qu'a été créé encore une fois aux États-Unis un nouveau mode de communication : le pneumatique avec ses ondes
de pression dans l'air, plus efficace que les coursiers pour ce
job ! Des réseaux de transmission pneumatiques ont été aussi
installés dans les villes, par exemple à Paris en 1868 jusqu'à
sa disparition seulement en 1984, avec une distribution des

---

26. T. Standage, *The Victorian Internet*, Walker and Company, 1998.

« petits bleus » aussi rapide que celle des télégrammes. C'est un petit bleu qui a lancé l'affaire Dreyfus en 1894. Nous avons vu au chapitre 4 que les horloges de Paris étaient aussi réglées par des réseaux pneumatiques.

PUIS LE TÉLÉPHONE
BALAYA LE TÉLÉGRAPHE

Ensuite est arrivé le téléphone, qui transmet vraiment des ondes électromagnétiques de bout en bout et quasi instantanément à notre échelle : le microphone convertit les ondes pneumatiques de la parole en ondes électriques, reconstruites par l'écouteur à l'autre bout. Antonio Meucci semble l'avoir créé dans les années 1850-1870, avec le dépôt d'un avertissement de brevet, devenu obsolète quatre ans après. Graham Bell déposa un vrai brevet en 1876, sans d'ailleurs lui-même estimer son invention, peut-être issue du travail de Meucci auquel il pouvait avoir eu accès. Elisa Gray a aussi innové dans le sujet à la même époque. Dès 1891, on pouvait s'abonner au théâtrophone pour écouter chez soi et en direct un opéra joué au Palais Garnier !

Mais l'invention clef pour l'extension du réseau téléphonique a été le central téléphonique, d'abord manuel avec ses tableaux de prises et ses cordons permettant de les relier les unes aux autres, puis automatisé avec le commutateur électromécanique – objets majeurs qu'on oublie bien trop souvent alors que ce sont vraiment eux qui ont rendu le téléphone utile en réduisant drastiquement le nombre de fils. Le premier commutateur électromécanique rotatif fut créé par Almon Stowger aux États-Unis en 1891, alors qu'il était entrepreneur de pompes funèbres (!), mais le célèbre cadran circulaire à trous des téléphones à fil ne fut créé qu'en 1904.

Si le téléphone s'est très vite répandu dans la plupart des pays développés, cela n'a encore une fois pas été le cas en France, où il était surtout utilisé par les notables dans des petits réseaux ruraux. Dès 1890, Julien Brault écrivait : « En France, nous avons toujours la déplorable habitude de nous montrer méfiants pour les nouvelles inventions, ou trop légers à leur égard, et de ne songer à les adopter qu'après une longue application à l'étranger. Nous perdons toujours ainsi un temps précieux[27]. »

En 1971, j'ai dû me battre pour avoir droit à une ligne téléphonique, alors que j'habitais à 4 kilomètres de Paris. En 1977, un siècle après les premières installations en France, seulement un tiers de la population française y était raccordé, et pas toujours par l'automatique. Je me souviens qu'en 1978 j'appelais encore mes cousins du Gers depuis chez moi à Sophia-Antipolis en demandant à la standardiste de me passer « le 23 à Beaucaire-sur-Baïse, dans le Gers ». Une fois s'est même produit un dialogue rigolo entre une standardiste des Alpes-Maritimes et une autre de Toulouse, qui ont mis un certain temps à s'occuper de moi car elles se connaissaient mais ne s'étaient pas parlé depuis longtemps ! Et, bien sûr, il faut toujours regarder le merveilleux sketch de Fernand Raynaud « Le 22 à Asnières », qui a eu un immense succès solidement mérité. Ce n'est que dans les années 1980 que la situation s'est améliorée en France avec le grand plan téléphone et la généralisation progressive des nouveaux centraux appelés « électroniques » mais en fait informatiques, fondés sur la numérisation du son.

---

27. C'est toujours vrai en ce qui concerne l'informatique, qui est devenue la première industrie du monde, mais dans laquelle la France n'a qu'une entreprise parmi les 100 premières : Orange, dont bien peu savent qu'elle fait effectivement surtout de l'informatique, vu que les télécoms modernes en dérivent directement...

Nous avons connu exactement la même inertie française lors du développement du téléphone portable qui exploite les ondes radio, longtemps mal aimé, et aussi lors de celui d'Internet qui allait franchement contre les intérêts de France Télécom, devenu un peu trop tout-puissant et soucieux de l'avenir de son Minitel qui avait atteint la très grande taille. Le Minitel n'était pas un réseau ouvert d'ordinateurs, ce qui l'a fait disparaître assez rapidement plus tard sous la poussée d'Internet, mais il rapportait beaucoup à cette entreprise en fournissant des services payants avec un débit assez raisonnable à 18 millions de personnes, ce qui en faisait le plus grand réseau mondial de l'époque – mais devenu minuscule maintenant.

LA RADIO ET LA TÉLÉVISION

La radio est l'exploitation directe de la propagation des ondes électromagnétiques dans l'air et à travers des corps solides (des murs par exemple), qui se fait bien sûr à la vitesse de la lumière. C'est une invention d'un calibre technique bien supérieur à celle du téléphone, car pour elle il fallait vraiment comprendre, construire et transmettre sans support physique des ondes électromagnétiques bien plus complexes que le simple courant électrique. Elle a été mise au point par Eduardo Marconi en 1899 à la suite des travaux d'Édouard Branly sur l'électromagnétisme. Comme elle était partiellement d'origine française, elle a eu un succès immédiat chez nous.

Les fréquences de la radio ont déjà été données ci-dessus. Mais comment fonctionne la transmission du son ? Au début elle utilisait le principe de la modulation d'amplitude : on émet une onde de fréquence fixe et on code le signal par l'amplitude de cette onde, qui est liée à la puissance du son. Le décodage à la réception est simple à partir d'un bon oscillateur électronique accordable sur une gamme de fréquences. Il existait même des postes à galène, un sulfure de plomb capable de faire ça tout seul en alimentant un écouteur. Mais on pouvait faire bien mieux pour pas cher : le premier poste en kit que j'ai construit à 13-14 ans n'avait qu'une diode et un transistor, mais il me permettait de trembler dans mon lit en écoutant la fameuse émission *Les Maîtres du mystère*. Ensuite, on est passé à la modulation de fréquence (MF), brevetée en 1933 puis diffusée en France en 1958, dans laquelle l'amplitude n'est plus significative : l'information était désormais portée par des oscillations fréquentielles autour de la fréquence nominale. C'est plus compliqué, mais bien meilleur car plus stable et de son quasi parfait, et ça a pris le dessus dans les années 1960.

La télévision a repris les mêmes principes mais de façon plus complexe, surtout avec la couleur. Sa bande de fréquence (UHF pour *ultra high frequency*) va de 300 mégahertz à 3 gigahertz. Elle est maintenant devenue numérique, avec un bien meilleur usage des bandes de fréquences et une qualité bien meilleure. Curieusement, la radio n'est pas passée au numérique, bien que cela ait été plusieurs fois annoncé. Le passage au numérique a pu se faire pour les anciens postes de télévision en ajoutant un petit boîtier de conversion, ce serait loin d'être pratique pour votre « transistor » portable !

On peut se demander quel sera l'avenir de la radio et de la télévision hertziennes à l'âge d'Internet et de la fibre optique. La musique est maintenant majoritairement jouée par les tablettes et les téléphones portables qui ont remplacé les postes à transistors, et la télévision à la maison est de plus en plus transportée par la fibre, par l'intermédiaire d'Internet. Mais le coût énergétique de l'émission de longues séquences comme les films par les réseaux de téléphone reste considérable. Il faut vraiment passer dès qu'on peut à la wi-fi alimentée par la fibre.

LES FIBRES OPTIQUES

La connexion fixe à Internet par fibre optique se généralise maintenant, en particulier en France grâce à un plan dédié (mais non sans encombre à cause de la dépendance à des strates parfois épaisses de sous-traitants peu formés). Ici, on profite de l'extraordinaire pouvoir de conduction de la lumière laser de très haute fréquence par ces fibres minuscules à des distances considérables, qui se comptent maintenant en centaines ou milliers de kilomètres. Les plus classiques ont un diamètre de 50 microns dans une gaine d'au total 150 microns, proche d'un cheveu. L'utilisation de la conduction de la lumière par le verre est très ancienne, connue même des Grecs et des Vénitiens qui en faisaient des objets décoratifs. Mais elle a été perfectionnée au point de porter des communications à très haut débit (plusieurs gigabits par seconde) avec une longueur d'onde typique de 1,55 micron, proche de l'infrarouge. Les fibres ont des avantages considérables par rapport aux réseaux cuivrés initialement conçus pour le téléphone, qui avaient aussi permis d'accéder à Internet par l'ADSL[28] : elles sont beaucoup plus rapides, consomment beaucoup moins d'énergie que les fils de cuivre et que les réseaux hertziens 4G ou 5G, elles sont maintenant partout sous la mer, et elles jouent un rôle fondamental dans les communications intercontinentales. C'est aussi pour cela qu'elles sont devenues des objectifs stratégiques majeurs dans les conflits, avec des sous-marins amis ou ennemis qui patrouillent autour d'elles...

---

28. *Asymetric digital subscriber line.*

LES RÉSEAUX SANS FIL

Ce sont ceux qu'on continue à appeler les réseaux de *téléphone* sans fil, bien que la transmission de la voix ne soit qu'une petite partie de leurs fonctions (en gros 1 %) car nos smartphones sont devenus des terminaux internet standards, donc gouvernés par le protocole IP comme tout ce qui touche à Internet.

Plusieurs générations ont été développées successivement, appelées 2G, 3G, 4G, 5G. Elles diffèrent par les bandes de fréquences de plus en plus hautes, mais aussi et surtout par les techniques mathématiques de plus en plus sophistiquées utilisées pour le codage et la correction d'erreur. Elles permettent à chaque génération d'augmenter le débit utile d'un facteur 10 en diminuant la consommation d'autant, ce qui est considérable. Par exemple, la 3G reposait sur une invention du traiteur de signal Claude Berrou à Télécom Bretagne, les *turbocodes* fondés sur le calcul des probabilités ; ils permettent en pratique d'atteindre la limite de Shannon pour la transmission d'information, alors qu'on pensait juste avant que ce serait impossible, et de loin. La 4G utilise un codage différent mais avec les mêmes propriétés, et elle est directement fondée sur IP ; c'est elle qui a vraiment permis l'Internet portable. La 5G, à fréquences plus élevées, permet de parler à plusieurs antennes à la fois, ce qui est très important dans les endroits encombrés, dont les villes. Elle offre des débits de pointe comparables à ceux de la fibre optique, et aussi la possibilité de se construire son propre réseau virtuel étanche au sein du grand réseau, sans devoir installer des équipements supplémentaires, ce qui est crucial pour l'indus-trie. La 6G, en gestation, pourrait être capable d'interfacer des milliards d'objets informatisés. Et les réseaux terrestres se font compléter à toute allure par des flottes de satellites, indispensables dans les endroits où il serait peu économique d'installer des antennes, ou encore quand un ennemi peut couper les réseaux terrestres (comme en Ukraine).

Le nombre de smartphones a explosé depuis leur introduction en 2007 et n'est pas loin de couvrir la population mondiale, même si Steve Ballmer, alors P-DG de Microsoft, avait doctement affirmé après la première présentation de l'iPhone par Steve Jobs[29] que « cet objet n'aur[ait] aucun avenir industriel » !

Le retournement temporel

Voici un titre bien mystérieux – mais attention, il ne s'agit pas du tout de revenir dans le passé. Le retournement temporel est une technique conceptuellement simple mais utilisée de façon particulièrement brillante dans divers domaines des ondes par mon collègue Mathias Fink, membre de l'Académie des sciences et professeur à l'ESPCI, l'École supérieure de physique et de chimie de Paris, où officiait le célèbre physicien Pierre-Gilles de Gennes (prix Nobel 1991). L'idée de base est d'exploiter le fait que certains phénomènes physiques sont invariants par retournement du temps. Expliquons-la d'abord par un exemple en mécanique classique.

Prenons un billard rectangulaire parfait, sans frottements, et frappons une boule dans n'importe quelle direction : elle

---

29. Ou plus précisément de l'équipe de Jean-Marie Hullot avec qui j'avais travaillé quand nous étions jeunes, et qui avait déjà beaucoup apporté d'idées novatrices à la NeXT Machine et au Mac d'Apple. Voir https://www.college-de-france. fr/fr/agenda/seminar/fundamental-discovery-technological-invention-innovation-scientific-journey/mecanismes-de-innovation-ere-digitale-une-etude-de-cas.

va suivre une certaine trajectoire, en tapant dans les bandes du billard. Supposons qu'on arrête brusquement la boule et qu'on la renvoie exactement dans la direction d'où elle vient à la même vitesse. Alors, elle va parcourir la trajectoire exactement inverse jusqu'à revenir à son point de départ, comme si on avait retourné le temps. Cependant, elle ne va pas s'arrêter brusquement en ce point (sauf si on l'y attrape) mais va continuer sur une nouvelle trajectoire.

Prenons maintenant un billard circulaire, et remplaçons-y un arc de cercle par une bande droite rebondissante. Sur un tel billard, on peut montrer qu'une boule lancée dans n'importe quel sens et sans frottement finira par toucher tous les points de toutes les bandes ; on dit que ce billard est *ergodique,* c'est-à-dire tel que toute statistique sur les trajectoires est étudiable à partir d'une seule d'entre elles si elle est suffisamment longue[30]. Mais si on laisse la boule faire une longue trajectoire puis qu'on la stoppe pour la relancer dans la direction inverse de celle d'où elle vient mais avec une erreur d'angle même infime, elle finira par faire une trajectoire complètement distincte de l'inverse de sa trajectoire initiale : la mécanique classique n'aime pas l'ergodicité.

En revanche, la propagation des ondes l'adore, car les ondes sont spatiales au lieu d'être ponctuelles comme les boules de billard. Voici un autre exemple tout simple, à partir d'un rideau d'arbres assez dense. Mettez d'un côté un bipeur sonore, et de l'autre une rangée de micros reliés chacun à un enregistreur qui commande un haut-parleur. Envoyez un bip depuis le bipeur. Les micros vont recevoir chacun un signal sonore assez complexe et bien plus long que le bip

---

30. La notion d'« ergodicité » date du 18e siècle et a été développée en particulier par Ludwig Boltzmann pour la théorie cinétique des gaz. Il est le père de la physique statistique, qui joue maintenant un rôle important dans un nombre de domaines toujours croissant.

originel à cause des chemins multiples dus aux échos sur les arbres. Rejouez ensuite de l'autre côté tous les enregistrements en même temps mais *à l'envers* dans les haut-parleurs, comme lorsqu'on retournait la bande d'un magnétophone. Le son ne sera pas confus du côté du bipeur : la recombinaison des ondes retournées produira au contraire un bip au point où est placé le bipeur, ou plutôt dans une région d'une demi-longueur d'onde du son autour de lui (disons 40 centimètres de diamètre si on a émis un *la* à 440 hertz, longueur d'onde 77 centimètres). Ailleurs, on n'entendra quasiment rien. L'onde renversée a refocalisé sur l'émetteur. C'est bien plus qu'une curiosité, car les applications sont nombreuses et variées. Je ne vais en donner ici que deux exemples spectaculaires parmi beaucoup d'autres.

Tout le monde connaît l'échographie qui permet de visualiser et d'explorer sans danger et de façon très économique divers organes du corps humain et bien sûr le fœtus chez les femmes enceintes. Un échographe utilise des barrettes de céramiques piézo-électriques qui émettent des ultrasons de fréquence élevée, allant de 1,5 mégahertz jusqu'à plusieurs dizaines de mégahertz, puis écoute les échos que ces mêmes céramiques reçoivent pour reconstituer une image. Mais le retournement temporel permet d'aller bien plus loin, par exemple avec l'élastographie développée par Supersonic Imaging, société issue du laboratoire de Mathias Fink. Sans entrer dans les détails, disons qu'elle utilise les échos retournés pour focaliser finement sur des structures suspectes de façon à leur appliquer, par les ondes, des forces mécaniques de cisaillement qui permettent de mesurer l'élasticité des tissus. En particulier, les tumeurs cancéreuses étant bien plus rigides que les tissus environnants, elles apparaissent avec un contraste et une finesse de détails très supérieurs à ceux obtenus avec les échographes classiques, tout en utilisant le même matériel de base. Supersonic Imaging a été racheté par la société américaine Hologic en 2019.

En télécommunications, la 5G diffère profondément de la 4G par l'utilisation systématique pour l'émission et la réception d'antennes multiples, dont les éléments sont habituellement placés dans des rectangles de miniantennes, chacune émettant avec une puissance soigneusement calculée ; c'est ce qu'on appelle le MIMO (*multiple input multiple output*). Avec des techniques classiques en radio, on peut soit utiliser quelques antennes individuelles pour émettre le même message, soit découper le message en sous-messages transmis simultanément sur plusieurs de ces antennes, soit orienter et contrôler le faisceau d'ondes envoyées vers un récepteur donné, ce qui diminue à la fois l'énergie nécessaire pour la communication et l'exposition aux ondes hors du lobe directionnel choisi. En utilisant des algorithmes de retournement temporel, on commence à construire des antennes relais à partir de composants électroniques passifs très simples qui n'ont quasiment pas besoin d'énergie pour fonctionner mais redirigent le faisceau d'ondes entrantes un peu où l'on veut, par exemple dans un endroit non atteignable par une antenne émettrice classique. Cela pourra réduire le nombre d'antennes émettrices, en particulier dans les villes, et donc aussi l'énergie nécessaire ainsi que l'exposition de la population aux ondes. De plus, les antennes relais pourront être déguisées de beaucoup de façons pour passer inaperçues dans leur environnement. Cette technologie est développée par Greener Wave, une société également issue de l'institut Langevin, et expérimentée par plusieurs entreprises de télécommunications.

Notre cerveau aussi marche
à coups d'ondes et de signaux

L'anatomie fine du cerveau humain est connue depuis longtemps, en particulier grâce aux travaux de Ramón y Cajal et Camillo Golgi, prix Nobel de médecine en 1906. Pour faire (très) simple, on sait qu'il est découpé en zones fonctionnelles distinctes, avec un grand réseau nerveux qui relie ces zones et le thalamus qui sert de grande plateforme d'échanges d'informations avec le système nerveux périphérique. On sait aussi que son composant informationnel actif est le neurone, cellule qui reçoit des stimuli par ses nombreuses dendrites et renvoie ses résultats par son axone, lui-même connecté à des très nombreuses dendrites d'autres cellules. Mais nous nous intéresserons ici à l'échange de signaux plus qu'à l'anatomie.

Le fonctionnement d'un neurone peut se raconter de façon simple, quoique bien sûr approximative. Au départ, l'axone est électriquement inerte. Quand il a été suffisamment excité par les signaux reçus par ses dendrites depuis ses synapses avec d'autres neurones, il produit une série d'impulsions électriques très brèves, appelée *train de potentiels d'action* (en anglais *a neuron sends a spike train when it fires*, plus direct). Ces potentiels d'action ont la forme d'une tension montant quasiment verticalement avant de descendre tout aussi vite et quasi immédiatement, comme pour un *clac* sonore. Ce signal est transmis par l'axone, en se propageant à une vitesse de l'ordre de 100 m/s – nettement moins pour les jeunes enfants dont les axones ne sont pas encore suffisamment isolés par une gaine de myéline, ne vous étonnez donc pas si vous les trouvez un peu lents. Ces signaux demandent peu d'énergie à produire, et peuvent être organisés en nombre et en fréquence de façon variée, ce qui conduit à un codage très efficace et très souple de l'information. Inclinons-nous puisque notre cerveau en plein travail consomme moins que notre ordinateur portable, pour faire des choses bien plus intéressantes et créatives ! Son rythme de fonctionnement est aussi bien plus lent que celui des circuits électroniques, mais le nombre gigantesque de neurones travaillant en parallèle est une chose que nous ne savons vraiment pas imiter.

De plus, les synapses peuvent se modifier graduellement au cours du temps en fonction de leurs excitations, ce qu'on appelle la plasticité cérébrale. Cette plasticité conduit à une forme d'apprentissage et de mémorisation dont on ne connaît pas encore les détails. Mais on sait aussi qu'il existe des périodes d'ouverture et de fermeture de la plasticité qui dépendent de l'apprentissage considéré : on ne peut apprendre que dans ces périodes, après c'est fini – c'est connu depuis longtemps : il est facile d'apprendre les langues quand on est petit, très difficile après. Des découvertes récentes d'Alain Prochiantz et ses collègues du Collège de France ont permis de mieux comprendre ce phénomène.

Par exemple, on connaît la période courte de l'enfance pendant laquelle les deux yeux se coordonnent, l'amblyopie étant le nom de la perte d'un œil pourtant normal quand cette coordination échoue pour une raison quelconque. Le cerveau ne peut alors plus relier finement les *spike trains* des deux yeux. Alain Prochiantz et ses collègues ont compris que la cause principale du blocage de la plasticité est la variation de la concentration d'une seule molécule, avant de trouver comment rendre le phénomène réversible et redonner la vue normale à des souris amblyopes adultes. Il raconte ce superbe résultat plein de promesses dans une vidéo d'un des colloques que j'ai organisés au Collège de France[31].

Mais il n'y a pas que l'influx nerveux comme onde dans le cerveau. Il en existe plusieurs autres, qu'on appelle des oscillations électroencéphalographiques car elles se voient directement sur l'EEG (électroencéphalographie). Elles sont elles-mêmes engendrées par des assemblées de neurones, et nommées par des lettres grecques qui n'ont aucune relation avec ce qu'elles font.

L'onde alpha, la première identifiée, apparaît quand on est éveillé, qu'on ferme les yeux et qu'on se détend. Sa fréquence est comprise entre 7,5 et 12,5 hertz ; c'est donc une onde lente. L'onde bêta apparaît quand on est éveillé et en forte attention, sa fréquence étant entre 12,5 et 80 hertz ; elle s'appelle aussi gamma si elle est entre 30 et 80 hertz. Elle ralentit les mouvements moteurs si elle touche le cortex moteur, et est aussi associée aux contractions musculaires. L'onde delta, plus lente car en dessous de 4 hertz, se voit lors de l'endormissement du jeune enfant. L'onde thêta, de grande amplitude de fréquence, apparaît peu chez l'homme mais beaucoup dans l'hippocampe chez le rat ou d'autres animaux, comme nous le verrons plus loin. L'onde mu, principalement de 9 à 11 hertz, se situe dans le cortex moteur et semble disparaître quand les neurones miroirs sont excités : ce sont ceux qui s'excitent aussi bien quand on fait une activité que quand on regarde quelqu'un faire cette même activité. Finalement l'onde P300 qui signale la prise de conscience d'un événement envahit le cerveau 300 millisecondes après la perception de l'événement[32].

---

31. Alain Prochiantz était professeur au Collège de France et son administrateur à cette époque. La vidéo de sa conférence du 2 mai 2018 est visible à l'adresse suivante : https://www.college-de-france.fr/fr/agenda/colloque/imagerie-medicale-et-apprentissage-automatique-vers-une-intelligence-artificielle/comment-le-cerveau-apprend.
32. Voir S. Dehaene, *Le Code de la conscience*, Odile Jacob, 2014.

Tout cela est passionnant, mais approximatif car je suis bien trop ignare pour parler du sujet – sauf sur un point que j'ai pu mieux connaître car j'étais logé avec une remarquable équipe qui travaillait sur le codage dans le cerveau des mouvements et des endroits traversés. Cette équipe, dirigée par Sydney Wiener et Michaël Zugaro, travaillait sur des rats placés dans des labyrinthes qu'ils devaient parcourir pour avoir à manger – on sait que les rats excellent à ce jeu. Ces rats étaient équipés d'électrodes plongeant dans le cerveau et reliées à des enregistreurs qui gardaient la mémoire de la liste des stimuli observés. On sait maintenant que les lieux visités conduisent à une allocation dynamique de neurones associés aux lieux individuels dans l'hippocampe, la structure du cerveau qui enregistre la mémoire du jour, et que les mouvements entre ces lieux conduisent à des signaux synchronisés sur l'onde thêta, en début de phase quand on arrive dans un point et plus tard dans la phase quand on le quitte. L'équipe de Sydney Wiener et Michaël Zugaro qui m'hébergeait au Collège de France a analysé ces signaux et montré, entre autres résultats, que les suites de signaux correspondant aux itinéraires les plus pertinents du jour sont transmis pendant le sommeil plusieurs fois plus vite au cortex où se trouve la mémoire permanente. Oui, dormir est fondamental pour la consolidation de la mémoire, même pour les rats !

CHAPITRE 6

La déformatique du temps

Après le long chapitre précédent, je reprends ici ma casquette de pataphysicien, et plus précisément celle de Régent de Déformatique au Collège de 'Pataphysique, où j'ai créé en 2007 le nouveau domaine d'études qu'est la déformatique ; il a été officiellement accepté le 4 décervelage 136 du calendrier pataphysique (vulgairement le 1er février 2009). Ma leçon inaugurale a eu lieu le 7 décervelage 136 (vulg. le 22 novembre 2009) lors de la Fête de la Science à la Cité des Sciences[1]. Elle était justement consacrée à la déformatique du temps qui nous intéresse ici. Avant d'entrer dans les résultats de mon travail sur le temps, je vais brièvement décrire ce qu'est la déformatique.

---

1. C'était trois jours après ma deuxième leçon inaugurale au Collège de France sur la chaire « Informatique et sciences numériques » ; voir https://www.college-de-france.fr/agenda/lecon-inaugurale/penser-modeliser-et-maitriser-le-calcul-informatique/penser-modeliser-et-maitriser-le-calcul-informatique.

Définition et champs d'action
de la déformatique

Je rappelle d'abord sa définition formelle, accompagnée de sa devise et de la liste de ses trois protecteurs :

DÉFINITION : L'informatique, c'est la science de l'information ; la déformatique, c'est le contraire.
DEVISE : Appuyez-vous sur les principes, ils finiront bien par céder (empruntée à Oscar Wilde – je la lui rendrai au centuple).
PROTECTEURS : saint Chrone, saint Glinglin et le Professeur Shadoko[2].

Pour l'instant, je suis le seul déformaticien encarté, ce qui limite agréablement le nombre de contradicteurs. Mais j'ai quand même eu deux stagiaires, Claude Gudin, lui-même Régent de Bathybiologie spéculative, et Xavier Fornari, ancien collègue de travail avec qui j'ai partagé de nombreuses idées autour de nombreux pots.

La définition formelle donnée ci-dessus semble suggérer deux champs d'étude et d'action pour la déformatique : la *désinformation* et la *déformation*. Disons immédiatement que la désinformation est explicitement rejetée comme inacceptable, car il y a déjà bien trop d'acteurs imbattables dans ce domaine : politiciens de tous bords, pseudoscientifiques assoiffés de pseudo-pouvoir, extralucides autoproclamés, commentateurs de l'actualité (pas tous, heureusement, vive nos radios publiques), spécialistes de l'antitout, etc.

---

2. Mon maître à penser, dont la béatification pataphysique sur ma proposition a été actée le 21 pédale 147 (vulg. 15 mars 2020) dans *Viridis Candela*, les cahiers du Collège de 'Pataphysique.

– j'arrête là cette triste énumération. Nous ne nous occuperons donc que de la déformation.

LA DÉFORMATIQUE DIRIGE
LA PHYSIQUE DEPUIS LONGTEMPS

En ce qui concerne le temps et l'espace, la déformatique suit le sillage établi par les physiciens relativistes, qui ont rendu déformables le temps t et l'espace à trois dimensions x, y, et z dont la stricte rigidité avait été longtemps imposée au monde par Isaac Newton et ses suiveurs. Les intuitions et calculs résolument pataphysiques d'Albert Einstein sur son espace-temps déformable à quatre dimensions ont définitivement fait disparaître cette rigidité dans la pensée moderne, d'abord par l'attaque frontale qu'a été la relativité restreinte en 1905, puis par le coup de grâce de la relativité générale en 1915. Nous savons maintenant que les temps de toute chose – et donc aussi notre temps personnel – sont déformés par les accélérations et décélérations et par la matière, ce qui fait que les droites rigides des déplacements inertiels d'autrefois sont devenues des droites tordues dans un espace subtilement courbé par les masses des choses matérielles. Voilà un vrai bonheur intellectuel parfaitement vérifié par l'expérience.

En mécanique quantique, où le temps est resté pour l'instant indéformable, tout le reste est devenu déformable – si tant est que la notion de dualité champ-particule désigne encore une forme au sens habituel. Un grand sujet ouvert en physique théorique est d'ailleurs de lier la déformabilité einsteinienne de l'espace et du temps à l'absence de forme des ondes et particules de la mécanique quantique. Les résultats et bagarres intellectuelles qui ne manquent et ne manqueront pas devraient nous apporter de nouvelles délicatesses scientifiques et pataphysiques, ainsi que de ces inévitables conflits entre savants si amusants à observer.

Selon plusieurs chercheurs majeurs, il serait même nécessaire de prendre en compte une hypothèse encore plus radicale, la disparition corps et biens de la notion même de temps : le temps ne serait rien d'autre qu'*une manifestation macroscopique de l'irréversibilité des chaînes de causalité dans la structure profonde de la physique quantique.* Mais les résultats présentés plus bas vont définitivement détruire ce genre de spéculation.

LES AUTRES SCIENCES
SUIVENT PETIT À PETIT

La biochimie est de plus en plus concernée, maintenant que l'on sait que notre vie dépend des repliements, déformations, vibrations et interactions des protéines dans nos cellules molles, protéines que nous avalons tous les jours dans nos aliments. *Idem* pour les neurosciences du cerveau, organe mou s'il en est car parfaitement déformable tant dans son contenant que dans son contenu. Même l'informatique, horriblement rigide à l'époque où elle s'occupait individuellement de chaque ordinateur, est devenue déformable depuis que la carte d'Internet avec ses milliards d'ordinateurs et de téléphones connectés se modifie en permanence, au point qu'il est devenu pratiquement impossible d'en prendre une photo instantanée. Plus récemment, et encore plus profondément, l'apprentissage automatique par réseau de neurones profonds utilise des données molles pour produire des résultats mous mais bien souvent plus intéressants que ceux des méthodes classiques fondées sur des données et algorithmes rigides. Le rigide n'a plus d'avenir, vive le mou déformable !

L'INDUSTRIE ET LES ARTS
SONT EUX-MÊMES ATTEINTS

Mais la science n'est pas tout : des domaines industriels majeurs sont aussi concernés, comme la fonte et le laminage des métaux, le moulage des plastiques, la fabrication des pâtes fraîches, et bien d'autres activités industrielles de déformation de la matière dont nous n'avons même plus conscience tant elles nous paraissent banales. C'est la même chose pour la déformatique dans les arts : pour les arts plastiques, le modelage, l'origami et la caricature, et pour la musique la guitare électrique accompagnée de ses pédales qui déforment le son, le synthétiseur, puis les nouvelles techniques de déformation du son décrites précédemment au chapitre 5. Tout ça nous met beaucoup de pain sur la planche.

Aller plus loin :
déformer commercialement le temps

En première mondiale, je vais ici présenter trois mises en pratique précommerciales de la mécanique quantique du temps, de la relativité restreinte d'Einstein et de nouvelles façons d'aborder les voyages dans le temps. Chacune va exploiter une idée nouvelle et révolutionnaire, à chaque fois issue d'une approche strictement déformatique de la question du temps.

Mais auparavant, je vais présenter la nouvelle théorie scientifique que j'ai introduite et sur laquelle j'ai travaillé longuement et profondément, mais en secret. Elle m'a conduit à un résultat théorique et pratique qui va faire date, avec comme conséquence collatérale la solution triviale d'un des deux grands problèmes actuels de l'astrophysique : celui de la matière noire ; l'autre est celui de l'énergie noire, qui ne saurait résister longtemps. Pourtant, cette contribution à la science, pour majeure qu'elle soit, n'est que broutille par rapport à ce qu'on peut en faire en pratique commerciale : l'application de mon résultat permettra surtout de faire disparaître à tout jamais les conséquences néfastes des retards temporels volontaires ou non, par exemple ceux qui nous font rater bêtement tant de rendez-vous galants ou de trains.

La deuxième mise en pratique, fondée sur la relativité restreinte, développera immanquablement un marché confortable. Je n'en dis pas plus dans cette introduction, où je serai encore plus discret sur la troisième, qui va certainement vous étonner et vous plaire car elle résoudra une très vieille demande de l'humanité. Pour ces trois applications, je précise aussi que vous pourrez y participer directement en tant que matériau d'essai si vous le souhaitez.

Cerise sur le gâteau, je donnerai aux lectrices et lecteurs sagaces le moyen de s'enrichir en entrant au capital des trois « jeunes pousses » (le nom marketing moderne de ce qu'on appelait il y a trois ans des starteupes) fondées sur l'exploitation commerciale de ces trois résultats et idées. C'est un mode d'industrialisation moderne que la 'Pataphysique n'interdit pas spécifiquement puisqu'elle n'interdit rien.

Un dernier point préliminaire : deux des résultats théoriques et idées de commercialisation mentionnés ici avaient déjà été préannoncés lors de ma leçon inaugurale de déformatique précitée, mais seront présentés ici de façon bien plus élaborée. S'il a fallu attendre si longtemps leur mise en pratique, c'est qu'il restait encore des points de détail à établir, ce qui a été plus long que prévu. Mais qu'est-ce que quinze ans dans l'évolution des connaissances ?

La vraie nature physique du temps enfin révélée

La grande découverte scientifique susmentionnée a été réalisée par moi-même à l'aide du petit laboratoire personnel qu'est mon cerveau expert en « expériences de pensée », une façon de travailler chère aux physiciens théoriciens avant que les praticiens ne leur montrent qu'ils avaient raison (ou tort). Il m'a fallu développer cinq étapes successives, décrites ici en abrégé, car les articles techniques correspondants sont hors de portée du lecteur moyen.

Premièrement, j'ai établi que, comme pour la matière ou la lumière, le temps est porté par des ondes et par leurs particules associées ; pour respecter la construction phonétique des noms des particules précédentes (photons, positons, protons, etc.), j'ai nommé les particules du temps les *temptons*[3], vulgairement les *grains de temps*. À l'instar de beaucoup des composants du modèle standard de la physique des particules, chaque tempton possède dès sa naissance un spin à deux états possibles, notés respectivement *tic* et *tac*. Enfin, comme le photon, tout tempton possède une énergie, mais pas de masse.

Deuxièmement, j'ai pu établir qu'un tempton garde son spin constant tant qu'il reste isolé ou à l'intérieur d'un groupe de temptons tous du même spin. Mais ça ne dure généralement

---

3. *Tempton* doit bien sûr être prononcé « tenton » au nord de la Loire et « tempeton » au sud de ce fleuve.

pas, car chaque tempton attire violemment les temptons de spins opposés, en se liant à la vie à la mort avec le premier qui s'approche d'assez près. Dès qu'une paire s'est construite, elle se met à vibrer en utilisant une tactique simple : celle de la double transition *tic, tac* → *tac, tic* → *tic, tac*, qui les maintient en complémentarité permanente. En nommant les temptons 1 et 2, leur paire produit ainsi une séquence d'un des deux types suivants :

$$1^{tic}, 2^{tac} \rightarrow 1^{tac}, 2^{tic} \rightarrow 1^{tic}, 2^{tac} \rightarrow 1^{tac}, 2^{tic} \rightarrow \ldots$$

ou symétriquement avec l'autre position de démarrage :

$$1^{tac}, 2^{tic} \rightarrow 1^{tic}, 2^{tac} \rightarrow 1^{tac}, 2^{tic} \rightarrow 1^{tic}, 2^{tac} \rightarrow \ldots$$

(NB. Plutôt que de décrire explicitement ces deux séquences, j'aurais pu dire qu'il suffisait de ne garder que la première et de renommer pour la seconde en 1 le tempton né *tic* et en 2 le tempton né *tac*, mais j'ai craint que cette convention ne soit hors de portée d'un lecteur non scientifique.)

Troisièmement, ce qui a été long et difficile, j'ai pu montrer que la durée de chaque bascule *tic-tac / tac-tic* ou *tac-tic / tic-tac* est très courte mais invariable ; je l'ai appelée le *laps de temps*. Il faut donc deux laps de temps pour qu'une paire de temptons cycle d'un état au même. C'est précisément cette suite de bascules binaires coordonnées qui fait localement passer le temps dans le voisinage du tempton. L'étrangeté apparente de la relativité restreinte disparaît immédiatement, car l'étirement ou le rétrécissement du temps sont simplement dus au fait que deux mobiles se déplaçant avec des vitesses et accélérations différentes catalysent la création des temptons de façon différente. Je milite pour que le laps de temps devienne le fondement de notre seconde à la place de la vibration de l'atome de césium, jouant alors le même rôle que pour les autres particules la fameuse constante de Planck, cachée au fond des atomes comme son nom l'indique. Mais il reste encore beaucoup de travail pour faire accepter cela par le BIPM (Bureau international des poids et mesures) qui est déjà surchargé par le chapitre 2 de ce livre. Laissons le temps au temps !

Quatrièmement, et ce fut une grande surprise, les échanges de *tic* et *tac* pour une paire donnée ne sont pas éternels, car le temps qu'ils font passer n'est que provisoire. Ces échanges s'arrêtent au bout d'un nombre pair de laps de temps. À ce moment exact, les deux particules perdent leur spin et fusionnent instantanément en une particule unique appelée *toc* et surnommée « temps mort ». Ici et dans la suite, toc n'est pas écrit en italique car il s'agit d'une vraie particule et plus du simple état d'un tempton. Cette fusion *tic, tac* → toc semble instantanée ; il se pourrait qu'elle prenne aussi un laps de temps, mais ce détail de peu d'importance n'a pas encore pu être vérifié expérimentalement. La vie d'une paire de temptons qui démarre en *tic, tac* est donc toujours d'une des formes suivantes, où la jolie flèche ⟫→ marque le caractère possiblement instantané de la fusion finale :

$$1^{tic}, 2^{tac} \rightarrow 1^{tac}, 2^{tic} \rightarrow \ldots \rightarrow 1^{tic}, 2^{tac}$$
$$\rightarrow 1^{tac}, 2^{tic} \rightarrow \ldots \text{⟫→ toc}$$

ou pour un démarrage en *tac, tic*

$$1^{tac}, 2^{tic} \rightarrow 1^{tic}, 2^{tac} \rightarrow \ldots \rightarrow 1^{tac}, 2^{tic}$$
$$\rightarrow 1^{tic}, 2^{tac} \rightarrow \ldots \text{⟫→ toc}$$

(Comme précédemment, j'aurais pu me contenter de la première séquence.)

Le nombre de cycles avant la fusion est aléatoire mais obéit à une distribution gaussienne classique, qui détermine *la durée de vie moyenne* des paires de temptons ainsi que sa *variance*, notions standards en probabilités. J'ai pu mesurer ces quantités fondamentales de façon ultrafine ; mais je les garde secrètes pour l'instant, pour des raisons industrielles expliquées ci-dessous.

Cinquièmement, voici la cerise sur le gâteau, sous la forme d'un résultat crucial fondé sur un sacro-saint principe de la physique, celui de la conservation de l'énergie : l'énergie potentielle initiale des temptons d'une paire n'a été que partiellement rayonnée dans l'espace par la séquence vibratoire des échanges avant leur fusion en toc. À ce moment, *ils n'ont d'autres choix que de transformer cette énergie vibratoire restante en énergie de masse du toc*, par simple application de l'équation $E = mc^2$ qui a assuré la célébrité d'Einstein. Autrement dit, une paire de temptons *tic* et *tac* de masse nulle n'a d'autre choix que se transformer au bout d'un certain temps en tocs de masse petite mais non nulle. Donc ces *temps morts* sont pesants, ce qui ne surprendra pas les spectateurs des matchs de basket-ball, handball ou autres sports collectifs.

Le mystère de la matière noire enfin élucidé

Je l'ai dit plus haut, les astronomes, astrophysiciens et astrophysiciennes étaient depuis longtemps dans le désespoir par rapport à un problème pour eux lancinant qui va jusqu'à leur faire ronger les ongles jusqu'au sang, tout en leur assurant de solides budgets pour leurs recherches : trouver une forme d'explication aux anomalies expérimentalement constatées dans l'univers. En effet, les galaxies et amas de galaxies tournent plus vite sur eux-mêmes que prévu, alors même que leurs masses sont bien connues (même si elles ne peuvent pas être mesurées avec une balance de Roberval comme dans nos épiceries). Ces savants n'y comprenaient rien, car ils ont l'habitude que les objets qu'ils manipulent obéissent à leurs lois mathématiques comme vous au Code civil de Napoléon. Pour retomber sur leurs pattes, ils ont donc inventé la notion de « matière noire » pesante mais invisible pour expliquer l'excès de vitesse de rotation, ce qui leur permet de rester dans leur zone de confort en ne cherchant pas de notion vraiment nouvelle. Les débats font rage entre les partisans et adversaires de cette matière hypothétique, mais sans argument scientifique réellement convaincant ; heureusement, les arguments contondants utilisés dans le reste de la société ne sont pas encore de mise dans les milieux scientifiques et les débats restent civilisés.

LA VRAIE NATURE DE LA MATIÈRE NOIRE

Nous allons voir que les partisans de la matière noire ont raison, car je l'ai identifiée. En effet, ma découverte des *tic, tac* et toc résout le problème précité d'une façon quasiment triviale, une fois une autre propriété quantique soigneusement vérifiée expérimentalement : les tocs (temps morts) sont *vraiment morts*, c'est-à-dire qu'ils n'interagissent absolument plus avec les autres particules par les interactions classiques de la mécanique quantique (électromagnétique, forte et faible), ni même avec les temptons. Mais, puisqu'ils sont massifs, ils interagissent toujours avec le champ gravitationnel : toutes les autres particules pesantes en ressentent l'effet, qui augmente graduellement au cours des années puisque l'univers se peuple de plus en plus de tocs à la mesure que les paires *tic-tac* font passer le temps. D'où mon premier résultat astronomique, que j'exprimerai ici en langage usuel et de deux façons équivalentes pour le public non scientifique de ce livre :

1. *La masse manquante de l'univers, c'est du toc !*
2. *La masse manquante de l'univers, ce n'est jamais que le poids des ans !*
   Imparable !

AU TOUR DE L'ÉNERGIE NOIRE

Mais les « savants » étaient confrontés à un autre problème de même nature : l'écart entre les galaxies augmente aussi plus vite que prévu, phénomène pour lequel ils ont inventé le concept tout aussi classique d'« énergie noire », sur lequel ils ne savent pas plus. C'est mon prochain défi.

Pour passer de la science au commerce, éviter la bureaucratie

Passons maintenant aux développements commerciaux de ce résultat. Tout bureaucrate vraiment compétent sait que les plus grandes innovations viennent d'avancées scientifiques profondes : ont été dans ce cas par exemple l'électricité, le téléphone, la radio, la télévision, Internet, etc. Ces bons bureaucrates sont indispensables pour promouvoir ces découvertes et leurs applications dans le milieu des gens normaux, auxquels la plupart des savants ne savent pas s'adresser. Malheureusement, la plupart des bureaucrates actuels semblent avoir adopté un nouveau slogan, y compris pour la science, qui fait douter de leur compétence :

La bureaucratie, c'est l'art d'en faire faire plus aux autres avec moins.

Ce qui demande beaucoup plus de bureaucratie !

Nous allons donc contourner la bureaucratie pour tout ce qui suit, en privilégiant les circuits courts que permettent les petites entreprises. Nous verrons comment faire cela efficacement dans chacun des cas qui suivront.

Lapsagogo.com :
synthétiser et vendre du temps

L'idée de cette société et la réalisation de son procédé central sont dues à une collaboration intensive avec Claude Gudin, grand biologiste des algues et Régent de Bathybiologie spéculative au Collège de 'Pataphysique comme déjà mentionné dans l'introduction. Il a fait de très nombreuses contributions à la 'Pataphysique, dont l'organisation des États généraux du Poil au Palais de Tokyo en 2007, où j'ai eu l'honneur de présenter ma première conférence sur les poids et mesures pataphysiques, dont a parlé le chapitre 2 de ce livre en ce qui concerne le temps. C'est juste après mon exposé et en séance dans la grande salle comble que j'ai fait extraire par Claude Gudin sur lui-même un poil qui est devenu l'unité de longueur de référence mondiale[4]. Mon collègue et ami Gérard Huet, grand informaticien et aussi déformaticien qui s'ignore encore, a eu en séance l'idée de l'appeler le Poil Gudin.

Mais ce qui nous intéresse ici chez Claude Gudin est son extraordinaire compétence dans le domaine des algues vertes, qu'il a su dresser dans son laboratoire industriel[5] pour qu'elles

---

4. Comme il n'avait plus beaucoup de poils sur le caillou, j'ai fait voter à main levée les quelques centaines de spectateurs de la salle pour savoir si le poil serait pris devant ou derrière, mais je tairai ici le résultat... Et, pour être sûr que l'extraction réussisse, j'avais apporté une pince multiprise de taille suffisante.
5. De British Petroleum, en abrégé BP – tout ça est authentique.

produisent du pétrole ou des médicaments complexes. Par des manipulations très fines, nous avons pu détecter que les algues vertes, une fois modifiées génétiquement de façon adéquate, biaisaient la production des temptons : selon les modifications, certaines favorisent la production des *tic* par rapport aux *tac*, les autres faisant l'inverse. Fort heureusement, les membranes des cellules des algues vertes sont étanches aux *tic* ou *tac* en excès. Mais les algues des deux types restent spontanément mélangées dans le même bain. Il nous a donc fallu inventer un filtre spécial appelé *passe-temps* pour séparer les plus productrices de *tic* de celles plus productrices de *tac* libres afin de les stocker dans deux réservoirs étanches nommés *garde-temps*, eux-mêmes faits de membranes d'algues compressées.

Une fois nos réservoirs pleins de cellules asymétriques, nous écrasons le contenu de chacun sans ménagement, en expulsant la chair des algues vertes vers l'unité de fabrication d'essence. Puis nous laissons les *tic* et les *tac* restants se grouper dans chaque réservoir, ce qui ne laisse à la fin que les *tic* en excès dans l'un et les *tac* en excès dans l'autre. À ce moment, les réservoirs ne contiennent respectivement que les *tic* ou les *tac* surnuméraires, accompagnés des membranes des cellules qui nous seront très utiles car elles ne souffrent pas de l'écrasement et restent étanches aux *tic* et aux *tac*.

La dernière étape est d'utiliser les membranes compressées pour fabriquer des sachets à deux compartiments étanches *tic* et *tac*, semblables à ceux des chaufferettes en sachets doubles bien connues des randonneurs : quand il fait trop froid, ils prennent un sachet et le déchirent, ce qui mélange les deux liquides contenus dans les deux compartiments. La réaction chimique entre eux produit alors une chaleur bienvenue, fi des engelures ! Ici, au lieu de chaleur, nos sachets doubles produisent tout simplement du *temps local* au sens d'Einstein quand on mélange leurs *tics* et *tacs*. Vous êtes en retard pour attraper votre train ou retrouver votre amour naissant ? Hop, déchirez un sachet de temps de la durée appropriée, et votre retard local est effacé par la science car les *tic* et *tac* s'appairent en faisant passer du temps local supplémentaire, ce sans même modifier celui des voisins ! Peut-on trouver plus utile ? *Idem* pour allonger le temps pendant les moments heureux, pendant lesquels il passe toujours trop vite.

Marketinguement parlant, un slogan s'impose : *Prends ton temps avec nos temptons.*

Mais les slogans ne font pas tout. Il reste beaucoup à faire, le plus urgent étant de déterminer les durées les mieux adaptées pour les sachets ainsi que les bons kits de sachets de durées différentes, avec bien sûr des prix progressifs selon les temps et dégressifs selon les quantités. Pour quelqu'un qui n'est que rarement en retard, quelques sachets pas trop chers d'au plus dix minutes suffiront, alors qu'un vrai procrastinateur aura besoin de sachets d'une journée complète, bien plus chers – mais ce sera bien fait pour lui.

Mais parler en secondes serait commercialement banal : pour faire plus professionnel, nous dirons plutôt que les sachets sont disponibles en 10, 20 ou 100 *pétalaps*. Attention aussi à la logistique, car il faut penser à tout : vu la qualité actuelle des livraisons d'objets achetés sur Internet, il faut absolument éviter qu'un colis ne se déchire pendant le transport, qui serait alors ralenti : les sachets seront faits d'une double couche de membranes déshydratées.

Mais que de nouveaux usages ! Quel beau cadeau pour un amoureux que d'offrir un jeu de sachets de durées variées à sa bien-aimée toujours en retard (ou l'inverse, devenu tout aussi fréquent) ! Même chose quand on a trop bamboché pour avoir fini ses révisions pour le bac ou tout autre examen crucial. Les applications potentielles sont innombrables, et de nouvelles apparaîtront constamment.

Sera-t-il bon d'apposer une date limite d'utilisation bidon sur les sachets, comme pour les yaourts qui restent pourtant bons un bon moment après leur expiration officielle, sachant que les temptons et les membranes bien imperméables sont inusables ? Ça pourrait inciter les gens à jeter les sachets officiellement périmés pour en racheter d'autres, ce qui serait bon pour le chiffre d'affaires. Mais ça en inciterait aussi d'autres mieux renseignés à fouiller les poubelles s'ils sont en retard, ce qui serait malsain. Techniquement, nous pourrions aussi rendre les membranes un peu perméables, mais une telle fraude serait facilement dénoncée par les associations de consommateurs. Au lieu de ça, nous devrons adopter un nouveau slogan marketing : *notre temps ne s'use que si on s'en sert.*

Pour finir, voici une information importante pour qui veut s'enrichir : les actions de lapsagogo.com seront en vente en même temps que ses premières productions, car *le temps, c'est de l'argent,* encore plus quand les actions seront cotées en Bourse. Mais pas besoin de vous presser : si vous hésitez, nous pourrons vous proposer quelques sachets à l'essai pour vous aider à prendre votre temps.

Barbonzelle.com : exploiter le paradoxe de Langevin

LE PARADOXE DE LANGEVIN

Notre deuxième starteupe, conceptuellement plus simple, va exploiter le fameux paradoxe relativiste des jumeaux de Langevin qui date de 1911, six ans après l'introduction de la relativité restreinte par Albert Einstein en 1905. Langevin était un mathématicien compétent en physique, mais il avait quelques doutes légitimes sur la validité de la théorie d'Einstein. Voici l'énoncé de son paradoxe : prenons au hasard deux jumeaux nés sur la Terre, peu importe où. Faisons faire à l'un d'entre eux, tiré au sort, un voyage aller-retour en fusée à une vitesse proche de celle de la lumière, par exemple en opérant un demi-tour à Alpha du Centaure, l'étoile la plus proche de la Terre. Si la vitesse de la fusée est suffisamment grande, le voyageur ne sera resté que quelques heures dans la fusée, alors que son jumeau resté sagement sur Terre à faire des mots croisés aura vieilli de dix ans. Ça a l'air étrange, mais c'est indibutablement comme ça, et ça a été vérifié expérimentalement au picopoil près, quoique avec des horloges embarquées et pas avec des jumeaux, car ça marche aussi avec des non-jumeaux.

À l'époque de Langevin, il était inenvisageable de mettre en pratique son idée, car il n'y avait même pas de fusées capables d'aller à la vitesse du son. Mais ça ne l'est plus depuis que de nouvelles sociétés fabriquent des fusées rapides, pas chères et aussi réutilisables que l'étaient les bouteilles de vin à étoiles.

LA CIBLE DE BARBONZELLE.COM

La cible marketing de la starteupe Barbonzelle.com, en fin de gestation, sera liée au problème ancestral du barbon amoureux transi de la donzelle. Le marché est large : tout barbon est riche mais vieux, solitaire et amoureux d'une jeune et jolie donzelle. Mais le barbon a bien compris qu'il n'intéresse pas la donzelle, qui collectionne facilement des amants pleins aux as et donc n'a pour le moment aucun souci d'argent. Ce que va lui proposer Barbonzelle.com est simple : on lui organise un voyage en fusée comme décrit plus haut, avec vue sur les autres planètes sur le trajet modulo un supplément. On règle la vitesse précisément pour que, quand il revient une semaine après pour lui, la donzelle ait vécu exactement assez d'années pour ne plus trop intéresser ses amants traditionnels, risquant donc de tomber dans le besoin financier tout en restant suffisamment attirante pour les besoins du barbon. Au retour du barbon, devenu célèbre grâce à son exploit, Barbonzelle.com organisera une petite fête où la donzelle sera astucieusement conviée, avec une quantité illimitée de champagne et de petits fours, et le tour sera joué.

LES ASPECTS TECHNIQUES

En pratique, aller jusqu'à Alpha du Centaure n'est probablement pas la meilleure trajectoire, car ça risque de compliquer un sauvetage éventuel en cas d'ennui – certes très peu probable mais jamais complètement impossible. Une solution meilleure sera de faire un certain nombre d'allers-retours Terre-Pluton, bien plus près de nous. Faisons donc un calcul à la louche.

Un aller-retour Terre-Pluton prend environ 11 heures pour la lumière, à condition d'avoir pu poser un miroir sur Pluton. Avec une fusée, on ne peut pas encore aller à une vitesse trop proche de celle de la lumière, et il faut freiner avant les demi-tours sous peine d'écraser les passagers à cause d'une trop grande force centrifuge. Pour prendre une bonne marge, faisons faire à notre barbon un voyage d'une semaine pour lui, soit 168 heures décomposées en 84 heures à fond les manettes et le reste pour les accélérations, les freinages et le demi-tour. Ça laisse le temps de quatorze bons repas entrecoupés de siestes et de quelques films ou jeux vidéo entre les siestes et les repas. Il ne reste plus qu'à régler finement la vitesse maximum selon le vieillissement de la donzelle choisi par le passager, en pratique dans une fourchette 5-20 ans. À l'avenir, on pourra même embarquer plusieurs barbons, à condition cependant qu'ils acceptent le même vieillissement de leurs donzelles respectives, mais aussi des candidats aux élections qui souhaitent se représenter cinq ans après sans avoir vieilli, maintenant que la mode est aux jeunes.

Il ne reste qu'un petit problème technique : il faut trouver la bonne fusée. Ici, l'aide viendra du fait qu'il y a beaucoup de nouveaux projets de gigafusées en ce moment, en Europe, aux États-Unis, en Chine, en Inde, en Corée du Nord, etc., et que tous ne seront pas sélectionnés par la NASA[6] et autres organismes gouvernementaux pour les voyages interplanétaires à venir. Ils seront donc en féroce compétition pour avoir notre marché, et le reste ne sera plus qu'un simple problème de choix technique. Nous avons d'ailleurs déjà passé des accords préliminaires avec SpaceX.

COMMENT BARBONZELLE.COM DEVIENDRA UNE MINE D'OR

Mais comment se rémunérera Barbonzelle.com, vous demandez-vous ? C'est très simple : le contrat stipulera que tous les avoirs du Barbon seront gérés par la société pendant son absence, en gardant évidemment tous les intérêts pour elle, et que des gardes du corps ultradiscrets veilleront sur la donzelle sans qu'elle le sache. Comme dit précédemment, notre étude de marché a montré que les paires barbons-donzelles sont suffisamment nombreuses et les barbons suffisamment riches pour lancer la société.

---

6. La National American Shadokian Association, qui s'occupe de ça aux États-Unis, sera la responsable pour organiser les retours dans l'univers shadokien.

Tout cela est aussi habile qu'honnête, n'est-il pas, comme on dit à la City, qui gérera sa mise sur le marché financier[7]. Vous pouvez m'écrire pour précommander des actions, voire des voyages si vous êtes vous-même barbon transi.

TravelToThePast.com

Voici une nouvelle starteupe actuellement en gestation, qui a pris un peu de retard à cause de petites difficultés techniques pas tout à fait résolues. Cela n'empêche bien sûr pas d'enclencher immédiatement le *teasing* et le *marketing*, comme on dit quand on veut avoir l'air cultivé dans le domaine, d'autant plus que le marché est plus grand que pour Barbonzelle.com qui agira surtout en France car les barbons amoureux y sont bien plus nombreux qu'ailleurs.

Ici, l'idée est simple : nous proposerons à nos clients des voyages dans le temps qui dureront exactement une semaine mais qui pourront les conduire dans le lieu de leur choix et au moment de leur choix. Mais attention : il y aura des contraintes assez évidentes. D'abord, vous ne pourrez aller que dans le passé, selon les limitations actuelles de la physique. Ensuite, vous serez là où vous l'avez choisi, mais seulement en tant que spectateur (en mode *read-only*, comme on dit en informatique). Personne ne vous verra ni ne vous entendra ; c'est dû à la limitation pour l'instant apparemment incontournable que l'on ne peut pas changer le passé. Enfin,

---

7. Au besoin, un faible niveau de malhonnêteté assez standard dans les milieux financiers pourra être utilisé : en cas d'ennui, Barbonzelle.com pourra se déclarer en faillite juste avant le retour du barbon, bien sûr après avoir claqué beaucoup en fêtes somptueuses et transféré le reste dans des paradis fiscaux. Chers investisseurs, vous hésitiez, voilà qui pourrait vous rassurer ! (Info à ne pas divulguer aux barbons, bien entendu.)

vos destinations devront être définies à la dizaine de mètres près et l'heure du retour respectée à la minute près pour qu'on puisse vous emmener et vous récupérer, car vous ne pourrez plus communiquer avec notre présent jusqu'à votre retour. Attention donc à bien calculer les décalages de position liés à la dérive des continents si vous visez une destination précise dont vous ne connaissez que les coordonnées actuelles ! Sinon, nous ne garantirons rien.

Étant essayeur privilégié, j'ai fait trois choix pour les trois premiers essais avant l'ouverture à l'extérieur : une semaine à Paris démarrant le premier jour des Vertus des sans-culottides de l'an 1796, qui est bissextil, et se terminant le lendemain du sixième jour dit de la République, en laissant donc un jour pour cuver. Puis une semaine chez Jean-Sébastien Bach au moment où il composait les prodigieuses variations Goldberg pour lutter contre les insomnies du comte Kaiseling, l'ambassadeur de Russie à la cour de Saxe qui les faisait jouer par Goldberg, le musicien qu'il avait emmené avec lui. Enfin, une semaine à Paris autour du 29 mai 1913, pour aller voir les musiciens au travail et surtout assister à la première du *Sacre du printemps* d'Igor Stravinsky, hué en direct avant que sa musique ne soit surnommée le « massacre du printemps ».

J'ai aussi sondé quelques gens de mes connaissances pour qu'ils me donnent des exemples de moments et endroits où ils souhaiteraient aller. Les réponses ont été étonnamment variées, de l'époque des dinosaures à la prise de la Bastille et aux Années folles à Paris (le seul cas où deux personnes qui ne se connaissent pas – dont mon épouse – ont voulu aller danser au même endroit au même moment). Envoyez-moi vos souhaits svp, pour nous aider à mieux comprendre les besoins de ma clientèle future.

Courte indication de l'état de la recherche pour donner confiance aux physiciens : nous soupçonnons et sommes près de montrer l'existence d'antitemptons, qui font passer le temps à l'envers. Ils n'existent pas à l'état libre, ou en fort déséquilibre comme pour les autres antiparticules. Si c'est bien le cas, nous pourrions les cultiver de la même manière. Je n'en dirai pas plus.

CHAPITRE 7

Le temps
en informatique classique

Même si elle date en pratique des années 1950, l'informatique n'a été introduite dans la vie des gens qu'à la toute fin du 20ᵉ siècle, en profitant des progrès des circuits électroniques, des logiciels et des systèmes de communication. Elle est maintenant partout et joue un rôle de plus en plus grand dans nos sociétés et nos industries. En simplifiant, elle a trois grands aspects : *l'algorithmique*, qui étudie les procédés de calcul automatique, les *circuits* et *réseaux*, qui sont les systèmes qui font fonctionner les ordinateurs et transmettent l'information à distance, et la *programmation*, qui dit comment écrire les algorithmes pour qu'ils soient exécutables par les circuits. Dans ce chapitre, nous allons étudier les résultats liés au temps pour les algorithmes classiques. Les algorithmes parallèles et temps réel, très différents, feront l'objet des deux chapitres suivants.

Les algorithmes
et leurs temps de calcul théoriques

L'algorithmique moderne est au centre de l'informatique. Elle a pour objet de construire des procédés de calcul entièrement exécutables par une machine automatique totalement stupide, un ordinateur quelconque par exemple – ils sont tous équivalents. Ces procédés sont appelés des algorithmes. Quand on lui fournit des données, un algorithme va enchaîner des opérations individuellement triviales mais généralement en très grand nombre, comme lire une donnée et l'écrire ailleurs, additionner ou multiplier deux nombres, mais aussi tester si deux nombres sont égaux puis prendre deux chemins différents suivant la réponse. Un algorithme peut soit s'arrêter en rendant un résultat au bout d'un temps fini, soit calculer pour toujours sans donner de résultat, ce qu'on ne souhaite généralement pas en informatique classique[1]. Mais attention : si exécuter les algorithmes se fait sans le moindre besoin d'intelligence et demande même d'être totalement stupide – ce qui n'est pas si facile pour nous –, en inventer de bons demande vraiment beaucoup d'intelligence !

---

1. Mais ce n'est plus vrai pour les algorithmes distribués ou contrôlant des objets, dont nous parlerons aux chapitres 8 et 9. On souhaite que les algorithmes qui pilotent en continu un avion de ligne moderne ne s'arrêtent jamais, sauf volontairement quand on éteint les ordinateurs une fois l'avion garé au sol !

AL-KHWÂRIZMÎ,
LE FONDATEUR MÉCONNU DU SUJET

Contrairement à ce que pensent beaucoup de gens qui n'ont entendu le mot « algorithme » que récemment, ce mot n'est pas du tout récent. Ici aussi le temps est à l'œuvre, et c'est le temps très long. Ce mot, qui semble être de style grec comme son anagramme logarithme, vient en fait de l'arabe. Il rend hommage à un grand savant du nom d'Al-Khwârizmî[2], mathématicien persan travaillant à Bagdad à la fin du 8e siècle et au début du 9e, qui écrivait en arabe. C'est lui qui a importé d'Inde les chiffres 0-9 que nous utilisons aujourd'hui et en a systématisé le calcul par des suites d'opérations individuellement simples, en particulier pour la multiplication avec la méthode qu'il a inventée et que nous avons tous apprise à l'école. C'est encore lui qui a trouvé la fameuse formule permettant de résoudre les équations du second degré et qui a inventé l'algèbre, mot qui vient d'*al jabr* (« la réduction »), l'expression centrale du titre d'un de ses traités.

L'histoire du mot français « algorithme » diffère selon les sources. Mais quelles que soient celles-ci, il vient du nom du traité en arabe d'Al-Khwârizmî sur le calcul avec les chiffres indiens 0 à 9, écrit vers 825. Il a fallu attendre le début du 12e siècle pour que ce traité soit traduit en latin par deux traducteurs, sous les noms respectifs *Liber Alghoarismi de practica arismetrice* et *Liber Algorismi de numero Indorum*. En 1240 parut un traité d'Alexandre de Villedieu intitulé *Carmen de Algorismo*, avec un nom importé de l'espagnol. Le latin médiéval *algorithmus* a suivi, altérant les orthographes précédentes

---

2. Les transcriptions en caractères latins sont variables, j'utilise ici celle de Wikipédia.

pour les mettre en relation avec le mot latin *arithmetica*, lui-même venu du grec. À ces époques, le français était peu utilisé, car la population conversait principalement en dialecte local alors que les érudits préféraient le latin, beaucoup plus riche. Le mot français est connu sous la forme *augorisme* en 1230, puis *algorisme*, avant de passer à *algorithme* comme pour la version latine. En anglais, *algorithm* n'est stable que depuis 1811.

Étonnamment, l'Occident en général ne fut en contact que très tard avec les inventions d'Al-Khwârizmî, en continuant encore longtemps à compter avec les chiffres romains qui rendent difficiles même les calculs les plus simples. Ce n'est apparemment qu'en 1198, trois siècles après, que le mathématicien Leonardo Pisano, aussi nommé Leonardo Filio Bonaci de son temps puis, plus tard, Leonardo Fibonacci, a eu connaissance des chiffres « arabes » par l'étude des manuscrits d'Al-Khwârizmî et a diffusé cette connaissance. Ce n'est encore que bien plus tard qu'ils ont été utilisés systématiquement en Occident sous ce nom[3]. Le lecteur intéressé par l'histoire de l'importation et de l'évolution des algorithmes d'Al-Khwârizmî au cours du Moyen Âge pourra se référer à l'excellent livre de Giorgio Ausiello justement intitulé *Les Algorithmes au Moyen Âge*[4].

Ce n'est que vers 1840 que le mot a pris son sens actuel, en ajoutant la contrainte qu'un algorithme est une suite d'opérations « mécanisables », c'est-à-dire au moins théoriquement exécutables par une machine mécanique sans intervention humaine – nos ordinateurs ne sont plus du tout mécaniques, mais le mot mécanisable est encore utilisé, ce qui montre qu'il a la vie dure.

---

3. À propos des chiffres arabes, je prononçai un jour ce mot devant un post-doctorant syrien, qui me demanda ce que c'était avec un air surpris. Je lui ai répondu « mais les chiffres 0, 1, …, 9 ! ». Ça lui a immédiatement déclenché un grand éclat de rire, et il m'a dit : « Ah, c'est très drôle ! Chez nous, on les appelle les chiffres indiens ! »
4. G. Ausiello, *Algoritmi, monaci e mercanti. Il calcolo nella vita quotidiana del Medioevo*, Codice Edizioni, 2022 ; traduction française *Les Algorithmes au Moyen Âge*, à paraître chez Odile Jacob.

Maintenant que le mot algorithme est utilisé socialement à grande échelle, et quelquefois mis à des sauces étranges[5], il est assez stupéfiant qu'Al-Khwârizmî et ses découvertes aient été si longtemps ignorés dans les écoles françaises et le soient encore et toujours ; peut-être avait-il simplement le tort de ne pas être français, ou au moins occidental. Et continuer à appeler l'informatique une « nouvelle science » est encore plus étrange, sachant qu'au moins pour sa partie algorithmique l'échelle de temps pertinente relève de la dizaine de siècles – ce qui nous amène bien avant Galilée et Newton avec qui naît la physique moderne – et que sa fondation réelle par Alan Turing date de 1936, bien avant la découverte de la structure de l'ADN !

LES PRÉMONITIONS D'ADA LOVELACE

Passons maintenant au 19e siècle. Ada Lovelace, fille de lord Byron, était une mathématicienne anglaise qui impressionnait beaucoup les mathématiciens professionnels. Elle a longtemps travaillé avec Charles Babbage, mathématicien et inventeur anglais qui avait en particulier comme but de construire par des moyens mécaniques une « machine différentielle » bien plus puissante que les machines d'avant comme celle de Blaise Pascal en 1642, la toute première à mécaniser les additions et soustractions sous le nom de Pascaline, ou celle de Leibnitz en 1694 qui faisait aussi des multiplications, mais qui a ensuite été montrée incorrecte en 1893 à cause d'un système de retenues qui pouvait donner un résultat faux pour les multiplicateurs de deux ou trois chiffres.

---

5. J'ai reçu une invitation à en parler à des médecins où le mot était écrit *algorythme,* normal puisqu'en grec *algos* signifie « douleur » et *rythmos* « rythme », ce qui leur parle davantage !

Dès 1812, Babbage avait comme objectif de faire des calculs mathématiques complexes pour calculer et imprimer des tables mathématiques. Il décida de construire une « machine analytique », non plus fixe mais programmable, en utilisant les cartes perforées du métier Jacquard, né lui à Lyon en 1801. C'était une avancée conceptuelle considérable, qui préfigurait l'informatique moderne. Mais sa machine était complexe et il avait le défaut d'en changer souvent les plans, ce qui fait qu'elle ne fut jamais terminée. Entre 1847 et 1849, il simplifia ses plans pour une machine numéro 2, mais n'essaya pas de la construire. Il fallut attendre le deux centième anniversaire de sa naissance en 1791 pour que son module de calcul soit construit par le Musée des sciences de Londres, puis 2002 pour que la machine numéro 2 complète avec son système d'impression fût enfin terminée.

Si construire la machine était déjà une chose difficile, comprendre comment la programmer posait des problèmes radicalement nouveaux. C'est à cela que se consacra Ada Lovelace à partir de 1842, en commençant par traduire du français en anglais un ouvrage sur la machine de Babbage, qui la fascinait. En étroite collaboration avec Charles Babbage, qui lui avait suggéré ce travail, elle écrivit sept notes indexées de A à G, dont la dernière décrit en détail la programmation concrète sur la machine d'un algorithme de calcul des nombres de Bernoulli. Cette note est maintenant considérée comme le tout premier programme informatique, même si Babbage en a lui-même écrit d'autres pour sa machine. Nous reviendrons sur la programmation plus tard dans ce chapitre.

Mais, et peut-être surtout, Ada Lovelace était vraiment une visionnaire : elle a pressenti des possibilités de calcul n'ayant plus directement à voir avec les nombres. En témoignent les deux extraits de ses notes ci-dessous[6] :

---

6. Reprises de l'entrée « Ada Lovelace » de Wikipédia – pourquoi chercher ailleurs ?

La machine pourrait composer de manière scientifique et élaborée des morceaux de musique de n'importe quelle longueur ou degré de complexité.

C'est quasiment ce dont nous avons parlé au chapitre 5, même si l'on ne peut pas dire que les facultés propres de composition d'une machine soient ce qu'en pensait Ada (pour l'instant au moins).

Beaucoup de personnes [...] s'imaginent que parce que la Machine fournit des résultats sous une forme numérique, alors la nature de ses processus doit être forcément arithmétique et numérique, plutôt qu'algébrique ou analytique. Ceci est une erreur. La Machine peut arranger et combiner les quantités numériques exactement comme si elles étaient des lettres, ou tout autre symbole général ; en fait elle peut donner des résultats en notation algébrique, avec des conventions appropriées.

Notons que le calcul algébrique (ou symbolique) sur machine est maintenant devenu classique en mathématique et en ingénierie avec des logiciels comme Maple (né dans les années 1980) et Mathematica (né en 1988).

La formalisation des algorithmes par Church et Turing

Si 1905 est la grande année de la physique moderne, 1936 est celle de l'informatique, même si les premiers ordinateurs ne datent que de la fin des années 1940. En effet, c'est en 1936 qu'ont été inventés les deux premiers moyens de décrire et d'analyser systématiquement et formellement les algorithmes, en ne les considérant donc plus comme des opérations essentiellement humaines mais comme des opérations exécutables sans faire appel à la moindre intelligence, donc par une machine.

Ces deux moyens sont le *λ-calcul* d'Alonzo Church, calcul logique très simple à décrire mais très technique, qui fait toujours travailler beaucoup de chercheurs car il reste la base des langages de programmation les plus rigoureux que sont les langages fonctionnels[7], et la machine de Turing, machine théorique compréhensible par n'importe qui car simplissime, mais d'une glorieuse inefficacité pratique – ce qui n'a aucune importance vu la généralité des résultats obtenus. Bien que leurs styles mentaux et techniques soient on ne peut plus différents, ces deux modèles sont en fait équivalents, comme leurs auteurs l'ont montré quand ils étaient tous deux à l'université de Princeton. Leur pertinence ne s'est jamais démentie, car elles décrivent toujours les possibilités et les limites intrinsèques du calcul automatique et donc de l'informatique en général.

LA MACHINE DE TURING

Je ne parlerai ici que de la machine de Turing, maintenant popularisée depuis les événements de l'année Turing en 2014, qui a aussi fêté d'autres inventions de ce grand génie du 20ᵉ siècle. Voici sa définition, du niveau de l'école primaire, à tel point qu'on a pu construire en Lego des machines de Turing fonctionnant vraiment[8] !

---

7. La théorie du *λ-calcul* a occupé les douze premières années de ma carrière. Je pense y avoir apporté quelques jolies avancées et j'en garde un souvenir impérissable.
8. Pour en voir, tapez simplement « Lego Turing » dans votre moteur de recherche préféré.

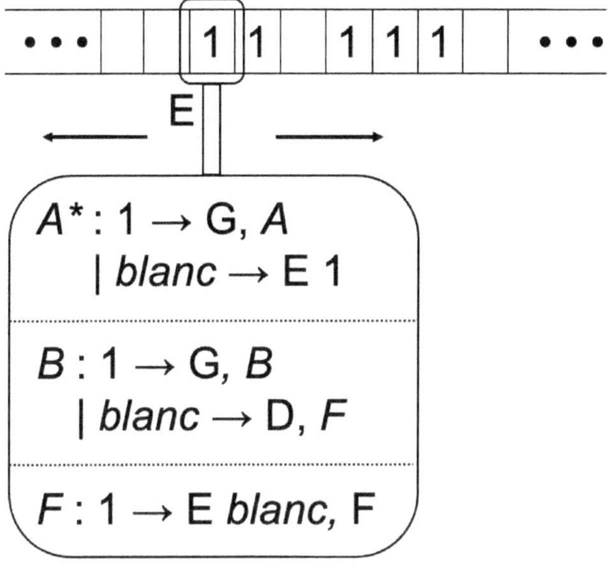

Figure 18. Une machine de Turing pour l'addition unaire (l'état initial est marqué *).

Une machine de Turing idéale, comme celle de la figure 18, est composée des éléments suivants :

- un alphabet fini de symboles quelconques, contenant un symbole particulier, le *blanc* (celui des machines à écrire) ;
- une bande infinie dans les deux sens, découpée en cases pouvant chacune contenir un symbole ;
- une tête de lecture capable de décoder le symbole écrit sur une case et d'en écrire un autre à la place ;
- un mécanisme permettant de décaler la bande d'une case vers la gauche ou la droite ;
- une liste finie d'*états* identifiés par des noms uniques, dont un état *initial* (nous écrirons ici les états en italique pour éviter toute confusion) ;

– enfin, une liste finie d'instructions, identifiées chacune par un nom unique.

Chaque instruction associe à un couple symbole-état une *action* unique, qui peut être soit de décaler la bande d'une case à gauche ou à droite (G ou D), soit d'écrire un symbole à la place de celui qui a été lu (E v pour écrire la valeur v), cette action étant suivie du nom de l'instruction suivante à exécuter. L'unicité de l'instruction associée à un couple état-symbole assure qu'il n'y a jamais aucun choix dans le chemin d'exécution : la machine est dite *déterministe*[9].

Enfin, une donnée initiale pour la machine est simplement le remplissage d'un nombre fini de cases de la bande par des symboles qui peuvent être séparés par des blancs, le reste des cases restant blanches. Au départ, la tête de lecture est sur le symbole non blanc le plus à gauche. C'est tout !

Voici maintenant comment la machine exécute son programme. À partir de son état initial et de sa donnée initiale, elle répète jusqu'à plus soif la même opération élémentaire : lire le symbole sous la tête, puis chercher une instruction dans la table associée à ce symbole dans l'état courant ; s'il y en a une, l'exécuter, puis passer à l'instruction suivante mentionnée ; s'il n'y en a pas, le calcul est terminé (plus soif) et le résultat du calcul est l'état de la bande à cet instant, nécessairement composé d'un nombre fini de symboles non blancs, possiblement séparés par des blancs.

---

9. On pourrait aussi considérer des machines *non déterministes*, c'est-à-dire autorisées à avoir plusieurs règles pour un couple état-valeur donné : ça ne change rien à la puissance de calcul.

UN EXEMPLE SIMPLE

La figure 18 ci-dessus montre une machine simple qui permet d'additionner deux nombres non nuls m, n écrits comme on l'enseigne aux petits enfants, en les écrivant comme des séries d'allumettes : chaque nombre écrit avec le même nombre de 1 consécutifs sur la bande (ici 2 et 3), en séparant les deux suites de 1 par un blanc. La machine a trois états : A pour la lecture du premier nombre, B pour la lecture du deuxième nombre et F pour la correction finale du résultat et l'arrêt du calcul. La tête de lecture est initialement sur le 1 le plus à gauche du premier nombre, et l'état initial est A. Les instructions sont les suivantes :

    A : si 1 alors décaler la bande à gauche et aller en A
        si blanc alors écrire 1 et aller en B
    B : si 1 alors décaler la bande à gauche et aller en B
        si blanc alors décaler la bande à droite et aller en F
    F : si 1 alors écrire un blanc et aller en F

Dans l'état A, on décale simplement à gauche tous les 1 du premier nombre jusqu'à trouver le blanc séparateur, qu'on remplace par un 1 en passant dans l'état B. Dans cet état B, on décale de la même façon à gauche tous les 1 du deuxième nombre jusqu'au blanc final. Mais il y a alors un 1 de trop sur la bande, celui qu'on venait d'écrire dans l'état A. On décale la bande à droite pour revenir à la position précédente et passer dans l'état F. Dans cet état, on relit le dernier 1 qu'on venait de lire deux coups d'avant, on écrit un blanc pour enlever ce 1 en trop puisqu'il y a maintenant $m+n+1$ symboles 1 sur la bande, et on reste dans ce même état F. Il n'y a maintenant plus aucune transition applicable puisqu'on relit le blanc qu'on vient d'écrire et que F n'a pas d'instruction pour le blanc.

La machine s'arrête et le calcul est terminé avec le résultat voulu, qui est cinq 1 pour la figure 18. Pénible, mais juste !

LA MACHINE UNIVERSELLE

L'étape suivante de l'œuvre de Turing, décisive, a été de montrer qu'on peut construire une machine universelle U qui se comporte exactement comme une machine M quelconque sur une donnée D quelconque à condition de lui donner d'abord sur la bande une description de la machine M symboliquement codifiée, que j'appelle ici *code(M)*, suivie de la donnée D. Une seule machine suffit donc pour tout calculer !

C'est la naissance de l'idée de la machine universelle à *programme enregistré*, le programme étant ici *code(M)*. Cette idée est allée très loin puisque tous les ordinateurs modernes qu'on peut acheter ne sont jamais que des machines universelles réalisant chacune efficacement la construction théorique de Turing[10] – heureusement sans la copier mot pour mot. En fait, dans nos ordinateurs et téléphones, on utilise plutôt l'architecture dite de von Neumann (qui n'est pas due qu'à lui), dans laquelle on emploie une unité arithmétique et logique très rapide et une mémoire de masse de grande taille accessible n'importe où, les deux étant commandées par ce qu'on appelle le *langage machine*. Ce langage de bas niveau, qui dépend de la machine, est bien plus pratique et efficace que le langage de Turing, mais aussi d'un ordre de grandeur plus compliqué à décrire et à théoriser.

Mais les machines de Turing et le λ-calcul de Church, montrés équivalents quant à leur puissance d'expression, ne sont pas les seuls systèmes de calcul possibles. Il a donc fallu les comparer à d'autres formalismes connus, qui ont tous été

---

10. On peut voir le métier à tisser de Jacquard et ses planches perforées comme un de ses précurseurs, pas aussi universel toutefois.

montrés de même puissance ou plus faibles. Cela a conduit Stephen Kleene à poser en 1950 la *thèse de Church-Kleene* qui exprime que tous les systèmes de calcul à venir resteront soit plus faibles, soit équivalents – ce qu'on appelle *Turing-complets*. Cette thèse n'a jamais été démentie : elle fonde la notion même de *calculabilité*, qui a donné son nom au domaine.

Notons pour finir que l'idée d'une machine universelle est unique dans l'histoire : elle n'existe ni en physique ni en mécanique, un moteur à essence étant très différent d'un levier et même d'un moteur électrique. Et elle est préservée dans l'informatique de tous les jours : *il n'y a pas la moindre différence de nature* entre un superordinateur qui simule le climat ou calcule la météo, un centre de données d'une firme industrielle, votre ordinateur portable, votre téléphone, et même le programmateur de votre machine à laver ! Toutes ces machines se programment avec quasiment les mêmes outils conceptuels et techniques[11].

L'INDÉCIDABILITÉ DU PROBLÈME DE L'ARRÊT

Lorsqu'on démarre un programme avec ses données sur une machine de Turing ou mieux sur un vrai ordinateur, une question directement liée au temps se pose immédiatement : le calcul va-t-il se terminer un jour, ou se continuer infiniment longtemps sans jamais atteindre une instruction qui provoque l'arrêt ? Dans notre exemple de l'addition unaire, c'est simple, mais *quid* du cas général ?

Et, mieux encore, peut-on le savoir à coup sûr sans se fatiguer, c'est-à-dire en construisant une autre machine de Turing

---

11. Il y a quelques années, j'ai été invité au barreau de Bruxelles pour parler aux avocats des impacts de l'informatique J'y avais fait cette remarque. À la fin de mon exposé, le grand bâtonnier a dit : « C'est ma femme qui va être contente : demain, je lui dis que je revends mon ordinateur et que je ne travaille plus que sur la machine à laver. » L'humour belge est toujours là ☺ !

dédiée à ce seul problème, qui prendrait sur la bande la même paire du code de notre machine et de sa donnée pour déterminer à coup sûr et en un temps fini si le temps de calcul de la machine universelle sera lui-même fini ou infini ? C'est sur cette question fort simple à énoncer que le génie de Turing s'est exprimé en grand.

Son résultat central, encore une fois démontré indépendamment par Church dans son λ-calcul mais de façon bien plus compliquée, est maintenant bien connu et popularisé sous le nom de *théorème de l'indécidabilité du problème de l'arrêt*. Il exprime que la réponse est négative : il n'est pas possible de construire une machine *A* prenant comme donnée la paire (*M*, *D*) d'une machine *M* quelconque et d'une donnée *D* et qui s'arrête au bout d'un temps fini en disant si oui ou non la machine *M* s'arrête quand on lui donne la donnée *D*. Hélas, c'est aussi vrai pour nos ordinateurs – dommage, ça nous serait vraiment utile !

La démonstration se fait par un argument diagonal qui rappelle le vieux paradoxe grec du menteur qui dit « je mens tout le temps » – si c'était vrai alors ce serait faux, et réciproquement. Pour développer cet argument, on construit assez facilement à partir de *A* une machine Δ (pour *diagonale*) qui prend en donnée un argument *X* et s'arrête si *A* dit que la machine codée par *X* appliquée à l'argument *X* lui-même boucle, mais se met elle-même à boucler si *A* dit le contraire. Appliquons alors Δ à l'argument Δ, donc cette machine à elle-même. Par définition de Δ, si le calcul sur Δ s'arrête, c'est que Δ doit boucler, et inversement s'il boucle, elle doit s'arrêter ! Donc Δ et *A* ne peuvent pas exister, CQFD. C'est trivial, mais il faut un peu de temps pour le comprendre si on n'est pas un peu initié à la logique avant.

Conclusion : il n'y a aucun espoir d'avoir une maîtrise totale du temps en informatique !

Mais que peut-on faire ou pas avec de vrais ordinateurs ?

EN THÉORIE, LA THÉORIE ET LA PRATIQUE, C'EST PAREIL, MAIS EN PRATIQUE, C'EST PAS VRAI

Ce bel aphorisme, apparemment dû à Ernest Rutherford mais popularisé par Yogi Berra[12], s'applique très bien ici. Mais ce n'est pas parce qu'on ne peut pas savoir par calcul si un programme va s'arrêter sur la donnée qu'on lui fournit qu'on ne peut rien faire. C'est devenu clair à la fin des années 1940 lorsque les premiers ordinateurs utilisables en pratique ont été construits, grâce d'une part aux progrès de l'électronique (encore à lampes) et d'autre part à des idées novatrices d'architecture technique, la plus célèbre étant la machine dite de von Neumann précitée. Depuis cette époque, les ordinateurs et leurs applications ont progressé de façon fulgurante, à la fois grâce aux circuits intégrés fournis par les physiciens avec maintenant des dizaines de milliards de transistors sur quelques millimètres carrés, aux progrès constants de l'architecture des machines, et enfin aux progrès de l'algorithmique et à ceux des langages et techniques de programmation et de vérification. Leurs nouvelles possibilités ont conduit les chercheurs à inventer, analyser et implémenter des centaines voire des milliers d'algorithmes efficaces pour des tâches de calcul extrêmement variées. Sans le soupçonner, vous en utilisez des dizaines dès que vous prenez votre téléphone ou vous connectez à Internet.

---

12. C'est un des fameux yogismes de Yogi Berra, voir le livre *Yogi Book*, Workman Publishing Company, 2010.

Notons aussi que les algorithmes sont partout dans les sociétés modernes, puisque l'informatique est maintenant devenue une science majeure et la plus grande industrie mondiale, mais que l'algorithmique n'est enseignée aux jeunes en France que depuis peu de temps, et encore de façon très partielle et très largement améliorable. Mais c'est une autre histoire, bien triste...

COMBIEN DE TEMPS UN ALGORITHME PREND-IL ?

Les questions les plus importantes quand on étudie un algorithme d'usage réel sont d'abord celle de sa correction bien sûr, puis celle de l'évaluation du temps de calcul et la quantité de ressources en temps et mémoire dont il va avoir besoin sur un vrai ordinateur, selon la taille des données qu'il reçoit. C'est essentiel en pratique, car nous ne pouvons pas attendre cent sept ans le résultat d'un calcul, mais les travaux précités de Turing et Church ne donnent aucune information pratique sur le sujet. Tous les algorithmes sont donc présentés et étudiés de façon mathématique, avec comme préoccupation centrale l'évaluation théorique du temps et de la taille mémoire ; les ordres de grandeur obtenus seront nécessairement respectés par leurs réalisations pratiques. Ce grand domaine a pris le nom de *complexité algorithmique*.

Quelles sont les meilleures méthodes pour additionner deux nombres, les multiplier, multiplier des matrices, chiffrer et déchiffrer un message, calculer la meilleure façon d'aller d'un point à un autre à pied ou en voiture en fonction de la carte, de l'état des routes et même de la circulation actuelle, ou encore construire un moteur de recherche répondant vite à des questions imprévisibles en analysant en un rien de temps les contenus des milliards de sites Web accessibles un jour donné ? La variété des algorithmes pratiques est immense, et les surprises ont été nombreuses même pour les algorithmes les plus simples.

Les classes de complexité

On cherche surtout à distinguer plusieurs niveaux pour la rapidité des algorithmes en fonction de la taille des données, en les classant dans ce qu'on appelle des *classes de complexité*. Ces classes sont associées à des fonctions mathématiques simples : complexité logarithmique quand le temps d'exécution croît comme le logarithme de la taille, ce qui est un rêve rare, linéaire quand il croît comme la taille, polynomiale quand il croît comme une puissance fixe de la taille (comme n^2 ou n^3, fréquents), exponentielle quand il croît comme 2^n – le vrai ennemi de la performance en pratique. Et il faut souvent distinguer complexité en moyenne ou complexité dans le pire des cas. Sans détailler outre mesure, nous allons en donner quelques exemples ci-dessous.

LES ALGORITHMES BON MARCHÉ : COMPLEXITÉ LOGARITHMIQUE OU LINÉAIRE

Si on cherche la définition d'un mot dans un dictionnaire, la méthode qui consiste à tourner les pages une par une jusqu'à le trouver est évidemment inefficace. La meilleure méthode est d'ouvrir le dictionnaire pile au milieu, de regarder si le mot cherché est dans la page, auquel cas on a gagné, ou avant dans l'ordre alphabétique, auquel cas on recommence la même chose avec la première moitié des pages, ou après dans cet ordre, auquel cas on recommence le même processus avec la seconde moitié. Ce principe n'a rien de nouveau, et les Grecs l'appelaient la *dichotomie*. Il est à la base de nombreux algorithmes.

Avec cette méthode, combien de temps faut-il pour trouver la bonne page si le dictionnaire en a n ? Au pire, un temps proportionnel au $\log_2(n)$, le *logarithme binaire de n*, qui est simplement le nombre de chiffres 0 et 1 qu'il faut pour écrire n. On nomme l'ordre de grandeur de ce coût $O(\log_2(n))$, la notation $O(...)$ signifiant qu'on ne tient pas compte du coût des opérations élémentaires simples, comme comparer deux mots selon l'ordre alphabétique. Comme la base du logarithme ne change pas non plus les ordres de grandeur, on peut aussi écrire $O(\log(n))$ avec le logarithme décimal usuel. La notation $O(...)$ sera universellement utilisée pour les ordres de grandeur.

Si le dictionnaire possède 256 pages, il faut au plus 7 itérations, 8 pour 512 pages, 9 pour 1 024 pages, et seulement 32 pour 8 milliards de pages, ce qui reste rare pour un dictionnaire ! La dichotomie est très efficace : on dit qu'elle est *sublinéaire*, puisque le temps d'exécution est très inférieur au nombre de pages.

Chercher un mot dans un livre est une opération très différente de le chercher dans un dictionnaire, et extrêmement fastidieuse pour un homme. On imagine naturellement qu'il faut lire au moins une fois tous les caractères du livre. Eh bien, pas du tout ! Le bel algorithme de Knuth-Morris-Pratt (non expliqué ici) permet de sauter plus vite dans le document en avançant la plupart du temps de plusieurs lettres d'un coup sans même les lire.

Passons à un autre exemple : vous avez appris à l'école primaire comment additionner des nombres de n chiffres en faisant des additions élémentaires de 2 ou 3 chiffres avec propagation de la retenue de droite à gauche. On dit alors que la complexité de cet algorithme est *linéaire en n*, noté $O(n)$ car le coût des additions de deux des trois chiffres avec une retenue est fixe et car il en faut soit n soit $n + 1$ pour faire l'addition complète, selon la valeur de la dernière retenue.

POURQUOI ON UTILISE DES CIRCUITS ÉLECTRONIQUES DÈS QU'ON LE PEUT

Le temps linéaire est déjà bien pour nous, mais les circuits électroniques font beaucoup mieux : nous allons voir au chapitre 9 qu'un circuit électronique parvient à additionner en temps logarithmique $O(\log(n))$. Fort utile, car le nombre d'additions que fait un circuit toutes les secondes se compte en milliards !

Plus surprenant encore : quand vous multipliez deux nombres décimaux par la méthode de l'école (celle d'Al-Khwârizmî), le temps que vous mettez est proportionnel au carré du nombre de chiffres, donc $O(n^2)$, beaucoup plus lent que celui de l'addition. Mais, sur un circuit, on peut multiplier deux nombres de n bits quasiment à la même vitesse qu'on les additionne, donc toujours en $O(\log(n))$. Mais cela demande un circuit très malin qui nécessite $O(n^2)$ opérateurs logiques, ce qui se reflète directement sur sa taille physique. En pratique, cela limite le nombre de bits des nombres considérés (voir p. 337 pour les détails).

À l'exécution, les circuits calculent à la vitesse de la lumière dans les fils en traversant des séquences de portes booléennes qui ralentissent la propagation. Mais, et c'est le plus important, les calculs se font simultanément sur des fils et portes placés en parallèle, ce qui provoque un gain essentiel en temps global de calcul. Pour profiter de cette structure parallèle, les algorithmes implémentés sur des circuits sont souvent très différents des algorithmes logiciels qui ne font qu'une opération à la fois, et leur conception est aussi très différente. Mais leur inconvénient est qu'ils sont impossibles à modifier une fois fabriqués, sauf pour une gamme de circuits spéciaux qu'on appelle FPGA[13], dont on peut reprogrammer le câblage interne par logiciel.

LES ALGORITHMES EN $O(n\log(n))$

La classe des algorithmes de complexité $O(n \log(n))$ est très importante, car elle contient la plupart des algorithmes de tri, qui sont d'utilisation constante en informatique. Ils sont très nombreux et souvent très malins, avec des profils de performance mieux adaptés à telle ou telle application pratique. Nous n'en présenterons aucun ici, ils sont faciles à trouver sur le Web. Remarquons que le logarithme binaire de 1 million vaut seulement 20. Il faut donc aller très loin pour voir le temps de calcul croître de façon vraiment gênante. Quelques autres algorithmes peuvent être en $O(n \log(n) \log(\log(n)))$, ce qui n'est pas vraiment différent en pratique, car $\log(\log(n))$ croît extrêmement lentement.

LES ALGORITHMES POLYNOMIAUX

Ensuite viennent les algorithmes *polynomiaux*, dans lesquels le temps de calcul est caractérisé par une puissance fixe de la taille n des données. Les algorithmes quadratiques, fréquents, sont ceux en $O(n^2)$, les cubiques, communs,

---

13. *Field programmable gate arrays* : « circuits reconfigurables dynamiquement ».

en $O(n^3)$, etc. Prenons un exemple : dans les cours de mathématiques, on apprend la multiplication de matrices avec un algorithme tout simple qui demande n^3 multiplications de coefficients pour des matrices $n \times n$. Avec un ordinateur, on peut faire mieux. Le chercheur allemand Volker Strassen a fait une avancée fondamentale en 1969, en exhibant un algorithme le faisant en $n^{2,807}$ opérations, le gain étant sensible pour les matrices de grande taille qui sont fréquentes dans beaucoup de domaines. Puis Coppersmith et Winograd ont donné un algorithme en $n^{2,376}$ en 1976, battu en mai 2023 dans quelques cas par l'algorithme d'apprentissage automatique du programme AlphaZero de Google, déjà célèbre pour ses victoires aux échecs et au go. Pour des matrices 4×4, ce dernier se contente de 47 multiplications au lieu des 49 de Strassen et des 64 de la méthode classique, et il a produit le même type d'avancée pour d'autres tailles de matrices.

Oui, dans ces calculs lourds qui mettent les humains mal à l'aise, la machine peut les battre à plate couture, sans toutefois savoir arroser sa victoire !

LE CALCUL BOOLÉEN

Un exemple typique et fondamental en pratique d'algorithme plus difficile et pour tout dire encore peu compris est le calcul booléen c'est-à-dire le tout bête calcul de *vrai* et *faux* déjà connu des Grecs de l'Antiquité mais brillamment formalisé par George Boole dans les années 1850. Il manipule des variables x, y, z..., et les trois opérateurs *et*, *ou*, *non*, qui peuvent construire des expressions complexes comme « x et (non (y ou (non z))) » (on en utilise de très grosses en pratique). Notons ces expressions par de grandes lettres A, B, etc. Voici le sens exact des opérations logiques :

• Pour qu'une conjonction « *A* et *B* » s'évalue à *vrai*, il faut que les deux arguments *A* et *B* s'évaluent à *vrai* ; pour qu'elle s'évalue à *faux*, il suffit qu'au moins un des arguments *A*, *B* s'évalue à *faux*.

• Pour le *ou*, c'est la formulation duale : pour que la disjonction « *A* ou *B* » s'évalue à *faux*, il faut que les deux arguments *A* et *B* s'évaluent à *faux* ; pour qu'elle s'évalue à *vrai*, il suffit qu'au moins un des arguments *A*, *B* s'évalue à *vrai*.

• Pour qu'une négation « non *A* » s'évalue à *vrai*, il faut que *A* s'évalue à *faux* ; pour qu'elle s'évalue à *faux*, il faut que A s'évalue à *vrai*.

Notons que le langage usuel n'est pas vraiment clair sur le sujet : on n'est jamais sûr du sens de « A ou B » si A et B sont tous les deux vrais, car on pense parfois à ce qu'on appelle le *ou exclusif*, faux si A et B sont vrais. Nous utiliserons toujours les opérateurs précis ci-dessus.

Techniquement, il est nettement plus pratique de renommer *faux* en 0 et *vrai* en 1, ce qui permet d'écrire les règles suivantes, plus courtes, plus générales et bien plus simples à l'usage, où x dénote une expression quelconque, dont on n'a d'ailleurs pas besoin de connaître la valeur :

$$\text{non } 1 = 0, \text{ non } 0 = 1$$
$$0 \text{ ou } 0 = 0, \; x \text{ ou } 1 = 1, \; 1 \text{ ou } x = 1$$
$$x \text{ et } 0 = 0, \; 0 \text{ et } x = 0, \; 1 \text{ et } 1 = 1$$

On peut même se restreindre aux deux opérateurs *ou* et *non*, car *et* peut se dériver facilement par la formule classique x *et* $y = \text{non}(\text{non}(x) \text{ ou } \text{non}(y))$.

Peut-on trouver intéressant un calcul aussi rudimentaire ? Pourtant, il est utilisé en très grand dans beaucoup de domaines de recherche et industriels, tout en restant un grand mystère.

LE PROBLÈME SAT

Le problème principal, appelé sobrement SAT, est de savoir si une formule booléenne est *satisfiable*, c'est-à-dire si on peut trouver des valeurs des variables qui rendent cette formule vraie (ou égale à 1 dans le formalisme booléen). C'est un problème très ancien, déjà connu des Grecs, bien que George Boole ne l'ait théorisé que dans les années 1850 en fondant la logique mathématique moderne, et sur lequel ont travaillé beaucoup de logiciens dont Lewis Caroll, l'auteur d'*Alice au pays des merveilles*.

Étant donné une formule booléenne, une proposition de solution à SAT est simplement une affectation de valeurs 0 ou 1 aux variables qui donne la valeur 1 à l'expression, ce qui se vérifie en temps linéaire quand les valeurs sont connues. Mais ça ne dit rien du tout sur comment trouver une affectation de ce type ! Une solution simple est bien sûr d'essayer une à une toutes les combinaisons de valeurs 0/1 de toutes les variables. Si une de ces combinaisons rend la formule vraie, on sait qu'elle est satisfiable et on peut arrêter le calcul. Mais si une formule à n variables n'est pas satisfiable, il faut avoir testé négativement toutes les 2^n combinaisons de valeurs pour ses variables pour le conclure, ce qui a donc demandé un temps d'ordre de grandeur $O(2^n)$, donc exponentiel. L'exponentielle grandissant très vite, ce calcul est hors de portée même des ordinateurs les plus rapides et cela même pour un nombre modeste de variables par rapport aux besoins pratiques : $2^{10} = 1024$, ce qui est facile en pratique, mais 2^{20} est de l'ordre du million, mille fois plus cher, 2^{30} est de l'ordre du milliard, donc encore mille fois plus cher, etc. Or, 30 est petit pour bien des problèmes pratiques...

Rappelons que l'exponentielle est bien illustrée par la vieille légende du sage Sissa, à qui le roi Belkib accepte de donner en récompense un grain de blé sur la première case d'un jeu d'échecs, deux sur la seconde, quatre sur la troisième, etc. La dernière case aurait dû en contenir 20 milliards de milliards ! La loi de l'exponentielle est dure mais c'est la loi. Pourtant, elle est hélas encore bien méconnue de la population sur d'autres sujets, dont la propagation des épidémies – j'ai même entendu des journalistes utiliser l'expression « un nombre exponentiel » pour parler d'un très grand nombre, alors même que tout nombre est par construction « exponentiel » car égal à l'exponentielle de son logarithme !

LA CLASSE NP ET LA NP-COMPLÉTUDE

Un des plus grands résultats et le plus grand mystère de l'algorithmique sont dus au chercheur canadien Stephen Cook en 1971, lorsqu'il a caractérisé la classe des problèmes *NP-complets*. Il a d'abord nommé NP, pour *non déterministe polynomial*, tout problème algorithmique pour lequel on sait vérifier pour une donnée quelconque de taille n si une proposition de solution inventée on ne sait comment est bien une solution valable pour cette donnée, mais avec la contrainte que cette vérification prenne seulement un temps polynomial en la taille de la donnée, c'est-à-dire de la forme $O(n^\alpha)$ pour un certain entier α – ce qui est pensé comme faisable en pratique. L'expression « non déterministe » du signe NP veut simplement dire qu'il n'y a pas de bonne méthode pour choisir les propositions de solution, qu'on pourrait par exemple tirer au sort.

Le problème SAT est de ce type, mais on y trouve aussi beaucoup d'autres problèmes fondamentaux en pratique : celui de faire un emploi du temps dans un lycée pour n cours et *p* salles, ou celui dit du *voyageur de commerce*[14], qui a bien plus d'applications que son nom ne le suggère : étant donné une carte, un point de départ et une liste de villes à atteindre, trouver le chemin le plus court passant une fois et une seule par toutes ces villes. Cook a listé plusieurs autres problèmes de grande importance pratique appartenant à la classe NP, et cette liste n'a fait que grandir ensuite avec des applications potentielles dans beaucoup de domaines hors de l'informatique pure.

Mais Cook a surtout montré que tous les problèmes de sa liste initiale étaient équivalents, et même intercodables les uns dans les autres : si on résout l'un quelconque d'entre eux en temps polynomial, il devient facile de résoudre tous les autres dans le même temps ! Il les a donc appelés *NP-complet*s, car chacun d'eux a un caractère universel pour cette classe de complexité.

Il est clair que ni la divination ni le tirage au sort ne sont une méthode pratique pour trouver une solution parmi un nombre exponentiel de propositions ! La question se pose donc du temps réellement nécessaire pour résoudre un problème NP-complet quelconque dans tous les cas de figure, soit en proposant une vraie solution, soit en montrant qu'il n'y en a pas. Est-il polynomial ou exponentiel ? On nomme cette question toujours ouverte P = NP. Beaucoup de chercheurs pensent que c'est nécessairement un temps exponentiel, d'autres qu'il peut être polynomial, et plusieurs preuves subtiles des deux côtés ont été publiées sur Internet pour examen par les autres chercheurs ; mais toutes ont été montrées incorrectes, parfois après beaucoup d'efforts.

Notons que ce problème très général est crucial pour l'informatique pratique, et donc tout sauf anodin : il fait maintenant partie de la liste des « sept plus grands problèmes

---

14. https://fr.wikipedia.org/wiki/Probl%C3%A8me_du_voyageur_de_commerce.

ouverts du millénaire en mathématiques » selon le Clay Mathematical Institute, qui offrira 1 million de dollars à qui le résoudra. À vos plumes et claviers !

LES HEURISTIQUES, UNE HEUREUSE SOURCE D'ESPOIR

Pourtant il ne faut pas perdre espoir même si $P \neq NP$, c'est-à-dire si les problèmes NP-complets sont réellement exponentiels relativement à la taille de données dans le pire des cas : on n'est pas obligatoirement dans ce cas, et on peut essayer de le résoudre dans des cas pratiques même de grande taille à l'aide d'*heuristiques*, c'est-à-dire d'algorithmes approchés qui peuvent trouver des solutions à certains de ces problèmes mais ne sont pas garantis de les trouver toujours.

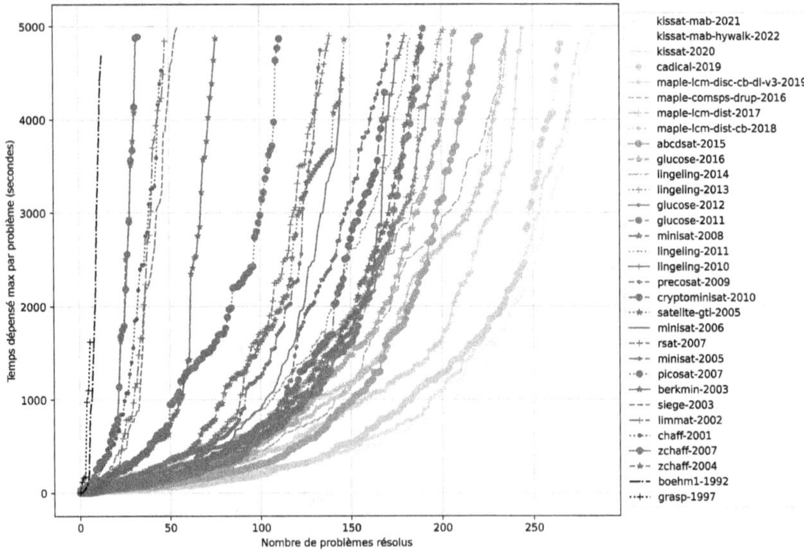

Figure 19. Les progrès des solveurs SAT.

Depuis les années 2000, à la suite de quelques idées vraiment novatrices, beaucoup d'heuristiques ont été développées à travers le monde pour le calcul booléen. Elles sont comparées tous les ans sur une collection de 200 à 600 problèmes augmentée chaque année, en mesurant combien elles en résolvent en moins d'une heure de calcul sur un ordinateur adapté. La courbe des progrès, présentée à la figure 19, parle d'elle-même pour la période jusqu'à 2022 : en ordonnée le temps de résolution (avec une limite de 5 000 secondes), en abscisse, le nombre de problèmes résolus chacun dans ce temps, chaque courbe colorée correspondant à un solveur dont le nom est indiqué à droite.

Le lecteur intéressé pourra en savoir plus en visionnant mon cours du 16 mars 2016[15] au Collège de France, accompagné du séminaire *Des victoires contre les problèmes difficiles* par Laurent Simon[16], grand acteur du domaine et coauteur du beau système SAT Glucose dont nous reparlerons plus loin ; il m'a beaucoup appris sur le sujet. C'est probablement le cours que j'ai mis le plus longtemps à préparer, d'autant plus que j'ai reçu quinze jours avant le tome 4, fascicule 6, intitulé sobrement *Satisfiability* de la fantastique série de livres *The Art of Computer Programming*, écrite depuis 1962 par Donald Knuth et qui rassemble quasiment toutes les connaissances sur un sous-domaine de l'algorithmique aux époques de parution de chaque tome. Knuth, prix Turing 1974, est un monstre du domaine qui continue son travail à 85 ans comme si de rien n'était. Le volume sur le

---

15. https://www.college-de-france.fr/fr/agenda/cours/structures-de-donnees-et-algorithmes-pour-la-verification-formelle/sat-la-satisfaction-booleenne.
16. https://www.college-de-france.fr/fr/agenda/seminaire/structures-de-donnees-et-algorithmes-pour-la-verification-formelle/sat-des-victoires-contre-les-problemes-difficiles.

seul problème SAT, paru fin 2015, ne fait pas moins de 310 lourdes pages à lui seul, dont 51 pages d'exercices et 94 pages de réponses à ces exercices...

L'EXEMPLE DU SUDOKU

Un bon cas d'application est celui du sudoku, qui donne du fil à retordre aux humains que nous sommes. Il est facile à exprimer en calcul booléen : trouver le résultat d'une grille se traduit en un problème SAT à $87 = 9 \times 9 \times 9$ variables $V_{x,y,v}$ à rendre vraies si et seulement si la solution comporte la valeur v à la case de la ligne x et de la colonne y. La grille de l'énoncé est codée en forçant les valeurs des variables correspondant à ses cases non vides, par exemple en posant $V_{2,5,7} = 1$ si la case de la ligne 2 et de la colonne 5 contient la valeur 7 dans l'énoncé et $V_{2,5,v} = 0$ pour $v \neq 7$. On ajoute ensuite des termes implémentant les règles du Sudoku : chaque case i,j vide dans l'énoncé ne doit contenir qu'une valeur, ce qui veut dire qu'exactement une de ses 9 variables doit devenir vraie avec les autres fausses ; et deux cases de la même ligne, de la même colonne ou dans un des carrés 3×3 de la grille ne peuvent pas avoir la même valeur. Tout ça est trivial à écrire en booléen avec l'aide d'un petit programme d'ordinateur, mais conduit à une formule d'une taille respectable, disons dans les 50 000 symboles à la louche. Chercher la solution peut prendre pas mal de temps pour un humain, mais est ultrarapide avec un algorithme moderne et un ordinateur banal : on a à peine appuyé sur la touche d'envoi que la solution arrive, Sudoku coté très difficile ou pas !

DEUX ÉNORMES PREUVES SAT
EN MATHÉMATIQUES...

Le chercheur Martin Heule se consacre depuis quelques années à utiliser les moteurs SAT pour résoudre des questions mathématiques ouvertes, précisément dans le domaine de la théorie des nombres où les énoncés sont très simples mais les preuves difficiles et faisant souvent appel à de nombreux pans des mathématiques, qui n'ont apparemment rien à voir avec le domaine. Un exemple célèbre de problème ouvert en théorie des nombres est la conjecture de Goldbach, d'énoncé simplissime : *tout nombre pair est la somme de deux nombres premiers*, comme pour 12 = 7 + 5 ou 52 = 23 + 29. Elle a été testée très loin sur ordinateur, sans jamais trouver de contre-exemples, mais ça ne veut rien dire en mathématiques. Martin Heule travaille plutôt sur des problèmes déjà résolus mathématiquement dans le cas général, mais en cherchant des solutions précises à des sous-problèmes précis.

DEUX PROBLÈMES DE TRIPLETS COLORÉS

Sa première victoire a concerné le problème des *triplets pythagoriciens*, c'est-à-dire les triplets de nombres entiers a, b, c différents les uns des autres et tels que $a^2 + b^2 = c^2$. Peut-on colorier chaque nombre entier positif avec une couleur choisie parmi un set de deux couleurs de telle façon qu'il n'existe aucun triplet pythagoricien monocolore, c'est-à-dire dont les trois entiers aient la même couleur ? La réponse est non, c'est impossible, et sa preuve mathématique, due à van der Waerden, date de 1927. Heule et ses collègues se sont demandé à partir de quel nombre n l'existence d'un triplet pythagoricien monocolore devient obligatoire dans l'ensemble $\{1..n\}$ des nombres inférieurs ou égaux à n. La solution est $n = 7\,825$.

Le problème est facile à traduire en calcul booléen, mais pas à résoudre. Heule a d'abord coupé le problème en 1 000 sous-problèmes en énumérant les choix de valeurs 0/1 pour quelques variables clairement décisives, puis montré avec 1 000 appels au solveur SAT Glucose précité que le plus petit nombre n pour lequel on ne peut plus éviter l'existence d'un triplet monocolore est 7 825, en exhibant en plus tous les triplets non monocolores pour 7 824 et en montrant que la formule pour 7 825 est insatisfiable. Dans ce cas, Glucose sait aussi produire une preuve formelle d'insatisfiabilité en logique classique, elle vérifiable sans difficulté par d'autres petits logiciels bien plus simples. La preuve logique fournie par Glucose après recombinaison des preuves spécifiques aux 1 000 cas fait la taille respectable de 200 téraoctets, soit une bonne vingtaine de gros disques durs actuels ! Le tout a demandé des calculs assez colossaux, totalisant 51 000 heures de calcul sur un superordinateur parallèle à 800 unités de calcul (CPU) – bien adapté à ce type de problème où l'on peut traiter énormément de cas en parallèle sur des CPU différents. Le temps à la montre n'a été que de deux journées et demie calendaires.

Heule a récidivé sur un problème du même type mais bien plus dur : en coloriant chaque nombre par une couleur parmi un nombre fini de couleurs, peut-on toujours trouver des triplets monocolores de nombres entiers a, b, c distincts et tels que $a + b = c$? Shur a montré que non en 1917 pour tout nombre de couleurs, mais la question ouverte était similaire à celle des triplets pythagoriciens : pour 5 couleurs, à partir de quel nombre n est-on sûr d'avoir un triplet monocolore si on prend tous les nombres entre 1 et n ?

La réponse est $n = 160$, mais la preuve a été obtenue cette fois en coupant le problème en 10 000 sous-problèmes distincts et en utilisant 4 300 heures de CPU, mais en un temps réel de trois jours sur un superordinateur parallèle multi-CPU plus récent. La preuve formelle d'insatisfiabilité fournie par Glucose et vérifiée en logique classique (sans la stocker heureusement) fait cette fois 2 pétaoctets (milliards de milliards d'octets) !

SAT DANS L'INDUSTRIE

Mais SAT ne sert pas qu'au Sudoku et aux théorèmes mathématiques. Il joue un rôle de plus en plus essentiel dans l'industrie des circuits électroniques dont nous allons parler brièvement plus loin, dans la vérification des propriétés critiques des programmes, et dans bien d'autres domaines encore. Eh oui, la recherche théorique fondamentale peut s'avérer tout aussi fondamentale en pratique !

... MAIS VOICI UN PROBLÈME TRIVIAL QU'ON NE SAIT PAS RÉSOUDRE EN SAT

À l'inverse, il n'est pas difficile de trouver des problèmes booléens bien plus petits et mathématiquement évidents qu'on ne sait pourtant pas traiter avec les solveurs SAT. Par exemple, il est facile d'écrire une formule booléenne exprimant que si on a 40 pigeons et 39 trous pour qu'ils entrent dans le pigeonnier, il y en a nécessairement deux qui passeront par le même trou. Certains des solveurs précités arrivent à le prouver, mais avec des méthodes *ad hoc* de détection de symétries, évidentes pour ce problème particulier, qu'on ne sait pas encore généraliser à des problèmes quelconques. Cela reste un grand objet de recherches.

Les problèmes trop chers à résoudre, au cœur de la cybersécurité

Jusqu'à maintenant, j'ai parlé des problèmes algorithmiques qu'on sait résoudre dans quantité de cas pratiques de l'informatique classique. Mais certains problèmes que l'on pense ne pas pouvoir résoudre y compris avec des heuristiques comme pour SAT – même si ce n'est pas complètement sûr – sont tout aussi importants dans un autre domaine, celui de la sécurité informatique, maintenant renommée la cybersécurité ou même « la cyber » pour une raison que je ne connais pas, le vieux préfixe cyber- étant plutôt abandonné ailleurs par les informaticiens. Ces problèmes durs sont en effet au centre du chiffrement des messages et données quelconques, avec de nombreuses applications essentielles en pratique : mots de passe, communications sécurisées par Internet ou téléphone, paiements bancaires, sauvegarde de documents à garder secrets, signature « électronique » et vote « électronique », etc. – j'ai mis électronique entre guillemets, le vrai adjectif devant plutôt être algorithmique, mais les références au matériel plutôt qu'à l'intellectuel ont la vie dure.

Plus précisément, le sujet s'intéresse aux fonctions mathématiques faciles à calculer mais difficiles à inverser, le terme « inverser » signifiant « retrouver la valeur de l'argument [ici le message] quand on ne connaît que son image [le message codé] ». Je vais en citer deux classes, largement utilisées dans le monde moderne sans nécessairement que l'utilisateur ait besoin de les connaître. Pour cela, nous parlerons des trois personnages mythiques de la communication informatique secrète : Alice et Bob, amis cherchant à établir une communication sécurisée, et Eve, l'ennemie jurée, qui cherche à intercepter la communication, à modifier les messages ou à en envoyer des écrits par elle-même.

LE CHIFFREMENT SYMÉTRIQUE

La première classe de fonction est utilisée dans ce qu'on appelle le *chiffrement symétrique,* celui utilisé pour chiffrer des documents et les données transmises sur Internet quand on se connecte à des sites dont le nom commence par *https://* : il indique que les communications seront chiffrées, alors qu'elles restent en clair pour les sites commençant par *http://*. Les algorithmes symétriques utilisent une seule clef, qui doit être partagée entre Alice et Bob. Cette clef est utilisée à la fois pour le chiffrement et le déchiffrement, et c'est généralement un nombre à 256 bits. Le plus répandu des chiffrements symétriques est AES, abréviation de Advanced Encryption Standard[17]. Les données à chiffrer sont coupées en blocs successifs individuellement triturés par des algorithmes efficaces en fonction de la clef de chiffrement, la trituration inverse à partir de la même clef reconstituant de façon tout aussi efficace les blocs originaux et donc les données avec la même clef, et pas avec une autre. L'idée est de rendre le décodage impossible en temps raisonnable (par exemple l'âge de l'univers) par Eve si elle n'a pas la clef. Mais rien ne dit *a priori* que ce décodage est vraiment impossible, et analyser ce genre de question est l'objectif de la cryptanalyse, un domaine particulièrement difficile et vraiment hors de portée de cette présentation.

---

17. Voir https://fr.wikipedia.org/wiki/Advanced_Encryption_Standard.

DIFFIE-HELLMAN :
CONSTRUIRE SECRÈTEMENT
UNE CLEF COMMUNE

Cependant, pour la communication à distance, même si le chiffrement est efficace et excellent, il faut trouver un moyen de partager cette clef de façon secrète entre Alice et Bob, qui peuvent être à grande distance. C'est là que sont intervenus deux chercheurs remarquables, Whitfield Diffie et Martin Hellman, prix Turing 2015. Ils ont défini en 1976 le protocole appelé depuis Diffie-Hellman, mais en citant explicitement le nom largement oublié depuis de Ralph Merkle comme ayant apporté des contributions remarquables à cette idée. Il semble aussi que ce chiffrement était déjà connu en 1969 de chercheurs au contre-espionnage anglais ; le chiffrement a en effet une longue tradition en Angleterre, depuis que Turing – encore lui – avait joué un rôle clef dans le décodage du code allemand Enigma, décodage qui a été une des clefs de la victoire des Alliés dans la Seconde Guerre mondiale.

L'idée est qu'Alice construit deux clefs différentes, l'une publique envoyée à Bob en clair (et donc interceptable par Eve) et l'autre qu'elle garde cachée et qu'on appelle sa clef privée. Tout message chiffré par Alice avec sa clé privée ne peut être décodé que par sa clef publique. Mais cette clef publique peut être interceptée par Eve, et ce chiffrement simple ne suffit pas. Il faut aussi que Bob fasse la même chose de son côté.

Ensuite, Alice et Bob s'entendent sur un long mot qui peut être tout à fait public et donc connu aussi d'Eve. Pour construire leur secret commun, Alice chiffre d'abord ce mot avec sa clef privée puis rechiffre le résultat avec la clef publique de Bob ; Bob fait de même en chiffrant le mot avec sa clef privée puis en rechiffrant le résultat avec la clef publique d'Alice. Si on s'y prend bien, le résultat est le même pour Alice et Bob sans qu'ils aient besoin de communiquer davantage, et il peut être utilisé comme clef commune pour AES par exemple, sans que Eve puisse connaître cette clef commune puisque dans les deux cas une clef secrète a été utilisée dans le chiffrement.

LE FONCTIONNEMENT DE L'ALGORITHME DE DIFFIE-HELLMAN

Pour les amateurs de maths, Diffie et Hellman ont inventé une façon de mettre ce principe en pratique en utilisant un nombre premier p, la fonction entière dite exponentielle modulaire $f(n) = m^n$ mod p, et un générateur $g < p$ tel que g^q mod p prend toutes les valeurs entre 0 et $p - 1$ quand l'entier q varie lui-même entre 0 et $p - 1$. Les nombres p et g peuvent être publics. Alice choisit au hasard un (grand) nombre quelconque a comme clef privée, puis envoie $A = g^a$ mod p à Bob comme clef publique. Bob fait pareil en tirant au hasard b, puis en envoyant sa clef publique $B = g^b$ mod p à Alice. Si Alice calcule B^a mod p et Bob A^b mod p, ils trouvent le même résultat car $(g^a$ mod $p)^b$ mod $p = (g^b$ mod $p)^a$ mod $p = g^{ab}$ mod p grâce aux lois de l'exponentiation modulaire. Étant commun, ce résultat peut être utilisé comme clef commune pour AES par Alice et Bob, alors qu'Eve ne peut pas le deviner car elle ne connaît ni a ni b. On présume la méthode invulnérable, car on pense que le problème posé, celui de calculer a si on connaît g^a mod p (*idem* pour b), est trop difficile pour être résolu même avec le plus gros des ordinateurs classiques. On l'appelle le problème du *logarithme discret*. Mais sa sécurité n'est pas encore établie, car des attaques redoutables ont été conçues pour certains choix des nombres de base p et g.

L'attaque la plus redoutable a été *Logjam*, développée par plusieurs chercheurs dans le monde, dont Pierrick Gaudry au LORIA de Nancy : elle permettait de casser la sécurité d'un bon nombre de sites Internet qui utilisaient des clefs de 512 bits (155 chiffres décimaux) en quelques jours sur un ordinateur à l'aide d'un précalcul par tabulation qu'il est

> hors de question de décrire ici[18]. Ces clefs trop courtes ne devraient plus être utilisées depuis longtemps, mais certains objets informatisés les utilisent encore et peuvent forcer le protocole https à l'utiliser, ce qui est facilement faisable depuis n'importe quel terminal. Les auteurs pensent aussi que les clefs de 1 024 bits ne sont pas non plus suffisantes et qu'il faut utiliser des clefs de 2 048 bits, soit plus de 600 chiffres décimaux !

LE CHIFFREMENT ASYMÉTRIQUE RSA

L'année suivante, en 1977, Ronald Rivest, Adi Shamir et Leonard Adleman, tous prix Turing 2002, ont inventé le chiffrement RSA (leurs initiales), aussi fondé sur l'utilisation de clefs privées et publiques duales. Il va plus loin que Diffie-Hellman, car il permet aussi de chiffrer directement des messages quelconques au lieu de se reposer sur AES ou autre. Il est par exemple utilisé dans le logiciel libre PGP (Pretty Good Privacy) que chacun peut utiliser de chez lui. Ici, le chiffrement est dit *asymétrique* car la clef de chiffrement du message, privée, est différente de sa clef de déchiffrement, publique. Cela permet aussi la signature du message, pourvu bien sûr que la clef privée le reste comme pour toute autre méthode.

L'idée est ici aussi de s'appuyer sur les nombres premiers, mais avec un autre problème mathématique, celui de la factorisation du produit de deux très grands nombres premiers p et q que l'on pense infaisable avec des ordinateurs classiques. La mécanique n'est pas simple et je ne l'expliquerai pas ici[19].

Le codage est-il sûr, c'est-à-dire la factorisation du produit pq en p et q ne peut-elle pas être réalisée en temps

---

18. Mais il y en a une description lisible : E. Thomé, P. Gaudry, P. Zimmermann, « Logjam : la faille qui met Internet à nu », *CNRS, le Journal*, 22 décembre 2015, https://lejournal.cnrs.fr/billets/logjam-la-faille-qui-met-internet-a-nu.
19. Elle est décrite dans Wikipédia, bien sûr : https://fr.wikipedia.org/wiki/Chiffrement_RSA.

polynomial ? On le pense, et aucune attaque du type Logjam n'a jamais été construite, mais on ne sait pas le prouver. Et le prouver ne sera certainement pas simple, car l'existence de fonctions non inversibles en temps polynomial prouverait aussi $P \neq NP$, résolvant donc de plus un des sept plus grands problèmes du millénaire mentionnés ci-dessus !

LA MENACE DE L'ORDINATEUR QUANTIQUE

Mais il reste un hic de taille : en 1998, le mathématicien américain Peter Shor a montré de façon théorique qu'un ordinateur quantique parfait pourrait résoudre en temps polynomial l'exponentielle modulaire de Diffie-Hellman et RSA, et la factorisation du produit pq des deux nombres premiers de RSA en temps polynomial dans la taille en bits des clefs, ce qui deviendrait donc possible même avec de grandes tailles de clefs. On conjecture que ce sera impossible avec un ordinateur classique, pour lequel on ne connaît que des solutions proportionnelles à l'exponentielle du nombre de bits du produit pq, ce qui est sans espoir même pour des tailles de clefs raisonnables en pratique.

Ces deux chiffrements deviendraient alors déchiffrables rapidement. Un ordinateur quantique capable de le faire pour les tailles de clefs actuelles est encore loin d'exister, et ceux qui existent actuellement sont bien trop petits et avec des bits quantiques affectés de trop d'erreurs, pour la correction desquelles il faut aussi un gros ordinateur classique. Mais il y a de très gros budgets et groupes de chercheurs sur le sujet, ce qui n'empêche pas qu'on ne sait pas encore si et quand on y arrivera.

Il faut dire aussi que les journalistes sont prompts à s'enthousiasmer pour un tel projet, au point pour certains de proférer des prévisions futuristes quant au remplacement pur et simple des ordinateurs classiques par des ordinateurs quantiques. Certes, rien ne dit que c'est impossible à long terme, mais, au moins pour un bon moment, les ordinateurs quantiques demanderont une température proche du zéro absolu, donc pas vraiment à la portée de nos congélateurs domestiques ! Sans compter qu'on ne connaît que très peu d'algorithmes implémentables sur eux avec une efficacité nettement supérieure à celle des méthodes classiques, et que nos ordinateurs actuels font bien d'autres tâches pour lesquelles les quantiques seraient inopérants. Il me paraît plus sain de lire le rapport *Quantum Computing : Progress and Prospects* des National Academies des États-Unis, paru en 2019, mieux renseigné et plus mesuré.

Cependant, il ne faut pas non plus oublier que les ordinateurs quantiques ont déjà fait leurs preuves sur d'autres problèmes importants, comme le calcul du repliement des protéines synthétisées par la cellule à partir de la chaîne linéaire du code de l'ARN, crucial pour la biologie moléculaire. Bien d'autres problèmes sont actuellement essayés, sur lesquels je ne suis pas compétent.

Par ailleurs, et nous allons en reparler au prochain chapitre, la communication quantique fondée sur l'intrication quantique, dont la mise en évidence pratique a donné le prix Nobel à Alain Aspect en 2022, en est déjà au stade industriel.

Enfin, le rapport américain signale un problème absolument majeur : si les algorithmes quantiques cassent les chiffrements actuels, ils permettront de déchiffrer après coup presque tous les documents actuellement codés par AES, en décodant les clefs AES passées sur Internet par RSA. Savoir si AES lui-même résiste ou pas est en revanche un problème ouvert. Et les premiers ordinateurs quantiques adaptés seront probablement installés par les gouvernements des grandes puissances économiques, ravies de déchiffrer tout ce qui sera accessible. Or il faudra très longtemps pour rechiffrer autrement les documents – au moins si on sait lesquels choisir, si tant est qu'on ait les moyens de le faire dans les pays moins dotés...

Mais les chercheurs ont d'autres principes de chiffrement des systèmes résistant aux ordinateurs quantiques, voir l'encadré ci-dessous.

LES NOUVEAUX STANDARDS À BASE DE COURBES ELLIPTIQUES

Depuis les années 1985, à la suite des idées de Neal Koblitz et Victor S. Miller, les chercheurs ont développé de nouveaux algorithmes de chiffrement fondés sur les courbes elliptiques, une autre branche des mathématiques qui procure des algorithmes plus chers à calculer mais aussi des clefs plus courtes ; il est hors de question de les décrire ici[20]. Certains de ces algorithmes sont déjà utilisés, et d'autres pourraient bien résister aux ordinateurs quantiques. C'est pour cela que le NIST américain (National Institute for Standards and Technology[21]) a lancé en 2016 un concours visant à sélectionner les meilleurs algorithmes postquantiques. En avril 2023, trois algorithmes ont été soumis au feu de la critique par les meilleurs scientifiques mondiaux, un autre ayant déjà été recalé. Ils sont maintenant normalisés officiellement, mais *wait and see* pour leur mise en place effective partout, comme on dit en anglais.

---

20. Voir Wikipédia, comme d'hab : https://fr.wikipedia.org/wiki/Cryptographie_sur_les_courbes_elliptiques.
21. Voir https://www.nist.gov/.

CHAPITRE 8

Le parallélisme asynchrone en informatique

Dans le chapitre précédent, nous avons gardé le point de vue initial de l'informatique, celui de Turing : il n'y a qu'un programme à la fois sur une machine de Turing, et il ne fait qu'une seule chose à la fois ; on dit que son calcul est *séquentiel*. C'est la même chose pour le λ-calcul de Church, dont j'ai montré dans ma thèse de 1979 qu'il était aussi séquentiel : même si on peut calculer à plusieurs endroits d'une expression, ça ne change rien au résultat. La séquentialité des calculs induit une propriété fondamentale : leur *déterminisme,* c'est-à-dire le fait que deux exécutions d'un programme sur les mêmes données donneront les mêmes résultats[1]. Ce déterminisme simplifie énormément le test ou la preuve de la correction des programmes, et donc la confiance qu'on peut leur accorder.

Une forme faible de parallélisme a été introduite il y a déjà longtemps dans les supercalculateurs, dont l'emblématique Cray 1 : ils pouvaient exécuter en parallèle des calculs

---

1. Sauf toutefois pour les programmes incorrects, par exemple ceux qui lisent la valeur d'une case mémoire où ils n'auraient pas dû avoir accès, en y trouvant une valeur quelconque qui peut affecter leur exécution ultérieure et aussi provoquer des trous de sécurité. Mais nous ignorerons ce cas ici.

numériques identiques mais sur des données différentes. Ce principe a ensuite conduit aux GPU (*graphics processing units*), machines parallèles simples mais efficaces originellement destinées, comme leur nom l'indique, à accélérer les dessins sur les écrans, qui se sont aussi avérés utiles pour toutes sortes de calculs mathématiques et maintenant pour l'apprentissage automatique par réseaux de neurones profonds. Mais ce n'est pas ce qui va nous intéresser ici, car toutes ces machines ne font qu'accélérer les calculs en gardant un comportement déterministe classique.

C'est dans les années 1970 qu'a été systématisé et analysé le parallélisme *asynchrone*, lui par essence non déterministe. Il y avait plusieurs raisons. D'abord, la complexification des systèmes d'exploitation des ordinateurs, qui savaient de mieux en mieux gérer plusieurs programmes : même si ces programmes restaient indépendants les uns des autres, il fallait gérer leurs conflits d'accès aux ressources communes comme la mémoire ou les entrées-sorties. Ensuite, l'apparition des réseaux d'ordinateurs, qui demandaient des protocoles de communication qui sont par essence parallèles car connectant deux ou plusieurs machines distinctes par des lignes imparfaites, dont il fallait détecter et rattraper les erreurs de transmission. Plus tard arrivèrent l'Internet et le Web, ce dernier obéissant à un modèle de parallélisme assez simple nommé *client/serveur*. Enfin, dans les années 2010, les ordinateurs de monsieur tout-le-monde sont devenus multiprocesseurs, ce qui leur permet d'exécuter en même temps plusieurs programmes. De plus en plus, un programme peut être découpé en activités parallèles coordonnées, ce qui exige de gérer soi-même les conflits d'accès aux ressources. Maintenant, le *cloud computing* s'étend de plus en plus partout dans le monde avec ses ordinateurs et bases de données réparties, et les fameuses *blockchains* ont fait leur apparition. On ne sait même plus où se passent les calculs.

Le calcul parallèle asynchrone obéit à des principes très différents du calcul séquentiel. Il a nécessité l'introduction de nouveaux formalismes, de nouvelles méthodes et instructions pour la programmation, et surtout de nouvelles pratiques. En effet, le non-déterminisme intrinsèque de toutes ces applications rend le comportement de leurs programmes bien plus compliqué à cause du nombre gigantesque de configurations atteignables même par un seul calcul, ce qui peut conduire à des bugs spécifiques très difficiles à éviter et à détecter, que nous décrirons plus loin. Cela rend la mise au point des applications parallèles asynchrones particulièrement difficile.

Notons que, comme son nom l'indique, le parallélisme asynchrone n'est que rarement lié à la notion de temps chronométrique, sauf en ce qui concerne le protocole de synchronisation temporelle NTP décrit au chapitre 4 pour Internet et la base de données distribuée Spanner brièvement décrite plus loin dans ce chapitre. Mais, même s'il n'est que rarement explicitement exprimé, le temps n'est jamais bien loin car il est la cause directe de nombreux problèmes pas simples du tout, d'où la pertinence du domaine pour ce livre.

Les racines du parallélisme asynchrone

L'introduction du parallélisme en informatique s'est faite doucement, et il ne s'est généralisé que petit à petit, jusqu'à devenir la norme actuellement.

DU *TIME SHARING*
AUX GRANDS SYSTÈMES D'EXPLOITATION

Dans les années 1950, un ordinateur mettait toutes ses ressources à la disposition d'un seul programme. Quand il lisait les cartes perforées contenant le programme et les données ou quand il imprimait les résultats de son calcul, son unité centrale (*central processing unit* ou CPU) ne faisait pas grand-chose, ce qui était assez inefficace – surtout vu le prix assez exorbitant des machines.

Au début des années 1960 est apparu le concept de *time sharing*. Pour ne favoriser aucun programme, on va donner à chacun tour à tour quelques secondes ou fractions de seconde de calcul. Dès qu'un programme a besoin d'utiliser une ressource lente comme une entrée-sortie, le CPU n'étant plus occupé va être affecté à un autre programme. Le temps CPU est ainsi partagé entre les programmes présents sur la machine. Cela rend le comportement global de la machine assez imprévisible en faisant perdre la notion de déterminisme global, même si elle est conservée pour chaque programme séparément. Mais le temps physique de calcul d'un programme se met à dépendre d'autres programmes.

Organiser ce fonctionnement n'était pas simple : il fallait inventer la notion d'*operating system* ou OS, traduit par « système d'exploitation » en français. Il s'agissait d'un programme prêt à fonctionner en permanence pour gérer tous les accès aux systèmes matériels de la machine, en particulier le CPU et les périphériques d'entrée-sortie. Dès qu'on doit changer de programme utilisateur, que ce soit parce que celui en cours demande une entrée-sortie ou parce qu'il a atteint la limite temporelle d'une tranche d'exécution, le système d'exploitation reprend la main et décide quel autre programme exécuter. Il gère la mémoire, car il faut sauvegarder celle du processus arrêté et la recharger quand ce processus est rappelé. Il fournit aussi des interfaces logicielles bien plus simples que les interfaces matérielles pour les entrées-sorties, par l'intermédiaire de ce qu'on appelle les pilotes de périphériques ou *drivers* en anglais. Enfin, il propose tout un tas d'autres services pour les utilisateurs, non décrits ici. Et il doit être efficace pour ne pas manger lui-même beaucoup de temps CPU.

Le premier de ces systèmes d'exploitation fut l'Atlas Supervisor qui gérait la machine Atlas à Manchester en 1962. Vint ensuite le système OS/360 d'IBM qui gérait tous les ordinateurs de la très fameuse ligne 360 de cette compagnie, de la plus petite machine à la plus puissante[2]. Il a conduit au très grand succès commercial de cette ligne : non seulement chaque machine était mieux occupée, mais toutes les machines de la série étaient compatibles entre elles, ce qui permettait la portabilité des programmes et leur donnait ainsi une bien plus grande durée de vie. De nombreux autres OS ont suivi, les survivants étant maintenant Windows, MacOS, Linux et Free BSD ; les trois derniers sont des variantes d'Unix, système qui avait été développé initialement en 1970 aux Bell Laboratories par Ken Thompson pour faire marcher le PDP-7, une toute petite machine, et les deux derniers sont de domaine public. Pour les téléphones et tablettes, on trouve principalement iOS d'Apple et Android de Google, tous deux aussi fondés sur Unix. Ces systèmes d'exploitation modernes permettent aux utilisateurs d'ignorer l'ensemble des détails

---

2. Quand j'ai commencé la recherche à l'école des Mines en 1970, je programmais sur un IBM 360/40 une partie d'un programme nommé TIF, abrégé de « traitement et interrogation de fichiers ». Il était découpé en plusieurs modules allant d'Apéritif à Digestif, en passant par Coupetif, Sportif, etc. Hélas, il n'en est rien resté...

de la machine utilisée, ce qui facilite la portabilité des programmes d'un ordinateur à un autre d'une marque différente.

Les systèmes d'exploitation sont devenus très complexes, avec des millions voire dizaines de millions de lignes de code. Ils savent maintenant gérer les machines multiprocesseurs qui sont devenues la règle, même pour les téléphones. Les 500 plus gros supercalculateurs dotés d'un grand nombre de CPU et de mémoires immenses sont maintenant tous gérés par Linux, un commun numérique libre de très grande qualité[3]. La programmation de tels systèmes, qui sont des programmes parallèles asynchrones, demande une grande maîtrise, que les acteurs du domaine possèdent.

Tout ça était invisible des utilisateurs quand ils écrivaient des programmes séquentiels classiques, mais ils peuvent maintenant aussi écrire leurs propres programmes parallèles asynchrones et donc non déterministes. Mais ils n'ont pas forcément la même maîtrise du sujet que ceux qui conçoivent les systèmes d'exploitation, et découvrent vite que programmer une application parallèle asynchrone est une autre paire de manches qui demande un entraînement spécifique : l'improvisation n'y a vraiment pas sa place ! En effet, cette programmation peut conduire à des bugs très méchants, difficiles à détecter, et très différents de ceux des programmes séquentiels. Nous allons brièvement décrire des bugs typiques un peu plus loin.

LES RÉSEAUX DE COMMUNICATION

Un autre sujet conduisant au parallélisme asynchrone est celui des réseaux de communication, arrivé plus tard autour des années 1970 dans le monde des télécommunications avec

---

3. Voir S. Abiteboul, F. Bancilhon, *Vive les communs numériques !*, Odile Jacob, 2024.

l'informatisation du téléphone fixe et les débuts des réseaux d'ordinateurs. Ici, on abandonne la notion de machine unique pour la remplacer par celle de deux ou plusieurs machines distantes qui échangent des données sur un réseau, avec des algorithmes et programmes répartis à chaque extrémité. Au début, il s'agissait de transférer des fichiers d'une machine à une autre par un lien téléphonique analogique, à l'aide d'un modem (modulateur-démodulateur) qui produisait des sons audibles. Les débits étaient de quelques dizaines de bauds[4] quand j'étais petit, puis de 1 200 bauds sur les lignes analogiques. Ensuite, les centraux téléphoniques sont passés au numérique 64 000 bits/s – c'était l'époque de Transpac –, puis l'ADSL a rendu possible d'utiliser de façon très astucieuse les fils téléphoniques pour réaliser des liaisons à plusieurs mégabits par seconde. Les fibres optiques actuelles permettent des débits de gigabits par seconde en dépensant beaucoup moins d'énergie ; elles sont en train de remplacer les câbles métalliques en France.

Les technologies informatiques ont suivi cette évolution : il y a très peu de rapport entre les protocoles de feu Transpac, qui fonctionnait en réservant les ressources nécessaires pour une communication sur toute la longueur d'un trajet fixe, et ceux d'Internet, où l'on transfère des petits paquets de bits indépendamment les uns des autres sur des chemins calculés dynamiquement, paquets qu'il faut ensuite réassembler (ou pas) à la réception. Mais, dans tous les cas, il faut détecter et préférablement compenser toutes sortes d'erreurs : pollution des messages dans les liens pour des raisons électriques ou autres, panne d'un ordinateur sur le trajet, coupure de câble, etc. C'est le domaine des *protocoles de communication*,

---

4. Bits utiles par seconde sur réseau analogique (du nom de l'ingénieur français Émile Baudot, 1845-1903, expert en télégraphie qui a inventé cette notion).

qui sont des programmes géographiquement distribués, un à chaque bout pour les liaisons simples ou plusieurs par ordinateur, téléphone ou tablette sur Internet. Ce ne sont souvent pas des gros programmes, mais ils sont très délicats et longs à mettre au point. Les petits bugs peuvent y avoir des conséquences dramatiques : une simple erreur dans une ligne de code des centraux téléphoniques a provoqué un effondrement du réseau téléphonique d'ATT le 15 janvier 1990[5].

Maintenant, les réseaux sont devenus gigantesques, et quasiment tous gouvernés par les protocoles d'Internet (IP, UDP, TCP, etc.) ou compatibles avec eux. Ils nous ont donné le Web, devenu public en 1996, puis les téléphones cellulaires, les bases de données réparties, et plus récemment le *cloud computing* où on ne peut même plus savoir où son programme est exécuté, mais aussi les réseaux domestiques pour les petits appareils de la maison comme les réseaux ZigBee. Presque tout cela fonctionne de manière asynchrone et non déterministe sans se soucier du temps – sauf quand on essaie de remettre du synchronisme en utilisant des programmes de synchronisation d'horloges relativement peu précis comme NTP, voir le chapitre 5.

Le résultat global est que les interactions de tous les jours avec nos téléphones ou autres tablettes sont devenues tellement rapides qu'on a l'impression qu'ils font tout instantanément, au moins si les transmissions sur des réseaux trop lents ne les ralentissent pas. Le non-déterminisme suffisamment rapide peut en effet donner l'illusion de la continuité temporelle : pour du son ou des films, *il n'est pas nécessaire d'aller plus vite que la musique*, comme nous disions au chapitre 2, mais ici il faut prendre l'expression

---

5. Voir le chapitre sur les bugs de mon livre *L'Hyperpuissance de l'informatique*, Odile Jacob, 2017.

au sens propre. Mais il n'y a aucune garantie de succès, surtout à la campagne où les réseaux rapides ne sont pas encore arrivés.

LE WEB

Un bon exemple d'activités parallèles d'usage vraiment massif est fourni par le Web, un service au-dessus d'Internet que chacun utilise maintenant tous les jours et qui fonctionne selon un mode dit client/serveur. Vous disposez d'un ordinateur (ou d'une tablette, ou d'un téléphone, c'est pareil) et d'un navigateur appelés le *client*. Quand vous cherchez à vous connecter sur un site dit *serveur*, vous établissez d'abord une connexion à l'aide de protocoles dédiés, par exemple en donnant votre adresse et votre mot de passe. Dès que la connexion est établie, vous commencez un dialogue avec lui. Il peut vous envoyer des textes à afficher ou bien des programmes qu'il fait exécuter par votre navigateur, par exemple pour construire des boîtes de dialogue ou des formulaires à remplir sur votre écran, ce que vous faites localement avant de les envoyer d'un clic.

Dans les débuts du Web, toute la mémoire de ce dialogue était située dans le client. Maintenant, votre navigateur peut aussi stocker des *cookies*, qui sont des petits fichiers envoyés par le serveur qui permettent d'avoir chez vous un petit nombre d'informations pour simplifier la relation avec lui (mais qui sont aussi devenus d'excellents moyens pour des applications pirates pour vous pister), et le serveur peut vous envoyer des programmes exécutables par le navigateur, devenu presque aussi complexe qu'un OS. Le navigateur vous permet bien sûr de discuter indépendamment ou de façon coordonnée avec un nombre quelconque de serveurs. En bref, tout cela demande la coordination de programmes agissant en parallèle sur les serveurs et sur votre ordinateur, sans que vous en ayez vraiment conscience.

Notons une différence de nature entre ces programmes et ceux décrits dans le chapitre précédent : conçus pour des interactions permanentes, ils ne sont généralement pas prévus pour s'arrêter, et ils ne calculent aucun résultat précis !

Par ailleurs, il faut bien comprendre qu'il n'y a pas la moindre contrainte temporelle dans le Web. Ce sont les principes d'Internet qui l'imposent : les envois et réponses peuvent prendre un temps quelconque pour arriver à destination, par exemple s'il y a un tronçon lent ou trop chargé sur le chemin. La seule chose que vous pouvez faire est de réessayer, des fois que ça marche mieux, ou de couper vous-même la connexion au bout d'un moment si elle est trop lente – ce que peut aussi faire le serveur s'il voit que plus rien ne se passe.

Cela n'empêche pas que les informaticiens développent des méthodes pour remettre du vrai temps pour des besoins particuliers, par exemple avec TCP (voir p. 125) pour optimiser le transfert de fichiers ou avec des protocoles statistiques qui envoient suffisamment d'images et de sons d'avance pour que vous puissiez écouter une musique ou voir un film sans trous désagréables. Mais, dans une visioconférence, il n'est pas rare que la parole et le mouvement des lèvres restent désynchronisés.

LES LIMITES DE L'ASYNCHRONISME

Quelles que soient les qualités des systèmes asynchrones actuels, nous verrons au chapitre suivant qu'il faut faire les choses très différemment si on a besoin de garanties temporelles, par exemple pour piloter un avion « à commandes électriques » – c'est-à-dire conduit par logiciel – de façon aussi sûre qu'avec des commandes mécaniques. C'est un domaine complètement différent, dit *du temps réel* ou mieux *des systèmes réactifs*, où l'exactitude temporelle ne doit pas être statistique mais garantie.

Les méthodes du parallélisme asynchrone

Mon objectif est de signaler quelques points saillants du domaine, en insistant sur le fait que sa théorie et sa pratique diffèrent complètement de celles des algorithmes séquentiels vus au chapitre précédent, mais aussi de celles du parallélisme synchrone que nous allons étudier au chapitre suivant.

LE PARTAGE DE RESSOURCES COMMUNES

Ce problème se pose typiquement quand vous faites tourner plusieurs programmes simultanément sur votre ordinateur, ce qui est devenu le cas général. Ces programmes souhaitent tous accéder à des ressources communes (mémoire, disque, imprimante, etc.), et il faut que leurs informations ne se mélangent pas : on imagine mal deux programmes écrivant en même temps sur une imprimante ! Il faut donc mettre en place des *verrous*, sous forme de bits mis à 1 quand on prend le verrou et remis à 0 quand on le relâche. (On peut aussi exécuter des *sections critiques*, pendant lesquelles on ne peut pas être interrompu. Mais je n'en parlerai pas ici.)

Figure 20. Lise et Laure en *deadlock*.

Mais gérer ces verrous n'est pas simple et donne lieu à des bugs sournois. Par exemple, si deux acteurs doivent demander deux ressources pour pouvoir travailler, on peut se retrouver dans la situation de Lise et Laure[6] dans la figure 20. Chacune a besoin de la règle et du crayon pour dessiner, mais l'une et l'autre ont verrouillé un des deux instruments, et les deux attendent que l'autre relâche le sien. C'est ce qu'on appelle un *deadlock*, ou « étreinte fatale » en français (plus long et moins clair). Le fameux robot martien PathFinder a failli en mourir dès son amarsissage, mais a été sauvé par d'habiles acrobaties logicielles[7].

Supposons maintenant que Lise et Laure ont trouvé un moyen de résoudre leur conflit et peuvent donc chacune dessiner, et supposons aussi qu'un troisième processus nommé Manon[8] veuille également les deux instruments. Il est possible

---

6. Charmantes jumelles de ma famille.
7. Voir mon livre précité *L'Hyperpuissance de l'informatique*.
8. Une de leurs meilleures amies.

Figure 21. Manon en famine.

que Lise et Laure soient tombées d'accord pour échanger leurs instruments mais en excluant Manon pour toujours, comme dans la figure 21. On dit alors que Manon est en *famine*. L'autre fameux robot martien Spirit a aussi failli en mourir, mais un ingénieur ayant travaillé toute la nuit a fini par trouver le bug, ensuite corrigé par l'envoi d'un simple bit dans le cœur de son système d'exploitation peu avant la fin de ses batteries !

Exclure ces deux cas n'a rien de simple, et les algorithmes pour résoudre ce genre de problème sont petits mais très subtils. Mais ces dangers sont bien présents à la fois dans les systèmes d'exploitation et dans les programmes des utilisateurs. Si vous voyez un jour votre machine ou un de vos logiciels passer en état congelé, ce qui est heureusement devenu plus rare, pensez aux robots martiens...

LE CONSENSUS DISTRIBUÉ

Le problème du consensus distribué est simple à exprimer : n processus distants cherchent à tomber d'accord sur une information commune, par exemple un simple bit 0 ou 1 non décidé au départ, ou encore plusieurs bits simultanés. On suppose que la communication entre eux prend un temps non prévisible et qu'ils peuvent avoir des pannes de deux types : arrêt total, ou pannes « byzantines » telles que le processus n'obéit plus à l'algorithme choisi et fait n'importe quoi – ce peut aussi être à cause de sa prise de contrôle par un ennemi.

Un résultat très fondamental nommé FLP pour Fisher, Lynch et Paterson (ses trois auteurs) exprime qu'un consensus est impossible à atteindre en présence de pannes totales.

Mais la recherche a continué et a été productive, fournissant des moyens termes pratiques pouvant être réalisés avec certaines hypothèses qui garantissent une grande probabilité de succès. C'est par exemple le cas avec la famille de protocoles Paxos développée par Leslie Lamport en 1989, qui a reçu le prix Turing 2013 pour ses nombreuses et brillantes contributions au domaine. Paxos assure le maintien en cohérence des bases de données réparties géographiquement, en garantissant qu'aucune incohérence n'est possible même en cas de pannes de plusieurs ordinateurs ou du réseau, et que les bases accessibles restent correctes (mais pas forcément à jour) si moins de la moitié des processus de gestion échouent. Attention, Paxos est vraiment délicat et a eu plusieurs implémentations erronées !

Plus récemment, d'autres moyens d'atteindre une forme de consensus sont apparus avec la découverte des *chaînes de blocs* (*blockchains*), dont l'idée est de 1991 mais dont la première réalisation est de 2009 pour le *bitcoin*. Ce sont des registres informatiques partagés (au sens des registres papiers) qui enregistrent des informations visibles par tous les abonnés. Conçus d'abord pour noter les transactions dans les cryptomonnaies, ils s'appliquent maintenant aussi aux *NFT* (*non-fungible tokens*, « jetons non fongibles »), qui servent de preuves de propriété, sans besoin d'organisme externe pour certifier cette propriété. Les NFT servent entre autres à authentifier des œuvres d'art numériques, par essence immatérielles, en leur associant de longs identifiants numériques stockés dans une ou plusieurs *blockchains*. Bien d'autres applications pourraient suivre. Mais les détails sont loin d'être triviaux, la sûreté pas forcément si forte qu'on le dit, et la consommation électrique absolument déraisonnable – au moins pour le bitcoin qui est un vrai désastre écologique (Ethereum et autres cryptomonnaies ont adopté des méthodes cent fois moins consommatrices de temps et d'énergie).

Spanner : une base de données répartie connaissant le temps

Cependant, même pour les systèmes asynchrones, on peut essayer de rajouter des informations temporelles pertinentes. C'est ce que réalise la base de données répartie et datée *Spanner* de Google brièvement décrite ici.

Les bases de données classiques stockent des informations pour lesquelles la datation est souvent essentielle : par exemple, pour un compte bancaire, il faut dater précisément les versements et retraits afin d'être sûr que le compte est bien approvisionné au moment d'un retrait. C'est pour cela que la plupart de ces bases sont centralisées, avec souvent une copie conforme faite dans un autre endroit pour éviter les conséquences dévastatrices d'une grosse panne due par exemple à un incendie.

Ce que propose Google avec sa base de données distribuée Spanner est bien plus riche : offrir aux utilisateurs des bases de données répliquées à grande échelle sur plusieurs serveurs à distance potentiellement très grande pour stocker des informations précisément datées, mais qui soient modifiables et interrogeables partout dans le monde pratiquement comme si elles étaient centralisées. Quand une donnée est entrée dans la base sur un des serveurs, elle est transmise aux autres serveurs par le réseau de façon asynchrone, ce qui veut dire que toutes les autres bases ne contiendront chacune cette nouvelle valeur qu'au bout d'un temps non nul, mais que le système essaie de rendre le plus court possible. Quand on demande la valeur d'une donnée sur un autre serveur que le premier, les réponses ne sont pas forcément les plus récentes, mais elles sont toujours temporellement cohérentes, en rendant aussi le moment auquel leur valeur a été enregistrée sur ce serveur. Elles doivent aussi être très efficaces quant à la mise à jour distante des autres bases quand on entre de nouvelles données dans l'une d'entre elles.

Techniquement, Spanner repose sur un réseau spécialisé pour permettre les transferts d'information rapides, ainsi que sur un algorithme de la famille Paxos pour la synchronisation des copies. S'y ajoute un système de synchronisation très fin des horloges des ordinateurs, fondé sur le GPS accompagné d'horloges atomiques réparties sur la Terre. Ce système permet de construire pour toutes les répliques un temps appelé *TrueTime*, qui permet d'étiqueter chaque transaction par une paire (*Tmin*, *Tmax*) en garantissant que la transaction a été faite entre ces deux dates, avec une différence *Tmax* – *Tmin* très faible. Les informations entrées par un utilisateur sont étiquetées par le temps

> *TrueTime* local dès leur arrivée sur le serveur où est connecté cet uti-
> lisateur, puis relayées progressivement sur les autres serveurs. Quand
> on interroge une donnée depuis un autre endroit connecté à un autre
> serveur, on la reçoit de ce serveur étiquetée par un temps *TrueTime*
> qui est celui de la dernière mise à jour locale de cette donnée ; ce n'est
> pas forcément celui de sa dernière modification ailleurs, mais c'est ce
> qu'on peut faire de mieux, et tout est fait pour réduire la latence des
> mises à jour. Les détails étant subtils et compliqués à expliquer, je
> n'en dirai pas plus ici.

Langage et modèles pour la programmation asynchrone

Programmer ou modéliser le parallélisme asynchrone est bien plus difficile que modéliser le calcul séquentiel classique, ce qui fait que beaucoup de langages et modèles différents ont été développés au cours du temps.

Les premiers langages sont issus des travaux pionniers de Edsger P. Dijkstra, le grand fondateur qui a reçu pour cela le prix Turing 1972. Il étudiait en particulier le fonctionnement alternatif des programmes séquentiels classiques résidant sur une machine unique mais partageant des zones mémoires ou des interfaces externes. Il a fourni de nouvelles primitives de programmation comme les *sémaphores* 0/1 pour mieux écrire ce qu'il fallait faire, mais dont l'utilisation est très délicate. Ses modèles sont toujours applicables au cas des systèmes d'exploitation qui gèrent les ressources de la machine. Ils sont rendus encore plus importants maintenant par l'extension des multiprocesseurs. L'élimination des *deadlocks* et des famines est ici cruciale, et ces modèles fournissent des outils pour cela.

Charles Anthony Hoare, prix Turing 1980, a introduit en 1971 de nouvelles instructions pour le parallélisme et le non-déterminisme dans son langage de programmation parallèle CSP (*communicating sequential processes*). Considérons deux parties parallèles et donc indépendantes d'un programme CSP voulant se synchroniser par un canal de communication C. Chaque partie peut chercher à exécuter une instruction de communication en proposant une liste de communications possibles, C? s'il s'agit d'une synchronisation pure, une émission de valeur $C!(v)$ ou une réception $C?(x)$ qui met la valeur reçue dans la variable x si et quand il la reçoit. Ces instructions sont appelées des demandes de *rendezvous* (en anglais dans le texte). Elles sont *bloquantes*, c'est-à-dire telles que le programme s'arrête quand il en rencontre une ; une des communications de la liste proposée peut ensuite se passer si une autre instruction parallèle cherche à communiquer sur un des canaux mentionnés, et chacune des composantes séquentielles auxquelles elles appartiennent continue alors son exécution en abandonnant les autres possibilités des instructions de communication initiale. C'était nouveau, simple et élégant, mais difficile à faire passer à l'échelle. De plus, les interblocages et famines sont faciles à faire mais pas simples à résoudre.

Dans les années 1970, le Department of Defense des États-Unis (DoD) avait rédigé un cahier des charges puis un concours pour la création d'un langage de programmation généraliste pour permettre la programmation efficace et sûre des grands systèmes civils et militaires. C'est le langage ADA (nommé en l'honneur d'Ada Lovelace) du Français Jean Ichbiah et de son équipe qui en est sorti vainqueur. Inspiré de CSP pour la partie parallélisme, il reprend l'idée des canaux nommés, mais les receveurs sont dotés d'une file d'attente dans laquelle les émetteurs se placent, ce qui rend les comportements bien plus compliqués. De plus, les processus ADA peuvent être tués soit par suicide soit de l'extérieur, auquel cas ils doivent le signaler là où ils sont encore mentionnés dans les queues de communication d'autres processus avant de mourir effectivement. Tout cela donne un parallélisme très complexe, qui n'a été que très peu utilisé dans les vraies applications.

JAVA

Le langage Java introduit par James Gosling propose un mécanisme de programmation parallèle beaucoup plus évolué mais aussi plus complexe, qui est à base de *threads*, c'est-à-dire de fils d'exécutions parallèles qu'on peut lancer depuis le programme principal ou depuis d'autres threads. Il propose une panoplie de techniques pour gérer finement ces threads, leur coopération et leurs conflits potentiels. Son succès a été largement dû à sa facilité d'usage pour le Web.

JAVASCRIPT

JavaScript, qui n'a pas beaucoup de rapport avec Java à part son nom, est maintenant devenu le langage principal du Web en particulier pour programmer les échanges client-serveurs sophistiqués permis par le Web moderne. Paradoxalement, un programme JavaScript est strictement séquentiel. Il commence par définir des fonctions devant être activées chacune à la réception d'un type d'événement, qu'il provienne du serveur (par exemple une réponse à une requête) ou du système d'exploitation (par exemple la fin d'une temporisation). Les événements reçus sont stockés dans une file d'attente et sont dépilés dans l'ordre de leur réception pour appeler les fonctions associées, dont le corps est exécuté *atomiquement*, c'est-à-dire en ne se souciant pas des événements suivants. Une fonction peut elle-même définir de nouvelles fonctions à appeler sur réception de nouveaux types d'événement, ce qui permet la grande dynamicité qui est la caractéristique première du Web. Les programmes peuvent être exécutés dans le serveur web mais aussi dans le navigateur client si leur texte est contenu dans une page web envoyée par le serveur. Après de gros efforts de la communauté, tous les navigateurs actuels ont un moteur d'exécution efficace.

En fait, Javascript n'est pas un langage parallèle, même s'il s'applique à des problèmes qui le sont. Son modèle de programmation a l'air simple, et l'est effectivement dans les cas simples, mais de réelles difficultés apparaissent lorsque les événements reçus sont nombreux et interfèrent les uns avec les autres. Nous verrons au prochain chapitre comment rendre la programmation en JavaScript beaucoup plus claire en la combinant avec la programmation synchrone. C'est pour cela que je l'ai davantage détaillé ici.

LES CALCULS ALGÉBRIQUES POUR LE PARALLÉLISME

Des calculs de processus plus abstraits sont aussi disponibles pour modéliser le parallélisme asynchrone. Les principaux ont été CCS puis le pi-calcul dus à Robin Milner, prix Turing 1991, avec qui j'ai eu l'immense plaisir de commencer vraiment ma carrière, quoique sur d'autres sujets. CCS est bien plus algébrique et logique que CSP. Il propose aussi une notion d'équivalence de programmes parallèles bien conçue, la *bisimulation*, qui exprime que deux termes sont bisimilaires si on ne peut pas les différencier par des expériences faites de l'extérieur. Nous y reviendrons bientôt. De son côté, le pi-calcul est un modèle beaucoup plus puissant qui rassemble les idées de CCS et du λ-calcul de Church. Il est beaucoup plus expressif, permettant d'écrire formellement des phrases comme : « Envoie-moi l'adresse courriel de M. Tartempion, que je lui écrive », tout à fait hors de portée de CSP ou CCS. Mais il a eu peu de succès pratique, sauf toutefois dans le domaine de la sécurité informatique où il s'est révélé être un excellent outil pour poser les problèmes vraiment compliqués qui y sont fréquents.

LA CHAM (CHEMICAL ABSTRACT MACHINE)

En revanche, je vais présenter ci-dessous une simplification conceptuelle des calculs algébriques précédents appelée la *Chemical Abstract Machine*, ou *CHAM*[9], une machine abstraite toute bête que j'ai co-inventée avec mon collègue et ami Gérard Boudol en 1992, en généralisant à la fois les idées de CSP et une bien jolie idée intuitive de Jean-Pierre Banâtre et Daniel Le Métayer à Rennes. Illustrons la CHAM par un des exemples de base de Banâtre et Le Métayer, le calcul des nombres premiers, un peu décoré pour les besoins de l'explication.

Prenons un récipient plein d'eau, et mettons dedans des poissons carnivores affamés portant chacun sur le flanc un nombre entier strictement supérieur à 1. On peut mettre plusieurs poissons montrant le même nombre, l'important étant que tout nombre soit représenté au moins une fois. On peut aussi en mettre (conceptuellement) une infinité portant tous les entiers[10].

---

9. Aussi en référence à Chamonix, car nous étions tous deux grimpeurs.
10. Bon, d'accord, s'il y a un nombre infini de poissons il faut aussi que le récipient soit infini, mais on est en théorie, là où tout se passe bien et où on a un temps infini ; si vous voulez être vraiment pratique, mettez les nombres de 2 à n, vous aurez les nombres premiers inférieurs à n.

Figure 22. La CHAM pour le calcul parallèle des nombres premiers.

Donnons aux poissons une loi simple : *tout poisson ne peut manger que ses multiples*, ce qui s'écrit mathématiquement p, pq → p. Laissons les poissons se manger entre eux : les seuls dont la survie est garantie sont ceux qui portent un nombre premier. Tout bête, non ? Dans la figure 22, il y a beaucoup de 7, ce qui n'a pas vraiment d'importance sinon d'aider au carnage, et le pauvre 28 est attaqué simultanément par un 7 et par un 4, lui-même attaqué par-derrière par le poulpe 2 !

Cette façon de faire est à la fois plus simple et plus générale que le crible d'Ératosthène bien connu, qui scanne répétitivement les nombres à partir de 2 pour marquer les multiples de nombres premiers déjà détectés, toujours en ordre croissant ; le faire passer à l'infini n'est d'ailleurs pas simple.

Le mot « chimique », déjà employé par Banâtre et Le Métayer, vient du fait qu'on peut voir plus généralement les poissons comme des molécules baignant dans une « soupe chimique » théorique. Mais la CHAM va bien plus loin que leur formulation initiale en instituant une hiérarchie de machines. Pour cela, on distingue la *valence* d'un objet (ici le nombre porté par un poisson) qui définit avec quels autres objets il peut interagir, et son *corps*, qui est soit un objet individuel, soit lui-même une sous-machine chimique entourée d'une membrane perméable à certaines valences des molécules internes vers l'environnement, ou externes venant de l'environnement, mais pas aux autres, qui ne peuvent servir qu'en interne. Cela permet aux sous-machines de communiquer entre elles et avec leur solution maîtresse par les valences qu'elles exposent à travers leurs membranes, ceci dans une hiérarchie de profondeur quelconque.

Cette hiérarchie de machines chimiques incluses les unes dans les autres donne une très grande puissance au formalisme, tout en lui gardant une simplicité quasi naïve. Cette puissance est la même que celle du pi-calcul de Milner, mais avec une formalisation mathématique quasi triviale. La machine chimique, qu'il faudrait plutôt appeler biochimique à cause de la présence des membranes délimitant les sous-machines, peut aussi être implémentée directement sur ordinateur. Cela a été fait dans le langage appelé Join Calculus que je ne décrirai pas ici[11].

Selon nous, la CHAM est conceptuellement plus simple et bien plus intuitive que ces modèles algébriques qui régnaient à l'époque. Notre article a été présenté à un journal en 1988. Les deux rapporteurs ont eu un avis négatif sur sa publication, car il attaquait des dogmes bien établis ; heureusement, après notre réponse en forme de protestation contre ce point de vue, l'éditeur du journal a quand même décidé de le publier en 1989[12]. C'est maintenant mon deuxième article le plus cité, utilisé aussi par d'autres dans plusieurs domaines bien

---

11. C. Fournet, G. Gonthier, « The reflexive CHAM and the join-calculus », *Proc. 23rd Principles of Programming Languages Conference*, 1996, p. 372-385.
12. G. Berry, G. Boudol, « The chemical abstract machine », *Theoretical Computer Science*, 1992, 96 (1), p. 217-248.

différents. Comme quoi il ne faut pas toujours chercher à caresser sa communauté dans le sens du poil...

Un point important pour ce livre est qu'on peut ajouter facilement une vision du temps dans la CHAM. C'est ce qu'a fait mon collègue François Fages avec la *Biochemical Abstract Machine* ou *Biocham*[13], une machine abstraite qui lui permet de modéliser temporellement des réactions biologiques complexes, par exemple pour le diabète ou pour le fonctionnement subtil des horloges biologiques dans notre cerveau.

Les logiques temporelles

Nous avons insisté sur la difficulté de la mise au point des programmes parallèles, due au très grand nombre de comportements possibles. Des chercheurs comme Amir Pnueli, Robin Milner, Leslie Lamport, Joseph Sifakis, Allen Emerson et Edmund Clarke, tous prix Turing, se sont intéressés aux méthodes permettant de prouver mathématiquement leur correction. En effet, le nombre de comportements possibles d'un système de processus asynchrones devient vite immense, et le tester dans tous les cas est vite hors de question, même quand ce système semble assez simple. Seule la preuve mathématique permet de vérifier complètement la correction du système en utilisant des techniques plus abstraites.

Certaines méthodes s'attachent à prouver des propriétés particulières pour des systèmes de tailles fixées, d'autres, plus générales, peuvent marcher indépendamment de leur taille.

---

13. Voir la page http://contraintes.inria.fr/biocham/, et une démonstration en vidéo de la Biocham de François Fages à l'adresse http://contraintes.inria.fr/biocham/biocham4.mov.

Certaines sont entièrement automatiques, d'autres demandent des interactions avec l'utilisateur. Deux exemples parmi d'autres sont CADP[14] pour les systèmes de taille fixée, développé à l'Inria Grenoble et utilisé dans plusieurs domaines d'application, et TLA+ de Lamport, plus général mais plus difficile à utiliser, qui a par exemple servi à prouver la correction d'algorithmes distribués complexes comme Paxos, mentionné plus haut.

La plupart de ces systèmes utilisent des *logiques temporelles*, mot un peu exagéré car elles parlent non pas du temps mais de successions abstraites d'événements simultanés ou successifs, simplement connus par leur nom. Elles se placent toutes dans le cadre des *logiques modales*, qui augmentent les opérateurs logiques habituels avec des *modalités*, qui sont des opérateurs temporels. Il y en a essentiellement deux types assez différents, qui peuvent être reliées dans une logique plus compliquée que je ne mentionnerai pas ici. Attention, ce sujet est un peu technique.

LES LOGIQUES TEMPORELLES LINÉAIRES

Commençons par les logiques temporelles linéaires, celles qui s'intéressent à des séquences d'états. Elles ont été introduites par Amir Pnueli, prix Turing 1996. Outre les opérateurs classiques de la logique, $\wedge$ (et), $\vee$ (ou) et $\neg$ (non), on utilise les modalités temporelles suivantes :
- $\mathbf{X}\varphi$: la formule φ sera vraie au prochain état ;
- $\mathbf{F}\varphi$: la formule φ finira par être vraie dans le futur ;
- $\mathbf{G}\varphi$: la formule φ sera toujours vraie dans le futur ;
- $\varphi\mathbf{U}\psi$: la formule φ sera toujours vraie jusqu'à ce que la formule ψ le devienne, ce qui devra arriver ;
- Ainsi que quelques autres opérateurs non décrits ici.

---

14. Par exemple avec l'outil CADP.

Par exemple, pour exprimer que Lise et Laure peuvent finir par avoir chacune le crayon C et la règle R autant qu'elles veulent (voir les figures 20 et 21), il suffit de démontrer la formule suivante, où la paire (nom, instrument) est vraie à un instant si la personne de ce nom possède l'instrument à cet instant :

$$\mathbf{GF}((\textit{Lise}, C) \wedge (\textit{Lise}, R)) \wedge \mathbf{GF}((\textit{Laure}, C) \wedge (\textit{Laure}, R))$$

En effet, $\mathbf{GF}\varphi$ signifie qu'il est toujours vrai que φ deviendra vraie dans le futur de chaque instant : φ deviendra nécessairement vraie après l'instant initial, et redeviendra vraie après chaque instant où elle est déjà vraie ; donc φ sera vraie infiniment souvent, mais sans l'être en continu. Pour ajouter que Manon aura les deux instruments au moins une fois, il suffit d'ajouter un $\mathbf{F}$ sans $\mathbf{G}$ à la formule précédente :

$$\mathbf{GF}((\textit{Lise}, C) \wedge (\textit{Lise}, R)) \wedge \mathbf{GF}((\textit{Laure}, C) \wedge (\textit{Laure}, R))$$
$$\wedge \, \mathbf{F}((\textit{Manon}, C) \wedge (\textit{Manon}, R))$$

Prouver que ces formules sont vraies pour un programme donné est souvent une autre paire de manches[15] !

Attention cependant à l'écriture des formules, plus délicate qu'il n'y paraît. Par exemple, le dicton célèbre « Amour un jour, amour toujours » ne doit pas être écrit littéralement $\mathbf{F}$ *Amour* $\Rightarrow$ $\mathbf{G}$ *Amour*, ce qui signifie en fait « je vais être amoureux un jour, donc je serai toujours amoureux à partir de maintenant » : cela ne traduit absolument pas l'intuition. Il faut plutôt écrire $\mathbf{G}(\textit{Amour} \Rightarrow \mathbf{FG}\,\textit{Amour})$, qui veut dire « il est toujours vrai que si je suis amoureux un jour, alors il existera ensuite un autre jour à partir duquel je serai toujours amoureux », ce qui me semble être le vrai sens de la phrase.

Et il faut aussi se rappeler qu'en logique le faux implique à la fois le faux et le vrai, et donc que la formule est vraie aussi si on

---

15. *Another pair of sleeves*, pour les Anglais, qui disent de leur côté *c'est un cheval de couleur différente* ☺.

n'est jamais amoureux. En fait, pour que la formule soit vraie il faut qu'il existe au moins un jour où je serai amoureux, suivi d'un jour, le même ou un autre, où je serai amoureux pour toujours.

De plus, si on est amoureux un jour, rien ne dit qu'on le sera *immédiatement* pour toujours et que quand ça arrivera ce sera de la même personne, ni que ça le restera ! Je confirme d'expérience que savoir s'exprimer précisément dans les logiques temporelles reste assez technique – je dirai même plus, c'est vite « une prise de tête ». Mais on ne sait pas vraiment faire mieux, et certains font ça très bien.

Il existe plusieurs systèmes informatiques pour prouver les formules de logique temporelle linéaire sur un système donné. Le plus évolué est TLA+ de Lamport, déjà mentionné. Mais je n'entrerai pas ici dans ce sujet vraiment très technique.

LES LOGIQUES TEMPORELLES ARBORESCENTES

De leur côté, les logiques temporelles arborescentes étudient non pas des trajectoires linéaires, mais l'ensemble des trajectoires possibles à partir de l'instant initial, ce qui construit un arbre potentiellement infini. Elles ont été étudiées et implémentées d'abord par Joseph Sifakis puis par Ed Clarke et Allen Emerson, tous trois prix Turing 2007. Je ne parlerai que très brièvement de la logique CTL (*computation tree logic*), la plus utilisée en particulier pour la vérification des circuits électroniques. Ses modalités sont de la forme **AG**φ, qui signifie que φ est toujours vraie sur tous les chemins partant de l'état courant, ou **EF** Φ, qui signifie qu'il existe un chemin sur lequel Φ finit par être vraie. Le chercheur américain Ken MacMillan a en particulier construit le système de vérification nommé SMV pour elles, très efficace et souvent utilisé en pratique.

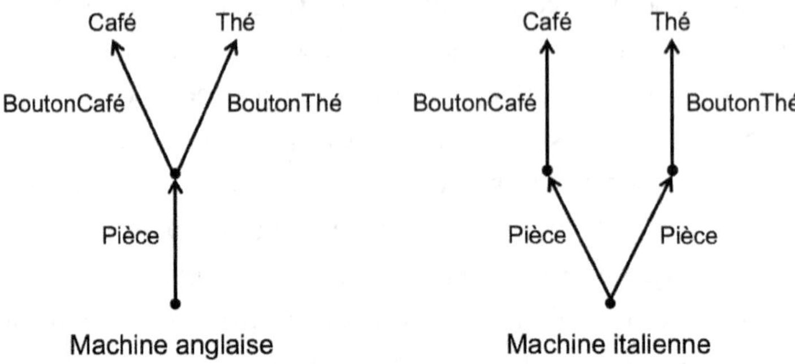

Figure 23. Deux machines à café/thé.

La différence entre logiques linéaires et logiques arborescentes s'explique facilement à partir de l'exemple de deux machines à boissons chaudes, dont le comportement est décrit par la figure 23. Elles sont apparemment identiques, chacune équipée d'une fente à pièce, de deux boutons pour choisir entre café ou thé une fois qu'on a mis une pièce et d'un verseur servant la boisson. Mais celle de gauche est anglaise : après avoir mis une pièce, on peut choisir entre (mauvais) café ou (bon) thé, alors que celle de droite est italienne : quand on a mis une pièce, c'est la machine elle-même qui choisit si elle va vous donner du (mauvais) thé ou du (bon) café, bloquant l'autre bouton.

Ces machines sont équivalentes en logique linéaire, car elles peuvent faire exactement les mêmes séquences pièce-café ou pièce-thé, mais pas en logique arborescente : dans l'anglaise, après avoir mis une pièce, on peut avoir soit du café soit du thé, dans l'italienne, on ne peut avoir que du café ou que du thé, l'autre boisson étant interdite ! Je laisse le lecteur écrire la formule de logique temporelle arborescente qui les distingue…

Les logiques temporelles linéaires et arborescentes sont en fait très différentes, et ne sont pas utilisées pour écrire les mêmes types de propriétés des mêmes systèmes. Je n'en dirai pas plus ici, mon but étant simplement de présenter leurs styles, j'espère de façon compréhensible par un lecteur non entraîné.

LA BISIMILARITÉ

Une autre approche arborescente dans ce domaine est due à Robin Milner, prix Turing 1991 (décidément, le sujet est propice pour ce prix prestigieux !). Appelée la *bisimulation*, elle compare deux systèmes différents et permet de détecter que leurs comportements temporels sont identiques même s'ils sont réalisés différemment. Pour cela, il faut prouver *qu'on ne peut pas faire d'expérience établissant une distinction quelconque entre eux à l'usage.*

Techniquement, deux états des systèmes sont dits *bisimilaires* s'ils ont les mêmes possibilités d'interactions avec l'extérieur et si une même interaction conduit encore à des états bisimilaires, et deux systèmes sont bisimilaires si leurs états initiaux le sont[16]. Comme les logiques arborescentes, la bisimilarité étudie donc les possibilités à chaque instant et pas seulement les séquences d'actions qu'on peut réaliser. Un avantage est qu'on peut assez efficacement réduire un système à une forme canonique minimale vis-à-vis de cette relation, ce qui est pratique pour étudier facilement des sous-comportements précis en ignorant certains signaux non pertinents pour les propriétés que l'on cherche à étudier. Mes collègues Robert de Simone, Didier Vergamini et Valérie Roy ont réalisé dans notre labo le système Auto/Autograph qui fait ce genre de calcul et permet de visualiser les résultats sans même écrire de formule, comme dans la figure 23 pour les machines à café.

---

16. Plus rigoureusement, la bisimilarité est la plus petite relation ayant cette propriété.

CHAPITRE 9

La programmation synchrone

Introduction au domaine

Le sujet discuté dans ce chapitre est né au début des années 1970 pour traiter les problèmes dits de « temps réel », pour lesquels la maîtrise du temps physique était une préoccupation centrale. Ce domaine de l'informatique devenait essentiel à cause de l'informatisation croissante des avions, trains, métros, centrales nucléaires, usines, robots, etc. Il s'agissait de créer des systèmes informatiques embarqués dans ces systèmes physiques afin de les faire fonctionner au mieux et d'assurer leur sécurité. Dans ces applications, il ne suffisait pas de calculer les sorties en fonction des entrées, il fallait le faire de façon *déterministe*, c'est-à-dire avec un seul résultat possible pour chaque calcul, et de plus *en temps contrôlé*, selon la vieille devise : « Avant l'heure, c'est pas l'heure, après l'heure, c'est plus l'heure ! » De plus, les contraintes de sécurité des matériels et logiciels embarqués devenaient considérables. Elles étaient souvent définies par des normes internationales spécifiques, que peu de logiciels pouvaient satisfaire dans l'état des connaissances de l'époque.

L'enjeu était donc de refuser la sempiternelle mention « correction de bugs et amélioration de la stabilité » que vous voyez maintenant apparaître à chaque nouvelle version de n'importe quelle application sur vos téléphones – pour admettre sans le dire que la version précédente n'était pas encore assez solide. Ce n'est évidemment pas ce que vous souhaitez voir dans les avions modernes pilotés par logiciel, comme ceux d'Airbus depuis l'A320 ou ceux d'autres constructeurs, ou encore dans les systèmes de surveillance et de sécurité des centrales nucléaires.

Dans les années 1980, les ingénieurs chargés de ces systèmes utilisaient le plus souvent des microprocesseurs standards du commerce, gérés par des *systèmes d'exploitation temps réel* faisant fonctionner des *programmes temps réel*, qui différaient des systèmes et programmes classiques par le besoin de garanties sur le déterminisme et le contrôle fin des temps de réponse. Peu de théorie et de langages spécifiques ici, mais des ingénieurs formés de façon très pratique et programmant leurs microprocesseurs en langage de bas niveau, comme C ou même l'assembleur du microprocesseur (la version symbolique de son langage machine), où l'on exécute les instructions une par une. Mais les applications se complexifiaient sans cesse, et la sécurité de fonctionnement posait de plus en plus de problèmes avec ces méthodes classiques, dus en particulier au comportement non déterministe des diverses tâches séquentielles quand elles sont gérées par des systèmes d'exploitation asynchrones. Cela a d'abord conduit aux systèmes d'exploitation dits « temps réel » comme VxWorks, qui contrôlaient mieux les temps mais n'aidaient en rien la programmation. Le moment était vraiment venu d'inventer de nouveaux concepts et de nouvelles façons de programmer.

Airbus a été précurseur en introduisant très tôt son propre langage SAO pour programmer les commandes de vol des avions, en commençant par l'A320 sorti en 1987, qui devint vite une très grande réussite, ainsi que des hélicoptères. Dans ce type d'avions, le pilote ne commande plus l'ensemble des ailerons et la gouverne de queue : c'est entièrement la responsabilité de logiciels spécifiques, exécutés par les ordinateurs de bord qui envoient les ordres calculés par ces logiciels aux moteurs électriques reliés aux gouvernes. Le manche à balai, réduit à un joystick, permet au pilote de diriger le vol. Grâce à leurs algorithmes mathématiques, les automatismes logiciels aux réflexes ultrarapides maintiennent l'avion dans son enveloppe de vol, réduisent la consommation et minimisent les effets des turbulences atmosphériques. Les ordinateurs étaient bien sûr redondés, et le logiciel d'Airbus composé de deux versions différentes de la même spécification : la primaire conduisant le vol, la secondaire étant exécutée en parallèle et prête à prendre le contrôle si besoin. Le système global était plus léger qu'avec l'hydraulique habituelle, ce qui est toujours bon en avionique, et la souplesse du logiciel permettait l'usage d'algorithmes sophistiqués, par exemple pour corriger les effets des rafales de vent, cela y compris en mode de pilotage automatique. Les pilotes pouvaient donc se concentrer sur d'autres tâches que le pilotage usuel – ce que certains ont regretté car ils ne « sentaient » plus l'avion de la même façon. Mais SAO était un langage interne qui n'a jamais été diffusé à l'extérieur.

De son côté, Dassault Aviation utilisait aussi le pilotage par logiciel pour le Rafale, méthode déjà fréquente pour les avions de chasse. Mais beaucoup d'autres fonctions jouant un rôle critique y ont aussi été informatisées : assurer le respect d'un nombre maximum de g dans les accélérations et les virages serrés, l'avion étant bien plus solide que le pilote ; gérer les interfaces homme-machine du cockpit, avec des écrans multiples et alternés commandés par de nombreux boutons sur le manche à balai, car le pilote ne pouvait pas vraiment bouger les bras à cause des accélérations intenses et des virages serrés qui le collaient au siège ; gérer les tests de bon fonctionnement des différents organes, bien sûr différents au sol et en vol, etc. Les langages de programmation classiques ou asynchrones n'étaient pas bien adaptés à ces nouvelles tâches.

L'APPROCHE SYNCHRONE

Une nouvelle approche dite *synchrone* de ces problèmes est née en France au début des années 1980, sous l'impulsion de trois groupes d'informaticiens et d'automaticiens qui savaient se parler et travailler ensemble ; les automaticiens sont des spécialistes de la théorie mathématique du contrôle des systèmes, la base théorique de beaucoup des systèmes pratiques considérés.

Le premier langage synchrone a été Esterel, créé en 1982 à Sophia-Antipolis par l'automaticien Jean-Paul Marmorat, l'informaticien-automaticien Jean-Paul Rigault et moi-même, originellement pour programmer une minivoiture de course pour une compétition organisée par feu le journal *Microsystèmes*. L'idée de calculer en temps 0 pour répondre instantanément aux entrées m'est venue spontanément lors de ces discussions, car elle rend la programmation beaucoup plus simple : il suffit de prétendre que les ordinateurs calculent infiniment plus vite ; ce que j'aime plus que tout est d'amener les problèmes à leur forme la plus simple possible – même si elle est iconoclaste. Esterel permet aussi de généraliser la notion même de temps, l'étendant de la succession habituelle des secondes ou millisecondes à celle d'une succession d'événements quelconques : il ne fait plus de différence entre le passage des secondes et celui des mètres : « attendre 10 secondes » ou « attendre 10 mètres », c'est exactement la même instruction où l'on a simplement inversé le temps et la distance. Esterel n'était pas vraiment conçu pour représenter les équations de l'automatique, mais plutôt pour traiter des problèmes qui donnent lieu à des comportements très variables au cours du temps.

Esterel a vite été suivi par deux autres langages synchrones, créés eux directement pour représenter les équations de l'automatique : Lustre à Grenoble, créé par l'automaticien Paul Caspi et l'informaticien Nicolas Halbwachs, et Signal à Rennes, créé par l'automaticien Albert Benveniste et l'informaticien Paul Le Guernic. Les trois équipes ont ensuite grandi et coopéré. Il faut noter que la notion de synchronisme était déjà adoptée implicitement par les automaticiens, qui écrivaient des ensembles d'équations parallèles de la forme $z_t = x_t + z_{t-1}$ où t dénote le temps ; s'ils s'étaient embêtés à tenir compte du temps que prend l'addition du membre droit, ils n'auraient pas pu écrire simplement t comme indice du résultat z, mais quelque chose comme $z_{t+\delta}$ avec $\delta > 0$, ce qui aurait fait passer leurs calculs d'élégants à abominables car leurs formules sont grosses et nombreuses. Lustre et Signal ont fourni des syntaxes permettant d'enlever la variable t des équations de l'automatique en la rendant implicite, et aussi de faire coexister plusieurs rythmes de calcul.

Chacun de ces langages possède un compilateur (traducteur en code objet) vers le langage séquentiel C, qui est standard dans le domaine. Ces compilateurs résolvent le parallélisme à la compilation et non à l'exécution comme dans le cadre asynchrone : le code qu'ils génèrent est strictement séquentiel et déterministe. Ils sont reliés à des simulateurs permettant de vérifier le comportement des programmes en dehors des machines cibles, ainsi qu'à des systèmes sophistiqués de vérification de programmes avant même leur exécution ; ces outils permettent d'augmenter de beaucoup la confiance qu'on peut avoir quant à l'absence d'erreurs graves et aux comportements dans des situations variées. Enfin, les codes générés en C sont de structure simple, ce qui facilite l'évaluation de leurs temps d'exécution effectifs suivant les entrées.

LES LANGAGES SYNCHRONES

Pour faire passer l'hypothèse synchrone dans la réalité, il fallait créer des langages de programmation radicalement nouveaux. C'est ce qu'ont fait les trois groupes précités, avec des façons de penser et des styles de programmation complémentaires.

Les trois langages reposaient sur la même idée iconoclaste esquissée ci-dessus : l'*hypothèse synchrone*, qui exprime que le temps de calcul nécessaire pour répondre aux événements d'entrée est toujours considéré comme nul. Autrement dit, les programmes synchrones calculent et fournissent leurs sorties en temps nul quand ils reçoivent des entrées, puis dorment en attendant les prochaines entrées. En pratique, il suffit pour valider cette hypothèse que le temps de calcul soit plus petit qu'un temps limite déterminable pour chaque application : par exemple, la contrainte est de 1/100 de seconde pour l'A320. Un avantage majeur de la programmation synchrone est qu'elle facilite grandement la programmation des systèmes concernés en permettant un parallélisme synchrone déterministe, donc très différent du parallélisme asynchrone non déterministe du chapitre 8.

Mais la programmation synchrone s'est aussi montrée utile dans d'autres domaines, comme les interactions homme-machine (IHM) complexes, dont elle simplifie grandement le design, les protocoles de communication, etc. Pour ces applications, on n'a plus besoin de satisfaire des contraintes de temps, mais plutôt de rendre la programmation plus simple et élégante. Je parlerai plus loin du langage synchrone HipHop que j'ai développé avec Manuel Serrano (Inria) pour ces objectifs. D'autres acteurs de la recherche internationale ont ensuite développé leurs propres langages synchrones et les ont appliqués dans différents domaines. Citons pour l'Allemagne le langage Quartz de Klaus Schneider à Kaiserslautern et les langages SCCharts et SCL dans le groupe de Reinhard von Handleden à Kiel, directement inspirés par Esterel ; pour les États-Unis les langages Ptolemy II et Lingua Franca dans le groupe de Edward Lee à Berkeley ; et pour la France le langage fonctionnel Reactive ML de Louis Mandel inspiré par Esterel, ainsi que diverses extensions de Lustre par Marc Pouzet et Tim Bourke à l'ENS Paris. Sur le plan industriel, Lustre et Esterel ont d'abord donné lieu à des produits séparés, mais sont maintenant réunis en bonne partie dans le système industriel SCADE 6 décrit plus loin, qui est devenu un leader mondial du domaine.

Les principes de la programmation synchrone

Un programme synchrone manipule des *signaux* nommés et pouvant porter ou non des *valeurs* quelconques, par exemple des nombres. Un *événement* est un ensemble de signaux considérés comme simultanés et portant chacun une valeur si besoin. Un événement d'entrée peut être l'arrivée d'une mesure ou d'une alarme provenant d'un capteur, l'appui sur un bouton d'une interface homme-machine, l'arrivée d'un événement temporel au sens classique comme la seconde, la fin d'un temporisateur, etc., ou une conjonction de ces signaux reçus simultanément. Les signaux temporels venant des horloges ne sont pas vus comme différents des autres, et ne sont d'ailleurs pas toujours utiles. Comme signaux de sortie, on peut trouver un paramètre de commande d'une machine, l'allumage d'une lampe, une alarme, un retour vers l'utilisateur par une interface homme-machine, etc.

L'exécution d'un programme synchrone consiste en une séquence potentiellement infinie de *réactions* à des *événements d'entrée*. Le moment où ces réactions doivent se faire est déterminé uniquement par l'utilisateur ou le programme appelant. Chaque réaction est exécutée conceptuellement en temps nul et produit un *événement de sortie* conceptuellement simultané à celui d'entrée. À l'intérieur du programme, les signaux sont diffusés à toutes instructions qui y ont accès.

Dans le monde synchrone, on dit que le temps global d'une application est *multiforme*, car déterminé par la répétition d'événements d'entrée quelconques et potentiellement nombreux. Il y a même beaucoup de cas où les signaux temporels classiques ne sont pas nécessaires.

LE SYNCHRONISME EST DÉTERMINISTE

L'avantage majeur de l'hypothèse synchrone est sa simultanéité conceptuelle des signaux d'entrée et de sortie, qui concerne non seulement l'extérieur mais aussi l'intérieur du programme. Elle simplifie grandement la communication entre ses différentes instructions qui peuvent être placées en séquence (pour Esterel) ou en parallèle (pour les trois langages) à n'importe quel niveau de hiérarchie : à chaque instant d'exécution, tout signal peut être lu n'importe où dans le programme[1], avec exactement la même valeur partout. C'est cela qui rend le parallélisme *déterministe*, même s'il est utilisé à grande échelle. Comme tous les langages de programmation actuels, les langages synchrones offrent une décomposition hiérarchique plus classique des programmes en modules et sous-modules, ce qui simplifie la programmation et la réutilisation de modules déjà disponibles.

Mais nous verrons à la toute fin de ce chapitre qu'on commence à savoir réconcilier les visions synchrones et asynchrones, par exemple pour les interfaces homme-machine synchrones d'applications Web asynchrones.

---

1. En fait dans la portée de sa déclaration, comme dans tous les langages modernes, mais c'est secondaire.

LE SYNCHRONISME EST DÉJÀ PRÉSENT
DANS NOS CERVEAUX !

L'hypothèse synchrone a été longtemps considérée comme aussi irréaliste qu'iconoclaste par beaucoup de collègues pour qui l'association entre parallélisme, délais arbitraires et non-déterminisme était évidente et intouchable – sauf chez nos amis indiens, chez qui j'ai beaucoup travaillé. Pourtant, nous allons voir qu'elle est déjà présente dans nos sens biologiques. En voici deux exemples.

Exemple 1, le son : nous avons dit au chapitre 5 que deux sons séparés de moins de 20 millisecondes nous paraissent simultanés, ce qui permet de synthétiser des sons musicaux sur ordinateur par des calculs plus courts que cette durée – c'est fou ce qu'on peut faire maintenant en 20 millisecondes. D'ailleurs, le langage de programmation de la partie de musique synthétique du système d'Antescofo décrit au chapitre 5 est inspiré d'Esterel : on y programme comme si on allait « plus vite que la musique » !

Exemple 2, le toucher : piquez-vous avec deux aiguilles, une sur chaque cuisse : vous ressentirez des piqûres parfaitement simultanées dès qu'elles sont suffisamment proches temporellement.

LE SYNCHRONISME,
DE LA THÉORIE À LA PRATIQUE

En pratique, les programmes synchrones ont bien sûr un temps d'exécution non nul, mais c'est le rôle de leurs sémantiques mathématiques et de leurs compilateurs d'assurer que le code engendré soit suffisamment rapide pour respecter les contraintes de temps des processus à contrôler – il est même inutile d'aller plus vite. Ces contraintes sont en général bien connues, et finalement pas si difficiles à satisfaire dans la plupart des cas, et avoir des langages propres et bien définis qui rendent les gros programmes plus faciles à écrire et à vérifier devenait la priorité chez les utilisateurs à cause des problèmes de sûreté des applications concernées. En pratique, l'approche synchrone a d'autant mieux réussi que ces applications étaient complexes, car elle permet de bien concentrer et exprimer leur logique sans se noyer dans les détails.

Mais il faut bien sûr aussi être efficace. Les compilateurs ont été beaucoup travaillés pour ça, avec des bases mathématiques solides. Par exemple, avec Esterel on peut générer soit des programmes logiciels écrits en C, soit des circuits électroniques pour lesquels le temps de réponse se réduit à un seul cycle de l'horloge ultrarapide qui contrôle leur exécution, quelques nanosecondes ou picosecondes selon la technologie utilisée – on ne peut pas faire mieux. Dans ce dernier cas, le code logiciel également engendré peut aussi servir de code de simulation à intégrer dans un simulateur global d'un *chip* (une puce électronique), ce qui est précieux pour sa mise au point. Nous verrons tout cela en détail plus loin : l'utilisation d'Esterel pour concevoir des circuits électroniques efficaces est une des plus grandes surprises de ma carrière.

POURQUOI TROIS LANGAGES ?

Esterel s'intéresse surtout aux applications qui changent très souvent de comportement au cours de l'exécution, comme les protocoles de communication, les interfaces homme-machine, les systèmes de gestion d'alarme, etc. Il a aussi eu de beaux succès pour le design industriel de circuits électroniques complexes en milieu industriel.

Pour Lustre et Signal, le comportement visé est plutôt régulier dans le temps et dominé par des flux de données, typiquement ceux des équations de l'automatique classique. Mais les programmes peuvent être gros et complexes. Ces langages sont par exemple utilisés en avionique pour les commandes de vol, encore appelées « électriques » alors qu'elles sont essentiellement informatiques, ou encore la commande fine des réacteurs et du freinage, car ils permettent de programmer de façon naturelle des algorithmes complexes issus de l'automatique, mais aussi pour la conduite de métros, pour la sécurité des centrales nucléaires, etc.

Esterel

Après cette longue introduction, attaquons le vif du sujet, en commençant par une présentation d'Esterel brève et incomplète mais suffisante pour en comprendre les idées.

LES INSTANTS ET LES SIGNAUX

Un programme Esterel s'exécute par une suite d'*instants* successifs, définis dans un programme extérieur. Celui-ci, quand il le souhaite, envoie au programme Esterel des *signaux d'entrée* considérés comme simultanés, puis lance son exécution ; celle-ci réagit en provoquant en retour des *signaux de sortie* vers cet environnement. Dans cette réaction, les signaux sont vus partout de façon identique, qu'ils soient d'entrée, de sortie ou localement déclarés pour faire communiquer entre elles ses diverses parties. Entre deux sollicitations de l'environnement, le programme dort sans changer d'état. Puisque l'exécution est vue comme instantanée, une exécution est appelée un *instant*.

Les signaux peuvent être *purs,* comme pour l'appui sur un bouton par un utilisateur en entrée ou l'émission d'un signal d'alarme par le programme. Quand un signal pur est transmis au programme, il est dit *présent,* sinon il est dit *absent* ; la présence d'un signal à un instant donné est appelée son *statut* à cet instant, qui est diffusé partout dans le programme. Un signal peut aussi être *valué,* portant alors une valeur quelconque en plus de son statut – la même partout comme pour son statut. Ces hypothèses assurent le déterminisme des comportements, même pour des programmes parallèles.

Exemples de programmes Esterel

UN PREMIER EXEMPLE : LA MESURE DE VITESSE

En Esterel, on peut mesurer une vitesse en mètres par seconde avec le programme suivant (la programmation étant une activité vraiment internationale, on écrit toujours en anglais) :

```
module Speed :
input Meter, Second ;
output Speed : integer ;
var M : integer in
    loop
        weak abort
          M := 0 ;
          every Meter do M := M+1 end
        when Second ;
        emit Speed (M) ;
    end loop
end module
```

Ici Meter et Second sont des signaux purs d'entrée et Speed (vitesse) est un signal de sortie valué portant la valeur courante de la vitesse, lisible instantanément par toutes les instructions du programme qui le désirent. Puisque Speed est déclaré comme sortie globale du module, sa présence et sa valeur sont transmises à l'environnement d'exécution une fois la réaction terminée, mais seulement si ce signal est émis par une instruction emit exécutée dans l'instant. La variable interne M sert à mémoriser le nombre de mètres parcourus entre deux secondes. Certaines instructions sont classiques, comme les affectations M:=0 et M:=M +1 ou la séquence « p ; q » qui permet d'enchaîner les instructions successives, instantanément bien sûr, mais dans le bon ordre. D'autres sont spécifiques à Esterel et font à la fois sa puissance expressive et son originalité : dans l'exemple, ce sont les instructions weak abort et every. Le weak abort lance immédiatement son corps et se termine soit à l'instant où ce corps se termine, instant de démarrage inclus, soit à la première occurrence ultérieure de Second ; dans ce second cas, elle laisse son corps s'exécuter une dernière fois avant de mourir, à cause du préfixe weak (voir l'encadré suivant). Enfin, le « every Second do ... end » attend d'abord le signal Second pour démarrer son corps, puis le redémarre à la prochaine occurrence de Second qui lui fait interrompre instantanément son corps, cette fois sans qu'il soit exécuté à cet instant, et recommencer au début l'exécution de ce corps.

En fonction de ces informations, on peut vérifier que ce programme calcule bien la vitesse en mètres par seconde. Le comportement exact et détaillé du programme est précisé dans l'encadré ci-dessous.

Le principe du programme **Speed** est simple : au démarrage, on entre dans la boucle **loop**, qui transmet instantanément le contrôle à son corps, ce qui déclenche la succession suivante d'actions, toujours instantanée :

l'instruction « **weak abort** » démarre et lance l'instruction « **M:=0** » qui initialise le compteur de mètres, puis transmet le contrôle au « **every Meter** », qui stoppe la réaction, un **Meter** éventuellement présent au démarrage de cet **every** étant ignoré.

Aux instants suivants, rien ne se passe dans le cas où ni **Meter** ni **Second** ne sont spécifiés présents par l'appelant. Si **Meter** est présent mais pas **Second**, « **every Meter** » passe le contrôle à « **M:=M +1** » qui incrémente le compteur de mètres. La réaction est alors terminée, car le **every** attend maintenant la prochaine occurrence de Meter.

Au premier instant où **Second** est présent, le « **weak abort** » exécute une dernière fois son corps pour permettre le comptage d'un **Meter** qui serait simultané avec **Second**, ce qu'il ne ferait pas sans le préfixe **weak** : si **Meter** est aussi présent, alors **M** est incrémenté une dernière fois par le « **every Meter** », puis le « **weak abort** » se termine, passant le contrôle au « **emit Speed(M)** » qui émet le signal de sortie **Speed** avec **M** comme valeur. Son corps étant terminé, la boucle **loop** revient à son début en redonnant immédiatement la main au « **weak abort** » qui provoque d'abord la remise à **0** de **M**, puis transmet le contrôle au « **every** » qui arrête l'exécution pour cet instant. Tout cela s'est fait instantanément, mais *dans le bon ordre*.

À la fin des fins, à tout instant où **Speed** est émis avec une valeur, cette valeur est *exactement* la vitesse mesurée à cet instant, le dernier mètre étant compté s'il est reçu en même temps que **Second**.

Cette discussion peut paraître compliquée, mais il faut être extrêmement précis pour ne pas rendre des résultats erronés. On s'habitue vite à penser comme ça, mais il faut avoir vu un exemple détaillé au moins une fois.

LES INSTRUCTIONS TEMPORELLES D'ESTEREL

Les instructions temporelles **every** et **abort**, fréquentes et commodes d'utilisation, seront complétées par d'autres ci-dessous comme : **await** et **loop…each**. Ce ne sont cependant pas des primitives du langage, car elles sont dérivables d'un noyau de onze instructions élémentaires et indépendantes les unes des autres. La seule de ce noyau qui prend du temps par elle-même est **pause**, qui se termine à l'instant suivant celui où elle démarre : « **emit** A ; **pause** ; **emit** B » émet A et B dans deux instants successifs.

On a vu dans cet exemple qu'en Esterel et dans les autres langages synchrones il faut toujours faire attention aux « problèmes de poteaux » quand on utilise des instructions de préemption, c'est-à-dire à ce qui se passe à leur démarrage et à leur fin si elles doivent préempter leur corps. Voici les règles précises pour **abort**, qui a quatre versions engendrées par deux mots clefs indépendants, **weak** et **immediate** – le lecteur peut aussi passer à la suite avant de revenir à l'encadré si besoin.

L'instruction « **abort** p **when** S » contrôle la durée pendant laquelle son corps p est exécuté. A priori, l'exécution de ce corps seul pourrait soit se terminer immédiatement, soit se terminer au bout d'un nombre fini d'instants de calcul du programme, soit ne jamais se terminer. Mais le **abort** peut tuer ce corps en fonction de la présence du signal S.

Par défaut, quand le **abort** démarre, il passe la main immédiatement à p, que S soit présent ou non. Si p se termine immédiatement, le **abort** se termine également. Sinon, dans les instants suivants, p est exécuté tant que S est absent, ce jusqu'à sa propre terminaison qui provoque immédiatement celle du **abort** lui-même. Mais si S est reçu alors que p n'est pas encore terminé, le **abort** le tue sans ménagement, c'est-à-dire sans l'exécuter dans cet instant, et se termine immédiatement. C'est la forme la plus courante de cette instruction.

Dans la forme « **weak abort** *p* **when** *S* », la mort de *p* est plus douce si *S* survient à un instant où il est encore actif : il est exécuté une dernière fois à cet instant (ce qu'on appelle pour les hommes « donner ses dernières volontés »). C'est ce qui permet de compter le dernier mètre dans l'exemple ci-dessus.

Dans la forme « **abort** *p* **when immediate** *S* », la présence de *S* est aussi prise en compte dès l'instant où l'instruction démarre. Si *S* est présent à ce moment, elle se termine immédiatement sans activer *p*.

Les deux mots-clefs sont cumulables : l'instruction « **weak abort** *p* **when immediate** *S* » se termine immédiatement si *S* est présent, y compris à l'instant de départ, mais en laissant travailler *p* une dernière fois au moment de sa terminaison.

UN DEUXIÈME EXEMPLE : L'INTRODUCTION DU PARALLÉLISME

Voici maintenant un module nommé ABRO, qui sert d'exemple de base pour expliquer le parallélisme synchrone, utilisant aussi une autre forme syntaxique de préemption forte :

```
module ABRO :
input A, B, R ;
output O ;
loop
    [await A || await B] ;
    emit O
each R
end module
```

Ici, le symbole **||** représente le parallélisme synchrone qui fait agir ses branches simultanément, avec communication instantanée entre elles si besoin. Quand elle démarre, l'instruction « await A » arrête localement l'exécution de l'instant, pour se terminer ensuite au prochain événement où A est reçu de l'extérieur ou émis par une autre partie d'un programme utilisant ce module. L'instruction « loop *inst* each R » est semblable à l'instruction « every R do *inst* end » précédente, sauf qu'elle démarre instantanément son corps *inst* au lieu d'attendre la prochaine occurrence de R. Voici le comportement de ce programme, ici aussi décrit d'une façon détaillée qu'il faut avoir vue au moins une fois :

Supposons pour l'instant qu'on ne reçoive jamais R. Au premier instant, on entre dans la boucle « loop…each R », puis dans le parallèle « || » qui active instantanément ses branches, et on s'arrête sur les deux await en parallèle, qui attendent respectivement la prochaine occurrence de A ou B pour se terminer. Supposons pour l'instant qu'on ne reçoive jamais R, et supposons aussi qu'à un instant ultérieur on reçoive un premier A mais en n'ayant jamais reçu B. Alors l'instruction « await A » se termine instantanément, mais pas le parallèle car il reste la branche « await B » : un parallèle ne se termine qu'à l'instant exact où ses deux branches se sont terminées, dans n'importe quel ordre ou simultanément. Ensuite, les autres occurrences de A sont ignorées, mais, dès que B est reçu, « await B » puis le parallèle se terminent, « emit O » est exécuté instantanément et le signal O est émis vers l'extérieur. Le « loop…each R » englobant, dont le corps a fini de traiter l'instant, reste en attente de la prochaine entrée où R est présent pour boucler, ce qui le fait revenir à l'attente de A et B. Le comportement est symétrique si on reçoit d'abord B seul, puis A. Mais il est parfaitement possible que A et B arrivent simultanément : dans ce cas, les deux branches du parallèle se terminent simultanément, O est émis au même instant, et le corps de la boucle « loop…each R » est terminé. Considérons maintenant un instant où R est reçu de l'environnement, et donc présent. Alors, quels que soient l'état des instructions du corps de la boucle « loop…each R » et la présence ou l'absence de A et B, le corps de cette boucle est tué et sans être exécuté dans l'instant, puis redémarré instantanément, remettant le programme dans l'état où il attend R, A et B.

> Il est important de comprendre que le test sur R qui englobe ceux sur A et B a la priorité sur eux. Donc, si A, B et R sont reçus simultanément, A et B n'ont pas d'effet.

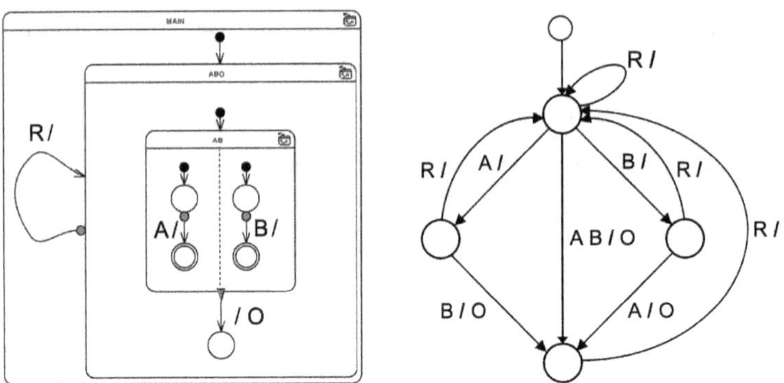

Figure 24. Deux notations graphiques, l'une hiérarchique et l'autre plate.

La figure 24 montre deux autres façons de décrire ce comportement. À gauche, avec la version graphique d'Esterel nommée SyncCharts, originellement due à Charles André de l'Université de Nice, qui s'est inspiré des StateCharts de David Harel[2]. Elle définit ce qu'on appelle des *automates finis parallèles et hiérarchiques*. Les petits ronds noirs indiquent les états initiaux des sous-automates, le pointillé vertical de l'état composite dénote le parallélisme, alors que le petit rond noir à la base de la flèche de droite, étiqueté par R, indique un abort fort, le fait que cette flèche va de l'état composite à lui-même indiquant une boucle loop. Les doubles cercles indiquent explicitement la terminaison, implicite dans la version textuelle. Ces dessins sont traduits par logiciel en un programme Esterel.

---

2. Très beau modèle de programmation dans le principe, et surtout très novateur, mais qui n'a pas une sémantique vraiment synchrone, ce qui pose pas mal de problèmes. J'ai beaucoup d'admiration pour Daid Harel, du Weizmann Institute en Israël, mais il me semble davantage algorithmicien que sémanticien.

Le dessin de droite montre un *automate fini* classique, dessinable à la main ou engendrable par une option du compilateur Esterel à partir du programme textuel ou du SyncChart présenté à gauche de la figure[3]. Ce genre de description plate du même comportement était souvent utilisée dans l'industrie. Mais notez la duplication des signaux dans cet automate : chaque signal est recopié sur plusieurs flèches, alors qu'ils sont tous d'occurrence unique dans le programme textuel ou sa version graphique SyncCharts. De plus, pour n signaux au lieu de 2, il faudrait 2^n flèches au lieu de n, provoquant une augmentation exponentielle irréaliste du dessin, alors que le programme Esterel et l'automate hiérarchique n'augmentent que linéairement. Or toute duplication augmente le risque d'erreurs en cas de modification du programme car il faut répéter cette modification partout et sans oubli. Les graphiques de ce type ne passent donc pas à l'échelle des vraies applications, et le parallélisme est absolument indispensable pour la concision.

En bref, la règle fondamentale de concision de l'écriture en Esterel ou en SyncCharts est *write things once* : écrire les choses importantes une seule fois. Elle n'a que des avantages : meilleur code source, meilleure facilité de maintenance, et aussi code machine généré bien plus efficace – ce que je n'expliquerai pas ici.

LE COUREUR À PIED

Voici enfin un exercice que vous devriez faire dans un stade pour vous tenir en forme :

Tous les matins, faire ceci : pendant 4 tours de piste, à chaque tour, courir doucement pendant 100 mètres ; puis,

---

3. Dessiné ici grâce au logiciel Autograph développé par nos thésards Didier Vergamini et Valérie Roy, que je salue ainsi !

pendant 15 secondes, sauter en expirant ; ensuite, courir à fond jusqu'à la fin du tour.

Voici le programme Esterel pour cet exercice (toujours en anglais) :

```
module Runner :
input Second, Morning, Step, Meter, Lap ;
        // seconde, matin, pas, mètre et tour de piste
every Morning do
    abort
        loop
            abort run Slowly when 100 Meter ;
            abort
                every Step do
                    // sauter et souffler
                    run Jump || run BreatheOut
                end
            when 15 Second ;
            // à fond la caisse
            run FullSpeed
        each Lap
    when 4 Laps
end every
end module
```

Les barres obliques // précèdent des commentaires textuels, non traités par Esterel. Les instructions « run Jump », « run BreatheOut » et « run FullSpeed » demandent de recopier textuellement les corps de ces trois autres modules décrits ailleurs, qui peuvent faire des choses arbitrairement compliquées. C'est ce qu'on appelle la *programmation modulaire,* qui est maintenant la règle pour tous les langages de programmation.

La traduction de la spécification en Esterel est vraiment littérale car le programme est parfaitement précis. Après la course lente sur les

100 premiers mètres du tour de piste, les sous-modules **Jump** and **Expire** provoquent en parallèle le saut et l'expiration simultanés, ces activités étant redémarrées tout aussi simultanément de façon synchrone à chaque pas, comme exprimé par « **every Step** », mais cela seulement pendant 15 secondes comme le spécifie le « **abort... when 15 S** » extérieur. Pendant cette période, ces deux modules peuvent bien sûr communiquer entre eux et avec le reste du programme. Tout cela reste parfaitement déterministe. Après ces 15 secondes, on court à fond jusqu'à la fin du tour, ce qui fait alors redémarrer un tour identique par le « **loop...each Lap** », sachant que le nombre de tours est limité à 4 à cause du « **abort...when 4 laps** » englobant. Au bout de ces 4 tours, on attend le matin suivant pour recommencer.

Notons cependant un autre effet du « **loop... each Lap** » externe : si les tours sont plus courts que 100 mètres plus 15 secondes, ce qui est une durée tout à fait claire pour Esterel, on ne courra jamais à fond ; s'ils sont plus courts que 100 mètres, on ne sautera pas non plus. Même chose si les matins **Morning** sont trop fréquents : Esterel est très précis sur ces sujets.

SURVEILLER SON CŒUR

On peut finalement vouloir étendre ce programme en surveillant le cœur pendant la séquence fatigante où l'on saute et souffle de façon synchrone, pour se diriger immédiatement vers l'hôpital s'il y a un problème. Il suffit d'ajouter en parallèle à **Jump** et **BreatheOut** une autre instruction de préemption appelée « **trap-exit** ». L'idée est alors d'englober la zone concernée dans une instruction de préemption **trap**, en vérifiant qu'il n'y a pas plus de deux secondes entre deux battements de cœur et en exécutant « **exit Stroke** » si ce n'est pas le cas. La préemption par une paire **trap-exit** est différente de celle par **abort** car ses **exit** peuvent être en nombre quelconque et se trouver n'importe où dans le corps du trap ; trap-exit fait partie du noyau d'Esterel.

```
input ..., HeartBeat ; // battement de cœur
trap Stroke in
      every Morning do
          ...
                  every Step do
                      // sauter et souffler
                      ...
                  ||
                      loop
                          await 2 second ;
                          // attaque cardiaque
                          exit HeartAttack
                      each HeartBeat
                  end
          ...
      end every
      handle HeartAttack do
          run ToHospital
end module
```

Les « ... » signifient que le code manquant est celui du programme initial, non recopié ici, et « loop...each » est comme déjà vu dans le premier exemple ci-dessus.

Le principe de la surveillance du cœur est simple : lancer une attente de deux secondes et annuler puis répéter cette attente si un battement de cœur arrive pendant ce délai. Si deux secondes se sont passées sans battement de cœur, on exécute « exit HeartAttack » qui fait instantanément passer le contrôle à « handle Stroke » qui fait foncer à l'hôpital en arrêtant immédiatement l'ensemble du programme. Simple et efficace, *isn't it ?* Mais remarquez l'inversion HeartBeat / Second, typique de la vision généralisée du temps en Esterel : c'est HeartBeat qui arrête le comptage des secondes, pas l'inverse.

Compiler Esterel

Il ne suffit pas d'écrire des programmes élégants, il faut savoir les faire exécuter, ce qui demande de construire un *compilateur* pour Esterel, c'est-à-dire un programme conventionnel qui traduit ses textes vers un langage classique comme C, qui peut lui être compilé en langage machine sur tous les ordinateurs connus. Dans cette opération, le parallélisme conceptuel disparaît complètement car le code C généré est strictement séquentiel. Sur ce point aussi, Esterel diffère complètement des langages asynchrones du chapitre précédent.

Les premiers compilateurs Esterel v2 et v3 datent respectivement de 1985 et 1988. Le premier étendait un algorithme de théorie des automates conçu par mon collègue Ravi Sethi des Bell Labs aux États-Unis et moi-même. En bref, il transformait le programme ABRO de la page 316 en l'automate de droite dessiné à la figure 24. Mais Esterel v2 pouvait prendre un grand temps de calcul à la compilation, même pour des programmes relativement simples. Ce temps de calcul a été beaucoup réduit dans Esterel v3 grâce au travail de mon remarquable thésard Georges Gonthier, médaille d'or aux Olympiades internationales de mathématiques quand il était au lycée. Il a aussi considérablement amélioré la sémantique des programmes, qui définit mathématiquement ce qu'ils doivent faire, ainsi que le temps de calcul et la mémoire utilisée pour le calcul de chaque transition. Mais Esterel v3 engendrait toujours le même type d'automate explicite. Les premières applications de taille raisonnable ont cependant montré la puissance et la facilité d'expression du langage pour les problèmes qu'il voulait traiter.

Le compilateur Esterel v3 a été industrialisé par Cisi Ingénierie puis Ilog à la fin des années 1990, cette dernière société ayant aussi développé pour quelques clients un environnement graphique incluant les SyncCharts décrits précédemment. Mais tout cela a été fait sans grande conviction.

Cependant nous avions toujours un problème majeur, déjà mentionné à propos du programme ABRO ci-dessus : la taille de l'automate explicite engendré par Esterel v3 explosait exponentiellement si on remplaçait la paire A, B par une liste quelconque de signaux. Nous n'étions donc toujours pas capables de traiter de vrais programmes industriels à grand nombre d'états. Pour résoudre ce problème, il fallait trouver une autre méthode, décrite ci-dessous.

Le passage aux circuits électroniques synchrones

La vraie solution est venue d'un tout autre domaine, celui des circuits électroniques. J'ai été appelé à la fin de la décennie 1980 par mon collègue et ami Jean Vuillemin pour entamer une collaboration sur ce sujet. Il était alors chercheur à Paris dans la société Digital Equipment Corporation, deuxième société mondiale des ordinateurs derrière IBM grâce à son fameux VAX, mais déjà disparue en 1996 pour n'avoir pas assez cru aux microprocesseurs (!). Vuillemin utilisait la première génération de circuits appelés *field programmable gate arrays,* en abrégé FPGA, dont le câblage physique est reconfigurable par logiciel. C'était à l'époque une nouveauté considérable qui permettait d'expérimenter des circuits beaucoup plus vite et pour beaucoup moins cher. Vuillemin pensait qu'Esterel serait parfait pour aider à concevoir certaines parties de contrôle complexes des circuits qu'il concevait.

Moi qui pensais qu'Esterel ne s'adressait qu'au logiciel, j'ai découvert à ce moment précis que le modèle synchrone était le modèle dominant des circuits depuis longtemps, même si ce n'était pas explicite ! Il existait bien aussi des circuits asynchrones très intéressants, mais leur conception était bien plus difficile, ce qui fait qu'ils ne jouent encore qu'un rôle marginal.

LES CIRCUITS SYNCHRONES

Un circuit synchrone comporte une partie *combinatoire*, c'est-à-dire sans mémoire, composée de fils et de portes logiques réalisées avec des transistors, qui fait toujours le même calcul entre deux coups d'horloge, et des *registres* à une entrée et une sortie, qui sont des points mémoires 1 bit. Les circuits sont toujours binaires, le 0 et le 1 étant représentés par des tensions électriques, en général 0 volt pour 0 et entre 1 et 3 volts pour 1, avec une tolérance de chaque côté.

Chaque registre a un fil d'entrée et un fil de sortie, les deux étant connectés soit à la partie combinatoire, soit directement à l'extérieur du circuit considéré, qui peut aussi servir de sous-circuit dans un circuit plus gros. Les entrées et les sorties sont branchées sur la partie combinatoire ou sur les registres. L'ensemble des registres est commandé par une horloge qui envoie une impulsion à un rythme qui était autrefois constant, mais qui ne l'est plus car on peut baisser le voltage pour dépenser moins d'énergie quand on n'est pas pressé d'avoir les résultats.

À chaque top d'horloge, chaque registre échantillonne la valeur de son entrée pour la maintenir comme sortie stable vers la partie combinatoire pendant toute la durée du cycle suivant. La contrainte fondamentale est qu'il faut garantir que toutes les sorties de la partie combinatoire soient stables autour de 0 et 1 au top d'horloge suivant ; pour cela, on demande généralement que la logique combinatoire ne comporte pas de cycle (au sens des graphes). Dans ce cas, on peut calculer la fréquence maximale de l'horloge qui satisfait la contrainte de stabilisation des voltages des sorties, cela avec des logiciels sophistiqués et pour chaque circuit combinatoire et chaque technologie d'implémentation physique. Les résultats deviennent alors toujours déterministes en fonction des entrées. Lorsque cette stabilisation est garantie, un circuit peut être vu comme une simple fonction transformant des suites d'entrées binaires en suites de sorties binaires.

Au niveau pratique, l'intérêt des circuits synchrones est énorme : l'onde électrique se propage presque à la vitesse de la lumière dans les fils, bien plus vite que la propagation du contrôle entre instructions dans un microprocesseur. En pratique les fréquences vont de l'ordre du mégahertz ou de la dizaine de mégahertz, pour les circuits qui n'ont pas besoin d'être rapides, jusqu'à quelques gigahertz pour des circuits rapides comme ceux qu'on trouve depuis longtemps dans les ordinateurs et maintenant dans les téléphones. Les circuits font donc des millions ou milliards d'opérations complexes par seconde. Bien mieux que les logiciels, mais beaucoup moins souples car les circuits sont eux des objets physiques irréparables. De plus les calculs se font nativement en parallèle. Nous verrons que cela permet vraiment d'améliorer par plusieurs ordres de grandeur la complexité des algorithmes séquentiels décrite au chapitre 7.

Mais expliquons d'abord pourquoi la propagation des 0 et des 1 dans les fils d'un circuit se fait à la vitesse de l'onde électrique et pas à celle des électrons dans les fils, comme nous l'avons vu pour la propagation des vagues par rapport à celle du mouvement des molécules de l'eau au chapitre 5, page 140. Ce n'est pas très connu du public standard.

J'aime beaucoup une explication intuitive et humoristique attribuée à Alfred Permuy, alors chercheur en physique du solide à l'École normale supérieure, qui m'a été communiquée par Jean Vuillemin. Considérons une file de voitures arrêtée à un feu rouge, au moment où le feu passe au vert. Si c'est en Angleterre, où les conducteurs sont tous polis, chacun ne démarre que quand il est persuadé que celui de devant a vraiment démarré sans ennuis. Le front de la vague de démarrage se déplace donc lentement. En revanche, si c'est en Italie, c'est bien différent car chaque conducteur est absolument sûr que les autres sont aussi parfaits que lui-même. Tout conducteur arrêté regarde donc le feu sans se soucier de ce que font les conducteurs devant lui, puisqu'ils sont parfaits et auront démarré avant lui ; il démarre donc instantanément dès qu'il voit le feu vert ! Le front de démarrage se déplace alors à la vitesse de la lumière émise lors de la transition rouge/vert. Les circuits sont italiens !

DE LA SÉMANTIQUE CONSTRUCTIVE
AU COMPILATEUR ESTEREL V5

Cette révélation tardive m'a fait réexaminer tout notre travail, ce qui m'a conduit à inventer une nouvelle sémantique formelle d'Esterel, c'est-à-dire une spécification mathématique de ce que doivent faire ses programmes, cela sans toucher au langage. Appelée sa *sémantique constructive*, elle a conduit à de nouveaux algorithmes de compilation beaucoup plus efficaces et permis de faire disparaître toute explosion de la taille des résultats. Cette nouvelle formalisation m'a aussi permis de résoudre définitivement des problèmes de causalité longtemps embêtants dont je parlerai brièvement plus loin. Elle a servi à construire les compilateurs de recherche Esterel v4 puis v5, en conservant en grande partie l'architecture des compilateurs v3 précédents.

La sémantique constructive est décrite dans un livre[4] que j'ai publié sur mon site web mais jamais chez un éditeur car je n'avais pas encore fait les preuves mathématiques de correction de ce qui y était écrit ; je ne pensais pas pouvoir les faire justes et complètes sans un logiciel d'aide à la preuve comme il en existait déjà. Ces preuves ont été largement réalisées plus tard par mon postdoctorant Lionel Rieg au Collège de France, en utilisant l'assistant de preuves mathématiques Coq. La bonne nouvelle est qu'il n'a trouvé aucune erreur technique dans le livre.

Le nouveau compilateur Esterel v5 pouvait engendrer des programmes écrits soit en langage Verilog (standard pour la description de circuits), soit en langage C pour le logiciel. Cela permettait soit de construire des descriptions de circuits pour l'implémentation matérielle accompagnés de programmes séquentiels écrits en C pour leurs simulations logicielles, soit d'utiliser le code C généré directement pour les systèmes logiciels temps réel précédemment cités.

Dans ce domaine des circuits, outre ma collaboration avec Jean Vuillemin, j'ai beaucoup appris d'Alberto Sangiovanni-Vincentelli et Bob Brayton, professeurs à l'université de Berkeley, et surtout de Michael Kishinevsky, micro-architecte au laboratoire Stategic CAD Lab d'Intel à Portland (Oregon) où j'ai passé de nombreuses périodes. Vu la qualité de nos résultats, Intel a d'ailleurs longtemps financé mon groupe à l'École des mines de Sophia-Antipolis et à l'Inria, comme l'ont aussi fait Cadence et Synopsys, les deux principales sociétés de CAO électronique (conception assistée par ordinateur des circuits) avec qui j'étais aussi en contact fréquent.

---

4. Gérard Berry, *The Constructive Semantics of Pure Esterel*, livre web disponible sur ma page personnelle https://www.college-de-france.fr/fr/chaire/gerard-berry-algorithmes-machines-et-langages-chaire-statutaire/biography.

LE PASSAGE À L'INDUSTRIE

En 2001, j'ai décidé de rejoindre à plein temps la nouvelle société Esterel Technologies, qui avait repris l'ancienne équipe d'Ilog. Avec ma nouvelle équipe, nous avons enrichi le langage avec des nouvelles constructions permettant de mieux programmer les grosses applications, sans en changer la base sémantique, et de générer soit des programmes classiques en logiciel comme précédemment pour nos anciens clients, soit des circuits électroniques avec leurs simulateurs logiciels. Cela a conduit à la version très enrichie Esterel v7 développée entre 2001 et 2007 par mon équipe et moi-même. Nous avons aussi interfacé son compilateur avec un système de vérification formelle puissant et construit un ensemble de logiciels d'aide à la mise au point de test appelé Esterel Studio.

Esterel v7 est devenu un logiciel de choix à la fois pour les circuits complexes et pour des applications logicielles plus classiques. Il était très apprécié des clients de l'industrie des circuits car à la fois plus simple et plus puissant que les langages qu'ils utilisaient avant comme Verilog et VHDL, plus anciens et qui partaient eux d'un substrat analogique. Mais il demandait une forme de reconversion mentale, car ses programmes ne ressemblaient pas à ceux qu'écrivaient traditionnellement les ingénieurs. Ses utilisateurs principaux étaient Intel et NXP (ex-Philips) en recherche et développement (R&D), ainsi que Texas Instruments (alors fournisseur de Nokia, roi du téléphone portable à l'époque), et ST Microelectronics en production et R&D. Esterel v7 a aussi commencé à remplacer Esterel v5 pour nos anciens clients des systèmes temps réel.

Malheureusement, la crise de 2008 a provoqué la chute de Nokia, Texas Instruments et autres, nous obligeant à fermer boutique en 2009. Je suis alors revenu à la recherche. La société américaine Synopsys a repris le compilateur Esterel v7 pour aider nos clients encore actifs, mais a ensuite décidé de le mettre au congélateur. Je ne peux même plus m'en servir...

Mais la société Esterel Technologies s'est concentrée sur son autre produit également synchrone appelé SCADE 6, destiné aux systèmes embarqués logiciels et intégrant harmonieusement les notions de base d'Esterel et de Lustre dans une présentation graphique dont je parlerai brièvement plus loin. SCADE 6 a eu un très beau succès dans le monde industriel, étant adopté par Airbus et d'autres avionneurs et par beaucoup d'autres branches industrielles.

Esterel Technologies a été ensuite achetée par la société Ansys aux États-Unis en 2012, spécialisée dans la simulation des appareils que SCADE 6 savait programmer. Le succès a grandi, avec plusieurs centaines de projets industriels, cette industrie comportant beaucoup plus de firmes. Ansys a reçu en 2024 une proposition d'achat pour 35 milliards de dollars par la compagnie Synopsys précitée, devenue le plus gros fournisseur de logiciels de conception de circuits et qui cherchait à étendre son portefeuille vers le logiciel. À l'heure où j'écris, cette proposition est examinée par les autorités aux États-Unis.

Comme je l'ai dit dans l'introduction, qui a dit que la France sait garder ses pépites ?

L'étonnante efficacité des circuits électroniques synchrones

Revenons à la technique, maintenant dans le domaine des circuits dont je souhaite montrer les propriétés temporelles, très différentes de celles du logiciel.

Le circuit intégré a été inventé par Jack Kilby en 1958 – qui a reçu pour cela le prix Nobel de physique en l'an 2000. Gordon Moore a donné la première version de sa fameuse loi en 1965, puis l'a corrigée dix ans après, quand il était P-DG d'Intel, en ce qui est toujours sa « loi de Moore » : le nombre de transistors par puce double en gros tous les deux ans, donc explose de façon exponentielle. Le premier microprocesseur, l'Intel 4004 de 1971, en comportait seulement 2 300. Au 20e siècle, les circuits intégrés ont grandi, atteignant pour les plus gros quelques millions ou dizaines de millions de transistors, mais une seule équipe pouvait en faire le design. Ce n'est plus le cas maintenant, car les circuits actuels dépassent allègrement le milliard de transistors, atteignant par exemple 28 milliards de transistors dans l'Apple M4, avec une finesse de gravure de 3 nanomètres. Tous les chiffres sont donc provisoires.

Les circuits modernes sont formés d'un grand nombre de parties logiques reliées entre elles, qui ne viennent plus toujours des équipes de la société qui conçoit l'architecture globale, mais souvent de sociétés différentes : un circuit d'ordinateur ou de téléphone peut comporter plus d'une dizaine de microprocesseurs, et aussi beaucoup de sous-circuits spécialisés, par exemple pour gérer les accès mémoire, l'apprentissage profond de l'IA (intelligence artificielle), ou pour interfacer les réseaux 4G ou 5G, le wi-fi, etc. On appelle ces parties des IP pour *intellectual properties* car le travail de leur conception et vérification est devenu essentiellement intellectuel et logiciel. De plus, la fabrication est devenue une industrie à part, avec des usines bien plus chères que dans les autres domaines industriels. Maintenant, quand on conçoit une IP, on ne sait plus forcément avec quelles technologies elle sera physiquement réalisée, et elle le sera probablement avec plusieurs.

La conception d'une IP est d'autant plus délicate que la correction de bugs coûte extrêmement cher une fois le circuit qui la contient fabriqué et vendu : on ne peut pas en envoyer une nouvelle version par Internet. Heureusement, il existe beaucoup de logiciels évolués pour aider les micro-architectes et les *designers*, comme on dit dans ce métier. C'est d'ailleurs un domaine où les outils SAT cités au chapitre 7 sont utilisés de façon massive. Les résultats finaux pour un circuit donné se présentent sous la forme d'une description assez indépendante des technologies physiques ; elles servent d'entrée à d'autres logiciels d'optimisation fine, pour fabriquer à la fin les masques photographiques utilisés par les usines de fabrication. L'industrie des circuits est donc très fragmentée, et nous ne nous intéresserons ici qu'au design logique.

Je n'expliquerai ici comment fonctionne un circuit synchrone que pour l'arithmétique de base, d'abord dans sa version la plus simple, le circuit combinatoire qui fait toujours les mêmes calculs. Les deux exemples seront l'addition qui est probablement la fonction la plus importante car elle sert partout, et la multiplication aussi très fréquente. Et j'insisterai surtout sur le gouffre de performance entre matériel et logiciel.

UN CIRCUIT COMBINATOIRE NAÏF POUR L'ADDITION BINAIRE

Reprenons la logique booléenne présentée au chapitre 7, celle de *et, ou, non* qui suffit pour parler des circuits. Si vous ne la connaissez pas, allez page 251, ça ne vous prendra pas longtemps d'en lire les bases. Par commodité, on y ajoute deux opérateurs qui peuvent facilement être dérivés de ces trois-là : le *ou* exclusif oux, qui vaut 1 si seulement un nombre impair de ses arguments vaut 1, et le test if-then-else, appelé habituellement *mux* pour multiplexeur dans ce domaine issu de l'électronique. Le *mux* prend trois arguments c, x et y, où c est la condition du test ; il est défini par $mux(1, x, y) = x$ et $mux(0, x, y) = y$. On voit immédiatement que $mux(c, x, y)$ est la même chose que « if c then x else y ».

Voici un additionneur pour trois bits x, y et z rendant la somme s et la retenue r, qui est simple et facile à vérifier même pour un lecteur non habitué. La boîte nommée **++** est un additionneur de base à 3 bits d'entrée a, b, c et deux bits de sortie s et r, la somme s étant le *ou* exclusif des trois bits ; la retenue r est simplement la fonction majorité qui rend 1 dès que deux des trois arguments sont vrais. Voici la spécification mathématique :

$$s = x \text{ oux } y \text{ oux } z$$
$$r = (x \text{ et } y) \text{ ou } (y \text{ et } z) \text{ ou } (z \text{ et } x)$$

L'additionneur classique à propagation de retenue pour deux nombres de 3 bits chacun est montré dans la figure 25 :

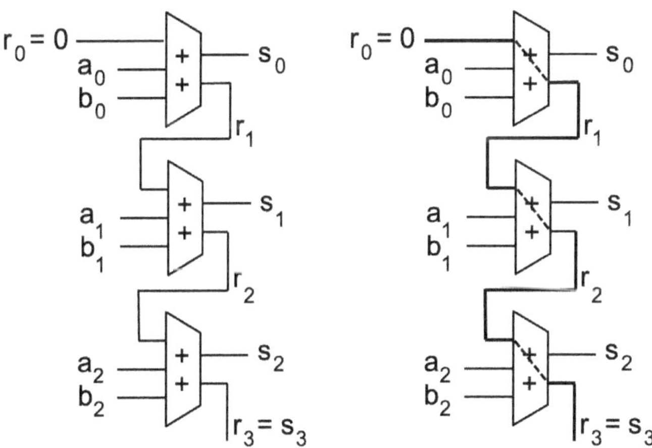

Figure 25. L'additionneur pour nombres à 3 bits et son chemin critique.

Dans cette figure, l'électricité circule de haut en bas, les nombres étant écrits à l'envers – ce qui est pratique dans le domaine, les boîtes rectangulaires représentant chacune l'additionneur binaire décrit ci-dessus. La retenue circule donc de haut en bas.

LE TEMPS QUE MET UN CIRCUIT COMBINATOIRE POUR FAIRE UN CALCUL

Au niveau du temps nécessaire pour faire un calcul, les circuits sont fondamentalement bien meilleurs que les programmes exécutés par les microprocesseurs, d'une part parce que l'influx électrique se propage quasiment à la vitesse de la lumière dans les fils, comme déjà expliqué, et parce que traverser ou pas les portes logiques à base de transistors est aussi très rapide ; d'autre part parce que cette propagation se fait en même temps sur des fils indépendants les uns des autres. On peut donc borner en gros la vitesse d'un circuit combinatoire par le nombre maximum de portes traversées par un fil quelconque, ce qu'on appelle le *chemin critique* du circuit. Des logiciels *ad hoc* font cela très efficacement.

Combien de temps met le circuit d'addition précédent pour faire une addition 32 bits ? On peut voir tout de suite que ce temps augmente linéairement en fonction du nombre de bits : en effet, le bit final $s[32]$ est égal à la retenue $r[31]$, qui dépend elle-même de la retenue précédant $r[30]$, etc., jusqu'à $r[0]$. Il y a donc des chemins critiques de longueur 32, allant par exemple de a_0 à s_3, ce qui veut dire que le temps de l'addition est au moins 32 fois le temps de l'additionneur 1 bit.

L'ADDITION EN TEMPS LOGARITHMIQUE

Voici une des nombreuses façons de réaliser une addition en temps logarithmique, pas récente car due à John von Neumann, mais très simple. Elle utilise la dichotomie, définie au chapitre 7, page 247.

Pour faire une addition 32 bits, nous allons faire non pas deux additions 16 bits successives, mais *trois additions 16 bits simultanées*. La première additionne les bits 0 à 15, en produisant 16 bits de somme et un bit de retenue r. En parallèle, la seconde additionne les bits 16 à 31, et, encore en parallèle, la troisième additionne aussi les bits 16 à 31, mais cette fois plus 1. Comme le parallélisme est électroniquement gratuit, tout cela prend le même temps qu'une seule addition 16 bits. L'astuce est maintenant de sélectionner pour le résultat les 16 premiers chiffres binaires de la somme des poids faibles, et d'utiliser sa retenue finale pour commander 16 multiplexeurs qui sélectionnent la bonne addition des poids forts et jettent l'autre. Le temps total est donc celui d'une addition 16 bits plus celui des 16 multiplexeurs qui est constant puisqu'ils sont tous en parallèle.

Évidemment, on peut faire les trois additions 16 bits avec la même méthode, chacune par 3 additionneurs 8 bits en parallèle et un multiplexeur 8 bits, chacun de ces additionneurs utilisant 3 additionneurs 4 bits, etc. De manière générale, le délai d'une addition n bits devient proportionnel à $\log(n)$ au lieu de n pour n bits, ce qui fait que l'addition complète se fait en temps logarithmique $O(\log(n))$. On ne peut pas faire mieux.

Bien sûr, on a perdu en taille ce qu'on a gagné en temps : la taille du circuit obtenu est trois fois celle des additionneurs 16 bits plus celle des 16 multiplexeurs, au lieu de deux fois celle des additionneurs 16 bits. Mais la vitesse devient plus importante que la taille lorsqu'on dispose d'autant de transistors que maintenant.

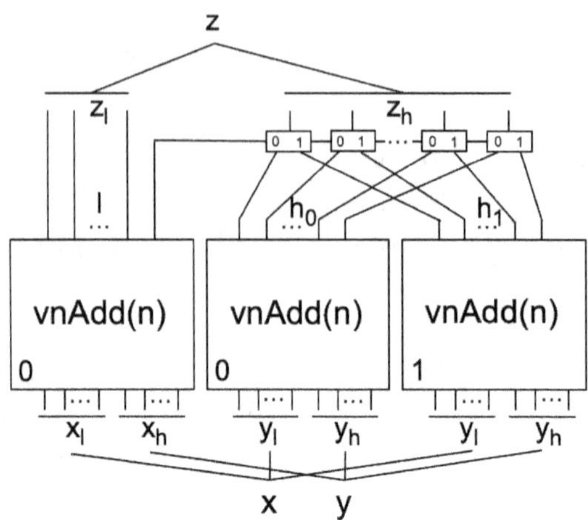

Figure 26. L'additionneur de von Neumann pour $2n$ bits.

Le schéma pour 4 bits après simplification est dessiné dans la figure 26 ci-dessus. La ligne rouge épaisse en bas indique un chemin critique, et les *mux* ont la sortie au-dessus et les entrées marquées 0 et 1.

LA MULTIPLICATION COMBINATOIRE

Avoir une addition en $O(\log(n))$ pour n bits permet immédiatement une multiplication efficace avec la méthode de l'école – celle d'Al-Khwârizmî, mais améliorée. On prend toujours une n puissance de 2 en pratique, disons 32, 64 ou 128.

On multiplie d'abord en parallèle le multiplicande a par chaque bit du multiplicateur b en rangeant chaque résultat dans un tableau à n lignes et $2n-1$ colonnes. La multiplication par un seul bit est triviale et toujours sans retenue – énorme avantage de la numération binaire, parmi bien d'autres. Si un bit du multiplicateur vaut 0, le résultat est 0 sur toute sa ligne, sinon, il suffit de recopier le multiplicande dans la ligne i avec un décalage à gauche de i cases.

Il faut ensuite additionner ces lignes. Cela peut se faire de façon dichotomique, en faisant en parallèle les additions des lignes 0 et 1, 2 et 3, etc. Cela produit $n/2$ nombres de $2n$ bits chacun, qu'on traite de la même façon pour passer à $n/4$ nombres de $2n + 1$ bits, etc. Pour $n = 32$, on passe donc successivement de 16 additions en parallèle à 8, puis 4, puis 2. L'arbre d'additionneurs ainsi construit a pour profondeur $\log(n)$. De manière générale, comme pour toutes les dichotomies, il faut enchaîner des séquences d'addition parallèles, la profondeur de ces séquences étant de l'ordre de $O(\log(n))$ et chaque addition coûtant aussi $O(\log(n))$ comme nous venons de le voir. On peut calculer le coût total, qui est je pense de l'ordre de $O(\log(n)^2)$.

Mais on peut encore faire bien mieux, la multiplication étant alors dans la même classe de complexité en vitesse que l'addition, ce qui est absolument faux en logiciel (cadre dans lequel celle-ci coûte au moins $O(n \log(n))$ avec la meilleure méthode connue, inspirée de la *fast Fourier transform* présentée au chapitre 5, page 155). Mais la multiplication prend bien sûr beaucoup plus de place. J'aime beaucoup la méthode ci-dessous de mon collègue et ami Jean Vuillemin, mon maître en circuits arithmétiques, car elle est très élégante et facile à prouver correcte.

L'idée centrale est de remplacer un nombre classique A par un *nombre mou*, c'est-à dire une paire quelconque de nombres normaux (a', a'') telle que $A = a' + a''$. Par exemple, pour 43 on peut choisir $(21,22)$ ou $(3,40)$, mais on fait ça en binaire. Étant donné deux nombres mous, on met alors en paire tous leurs bits du même rang, ce qui leur donne la forme d'une suite de paires de bits $X = (a'_0, a''_0)(a'_1, a''_1) \ldots (a'_n, a''_n)\ldots$, en écrivant les nombres à l'envers, bit unité en premier, comme pour l'addition simple vue plus haut.

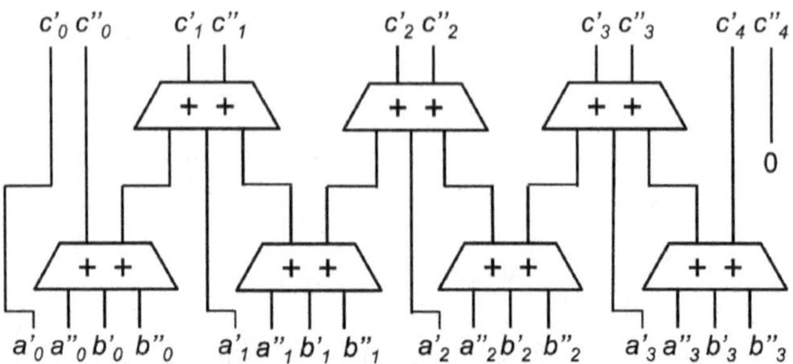

Figure 27. L'additionneur mou.

La figure 27 montre l'addition de deux nombres mous $A = a' + a''$ et $B = b' + b''$ à 4 chiffres mous. Les boîtes marquées + + calculent l'addition classique de 3 bits rendant 2 bits, avec en haut à gauche le bit de somme et à droite celui de retenue. Pour un additionneur normal prenant trois bits x, y et z et rendant les bits de somme s et de retenue r, on a l'égalité numérique $x + y + z = s + 2r$, en considérant ces bits comme des nombres quelconques. Il n'est alors pas difficile de vérifier l'égalité numérique suivante :

$$c' + c'' = a' + a'' + b' + b''$$

qui montre que le circuit calcule bien la somme molle de deux nombres mous, sans aucune propagation de retenue. La propriété étonnante est donc qu'on peut faire alors l'addition sous cette forme par un circuit *en temps constant quel que soit le nombre de bits*, puisque tous les chemins dans l'additionneur ne traversent au plus que deux boîtes d'addition 1 bit ! Beaucoup mieux que le coût d'une vraie addition.

> Reprenons maintenant la multiplication : transformons les nombres des lignes du tableau de bits de la multiplication classique en des nombres mous, simplement en changeant 0 en (0,0) et 1 en (0,1). Puis remplaçons dans l'arbre des additionneurs toutes les additions dures par des additions molles. Le temps de chacune de ces additions molles étant constant, le coût total est seulement dû à la profondeur de cet arbre. Il est donc de la forme $O(\log(n))$. La seule chose restant à faire est d'ajouter entre elles les deux composantes du total mou obtenu pour obtenir le vrai résultat de la multiplication, ce qui a aussi un coût $O(\log(n))$ car c'est une addition normale. Mais deux fois $O(\log(n))$, c'est toujours $O(\log(n))$! Mieux que le $O(\log(n)^2)$ de la méthode précédente, mais en prenant plus de place.

La conclusion est étonnante : le temps nécessaire pour faire une multiplication sur un circuit est du même ordre que celui d'une addition, ce qui n'est pas du tout vrai en logiciel – vive les circuits synchrones !

LES CIRCUITS SÉQUENTIELS

Les circuits séquentiels[5] sont les plus généraux, et on les trouve partout dans les applications. Ce sont les sorties des compilateurs Esterel v5 et v7. Ils ajoutent aux circuits combinatoires des points mémoire ou *registres*, commandés par une horloge qui bat le plus souvent très rapidement, avec une fréquence de quelques gigahertz, seulement limitée par la partie combinatoire. Les registres ont chacun un fil d'entrée et un fil de sortie. À chaque top de l'horloge (en pratique un front électrique montant), les valeurs calculées par le circuit combinatoire pour les entrées des registres y sont stockées,

---

5. Le mot séquentiel est vraiment mal adapté, car ces circuits sont hautement parallèles, mais les communautés concernées étaient très disjointes…

et elles deviennent celles du registre pour l'intégralité du cycle suivant. Comme déjà dit ci-dessus, tout cela marche à condition que les tops de l'horloge soient au moins séparés du temps de stabilisation du circuit combinatoire sous-jacent.

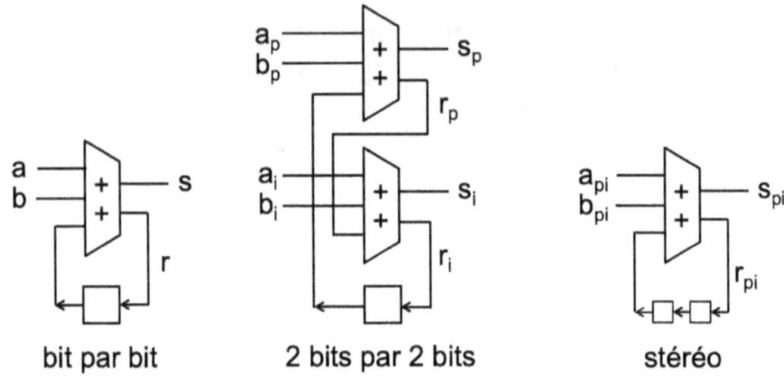

Figure 28. Trois additionneurs séquentiels : à 1 bit par cycle, à 2 bits par cycle et stéréo.

Un circuit synchrone trivial permet par exemple d'additionner deux nombres dans le temps et non dans l'espace comme précédemment, en présentant les bits des entrées un par un, poids faible d'abord ; il est présenté à gauche dans la figure 28. Quand on allume le circuit ou quand on entame une nouvelle addition, on suppose que le registre est initialisé à 0 par un montage simple non représenté ici. Au premier cycle d'horloge, on additionne les deux bits de poids faible des données pour donner en sortie le bit unité du résultat et on stocke la retenue dans le registre, dont la sortie est additionnée au second bit des entrées au cycle suivant, etc. Les bits sont donc traités un par un dans le temps et non plus dans l'espace, comme pour nous-mêmes quand nous faisons une addition en décimal. Il n'y a plus de limite au nombre de bits des données, qu'on peut aussi borner en remettant le registre à 0 quand on le désire.

On peut aussi additionner les bits deux par deux, quatre par quatre, etc., avec toujours un seul registre, en développant vers le haut le montage combinatoire, ce qui est montré au milieu dans la figure 28, l'indice p étant utilisé pour l'entrée des bits de rang pair et l'indice i pour celle des bits de rangs impair. Il n'y a pas non plus de limite de taille à ces additions. On peut aussi faire un additionneur « stéréo », qui additionne alternativement deux nombres imbriqués, l'un ayant ses bits aux rangs pairs, l'autre aux rangs impairs, comme montré à droite dans la figure 28 : les registres décalent les deux retenues de deux coups, ce qui fait que chacun des deux nombres alternés a bien la sienne.

On peut choisir ainsi le meilleur *compromis temps/espace* selon les contraintes de l'application concernée. La recherche de ce meilleur compromis est fondamentale en pratique, mais je n'irai pas plus loin sur ce sujet. De plus, si on déplie par exemple 32 fois l'additionneur 1 bit pour obtenir un additionneur sériel 32 bits par 32 bits, on peut remplacer l'additionneur classique obtenu par l'additionneur de von Neumann pour accélérer la partie combinatoire.

Une remarque : on peut aussi étendre l'addition et toutes les autres opérations à des séquences infinies, en utilisant une merveilleuse arithmétique des nombres à infinité de chiffres, qui s'appelle en mathématiques les nombres 2-adiques, cas particulier des nombres p-adiques pour p quelconque, qui sont souvent utilisés en mathématiques, où leur théorie est très développée. C'est l'approche de Jean Vuillemin pour les circuits synchrones, que j'ai décrite dans mon cours du 9 avril 2013 au Collège de France.

LES CIRCUITS GÉNÉRÉS
PAR LES COMPILATEURS ESTEREL V5 ET V7

Revenons à Esterel. Les compilateurs Esterel v5 et v7 engendrent des circuits séquentiels avec exactement un registre par instruction pause, soit explicite, soit cachée à l'intérieur d'une instruction temporelle « await S », « every S », « loop...each S », etc., et la logique combinatoire que je ne détaillerai pas ici car elle est subtile. Des logiciels sophistiqués utilisant le calcul booléen savent optimiser très profondément les circuits produits, en réduisant aussi la logique combinatoire et en supprimant des registres lorsqu'on s'aperçoit qu'ils peuvent être avantageusement remplacés par de la logique combinatoire[6]. Les circuits résultant de la compilation et de l'optimisation de programmes Esterel v7 étaient vraiment remarquables. Je n'irai pas plus loin sur ce sujet.

La causalité en Esterel

Pour finir sur Esterel, voici un problème qui m'a occupé très longtemps, celui de la *causalité,* mais que la traduction en circuits a permis de résoudre. Le problème général de la causalité est connu depuis longtemps en logique. Il est magnifiquement décrit par un dessin classique de Philippe Geluck.

---

6. Voir H. Toma, E. Sentovich, G. Berry, « Latch optimization in circuits generated from high-level descriptions », *Proceedings of the International Conference on Computer-Aided Design,* 1996. Nous utilisions le système TiGeR développé par Olivier Coudert, Jean-Christophe Madre et Hervé Touati. Il utilisait à fond les *binary decision diagrams,* une structure de graphe magique pour faire du calcul booléen à grande échelle, y compris sur les circuits séquentiels où il réduisait beaucoup le nombre de registres.

Son chat est devant un plan de Paris où est écrit « Vous êtes ici ». Le chat dit alors : « Les nouvelles vont vite ! »

Ce problème se résume pour Esterel par trois programmes simples, où l'instruction « present » teste simplement la présence dans l'instant courant d'un signal S qui n'est pas une entrée, donc qui doit être déterminée à l'exécution, et où l'instruction « nothing » ne fait rien en temps 0, donc même pas en un rien de temps :

```
P1 : present S then emit S then nothing end

P2 : present S then nothing else emit S end

P3 : present S then emit S else emit S end
```

Si on se place en logique classique, l'exemple P1 a deux solutions, S présent ou S absent ; si S est supposé présent, il est émis et donc présent, s'il est supposé absent, il n'est pas émis et donc absent ; chacune de ces deux hypothèses est cohérente mais s'autojustifie, ce qui n'est pas très informatique : le programme deviendrait non déterministe, ce que nous ne souhaitons pas.

L'exemple 2 n'a pas de solution : si S est supposé présent alors il n'est pas émis et donc absent, mais si S est supposé absent il est émis et donc présent, deux contradictions. P2 doit donc être rejeté.

Mais l'exemple 3 est plus sournois : si S est absent, il est émis, contradiction ; mais si S est présent, il est émis et donc présent, pas de contradiction. En logique classique, on décréterait qu'il ne peut être que présent, et donc qu'il l'est. Mais il y a quelque chose qui cloche : sa présence n'est ici aussi qu'autojustifiée, ce qui n'est pas du tout dans l'esprit d'Esterel.

Une solution simple est d'interdire toute émission d'un signal dépendant d'une réception de ce signal. Mais elle a été rejetée par Emmanuel Ledinot, homme remarquable qui était notre grand client chez Dassault Aviation, dont l'équipe écrivait de très gros programmes Esterel naturellement cycliques mais évidemment sûrs. En voici un exemple concentré :

```
present S1 then
    present S2 then emit S3 end
else
    present S3 then emit S2 end
end
```

Ici, il y a bien un cycle de dépendances mutuelles entre S2 et S3, mais dans deux branches différentes du test sur S1. Or ces deux branches ne peuvent pas être exécutées en même temps : dès qu'on sait si S1 est présent ou absent une des deux branches n'est plus pertinente. Aucun problème de causalité donc. Il faut ainsi accepter ces « bons cycles ».

Mon thésard Georges Gonthier, l'architecte précité d'Esterel v3, avait bien trouvé une méthode correcte mais partielle pour résoudre ce type de cas, que nous avons implémentée et qui a aidé nos clients ; mais elle avait encore des trous dans la raquette car elle rejetait aussi des programmes utiles sans vraiment expliquer pourquoi[7].

La solution utilisée pour Esterel v5 et v7 résout définitivement ce problème. Elle est devenue limpide quand j'ai compris comment traduire les programmes Esterel en circuits électroniques. Avec ces circuits, on peut en effet simplifier le problème en se posant la question sur ce que j'appelle l'équation de Hamlet :

$$\text{ToBe} = \text{ToBe or not ToBe}$$

qui est une variante équationnelle de l'exemple 3 ci-dessus.

La logique classique ne considère que les valeurs vrai/faux qui résolvent une telle équation, pas les raisons pour

---

7. Elle est décrite dans cet article : G. Berry, G. Gonthier, « The Esterel synchronous programming language : Design, semantics, implementation », *Science of Computer Programming*, 1992, 19 (2), p. 87-152. C'est notre article le plus cité, de loin, mais il ne faut vraiment plus le lire, le livre précité *The Constructive Semantics of Pure Esterel* étant bien mieux ! Ça montre aussi que ceux qui citent cet article ne l'ont probablement pas lu…

lesquelles ce sont des solutions. Elle peut donc appliquer des raisonnements de tiers exclu, disant par exemple que « ToBe or not ToBe » est forcément vrai sans avoir à s'occuper de la valeur de ToBe, puisque le résultat de l'expression est toujours vrai. Or, dans la pièce de Shakespeare, Hamlet ne semble pas approuver ce genre de raisonnement !

Heureusement, il existe d'autres logiques dites *constructives* (ou intuitionnistes) qui demandent non pas des solutions mais des preuves tangibles que ce sont bien des solutions, construites en propageant seulement des faits connus dans les équations, donc sans jamais faire d'hypothèses sur les valeurs de variables comme le fait la logique classique quand elle emploie le tiers exclu. Hamlet apparaît donc comme un personnage constructif. La sémantique constructive d'Esterel fait exactement ça : elle rejette la solution ToBe vraie, car on ne peut pas la prouver en propageant seulement des faits.

Je me suis longtemps demandé si cette sémantique constructive était bien la solution ultime au problème. La réponse est oui, à cause d'un superbe résultat de Michael Mendler en 2015 qui a montré que la logique booléenne constructive permettait de toujours savoir exactement quand tous les fils d'un circuit électronique cyclique se stabilisent en temps fini quels que soient les délais des portes et fils, une conjecture que j'avais formulée dès l'an 2000. Mendler a montré que, pour certains choix de ces délais des portes et des fils, le fil associé à ToBe ne se stabilise pas car son voltage oscille en permanence[8], et que c'est la même chose au moins quelque part dans un circuit non constructif. C'est un beau résultat, qui justifie pleinement les usages de la logique constructive, et donc la

---

8. Voir M. Mendler, T. R. Shiple, G. Berry, *Constructive Boolean Circuits and the Exactness of Timed Ternary Simulation*, Springer, 2012, p. 283-329.

sémantique d'Esterel et ses algorithmes de compilation : les circuits électroniques engendrés pour les programmes acceptés se stabiliseront toujours en temps fini, comme les circuits acycliques.

Les circuits cycliques corrects sont intéressants en pratique : Sharad Malik, de l'université de Princeton, a montré qu'ils pouvaient être exponentiellement plus petits que les circuits acycliques pour certaines fonctions. Par exemple, un circuit naturellement cyclique a été conçu par Michael Kishinevsky chez Intel aux États-Unis pour compter le plus vite possible la longueur d'une instruction sur un Pentium, un problème vraiment non trivial vu la complexité de son code machine (plus de 1 000 instructions !). Le circuit cyclique était nettement plus simple et sensiblement plus petit que celui acyclique présent sur tous les Pentiums existants. Mais les logiciels suivants dans la chaîne du design de circuits n'acceptent pas les circuits cycliques. Heureusement, nous avons pu développer des algorithmes traduisant tout circuit cyclique correct en un circuit acyclique réalisant la même fonction, en utilisant le système de calcul booléen Tiger déjà mentionné. C'est cela qui nous a permis de garder à la fois une programmation élégante et un résultat efficace.

HipHop, un mélange d'asynchronisme et de synchronisme

Attention, ce qui suit est technique, mais court – et j'ose espérer qu'il y aura des lecteurs connaissant l'informatique moderne.

Avec mon collègue Manuel Serrano, nous avons défini un nouveau langage nommé HipHop qui mélange harmonieusement l'approche asynchrone de JavaScript et celle synchrone d'Esterel. HipHop est construit au-dessus du langage Hop de Manuel Serrano, qui étend à la fois JavaScript et le langage HTML de description graphique des pages web.

Sa base Hop est une extension de JavaScript qui permet d'écrire un seul code pour une application web distribuée, de répartir automatiquement ce code sur les machines locales ou distantes communiquant par réseaux asynchrones, et d'automatiser le passage de valeurs entre ces machines sans que l'utilisateur ait à le programmer lui-même. Tout ça est impossible en JavaScript standard. Avoir un seul programme est une grande aide quand on met au point les applications et quand on les relit, car Hop automatise beaucoup d'étapes fastidieuses où il est facile de se tromper. Mais Hop reste un langage asynchrone comme JavaScript.

HipHop permet d'intégrer le modèle Esterel à l'intérieur du modèle asynchrone de Hop en utilisant une syntaxe similaire à celle de Hop, pour permettre d'écrire plus facilement les comportements réactifs complexes de façon synchrone. Un programme HipHop est compilé en une fonction écrite en Hop standard, avec les mêmes algorithmes de compilation que pour Esterel. On peut exécuter cette fonction de réaction quand on veut, soit dans le serveur soit dans le client, en lui passant des événements d'entrée.

De cette façon, ni la sémantique de JavaScript (imprécise) ni la sémantique d'Esterel (précise) n'ont à être modifiées. On y gagne bien sûr la grande dynamicité de JavaScript et Hop, avec la facilité d'écriture des comportements complexes due au parallélisme et la préemption synchrone d'Esterel. Cela permet par exemple d'écrire les interfaces homme-machine complexes et de gérer la communication distante avec plusieurs serveurs de façon plus simple, mais aussi de commander et de contrôler bien plus facilement les objets connectés qui deviennent maintenant très nombreux.

Je n'en dirai pas plus ici, voir les sites hop.inria.fr et hiphop.inria.fr ainsi que l'article « HipHop.js : (a)synchronous Web programming[9] ».

Bref aperçu de Lustre

Le langage synchrone Lustre est dû à deux chercheurs grenoblois, l'informaticien Nicolas Halbwachs et l'automaticien Paul Caspi, hélas décédé. Leur idée de base vient de plusieurs sources, parmi lesquelles il faut citer celles des réseaux de Kahn[10], un beau modèle déterministe, très ancien (1973) mais asynchrone et à mémoire non bornée. Une autre source est celle des équations de l'automatique, beaucoup utilisées dans l'industrie. Lustre a maintenant d'autres enfants, en particulier au laboratoire de Marc Pouzet et Tim Bourke à l'École normale supérieure, Pouzet étant aussi associé au développement de SCADE 6.

Contrairement à Esterel qui met l'accent sur la facilité de programmer des algorithmes de contrôle au comportement très irrégulier, Lustre s'intéresse aux processus plutôt réguliers dans leur comportement mais qui peuvent être

---

9. G. Berry, M. Serrano, « HipHop.js : (a)synchronous Web programming », *Proceedings of the 41st ACM SIGPLAN Conference on Programming Language Design and Implementation*, 2020.
10. Gilles Kahn, décédé, était mon collègue et ami à Paris puis à Sophia-Antipolis. Il a été président de l'Inria.

complexes dans leur maniement de flux de données. Signal est de la même veine mais plus dur à expliquer, je ne l'aborderai donc pas ici[11].

Lustre manipule directement des flots de données, c'est-à-dire des suites de valeurs potentiellement infinies $x = x_0$, $x_1 \dots x_n$, ..., cela avec un petit nombre d'opérateurs. Un programme est constitué d'équations définissant chacune un flot par une expression sur d'autres flots ou des valeurs précédentes de lui-même, ces équations traduisant de vraies égalités de flots infinis. Pour ce faire, Lustre supprime les indices des variables avec seulement un petit nombre d'opérateurs. Voici par exemple une définition du flot des entiers naturels en ordre croissant, suivie de sa définition mathématique classique :

En Lustre : N = 0 → pre(N) +1

En maths : $N_0 = 0$, $N_n = N_{n-1} + 1$ *pour n > 0*

La constante 0 représente le flot infini 0,0,0,..., la flèche $x \to y$ appliquée à deux flots x et y rend le flot $x_0 y_1 \dots y_n \dots$ et sert essentiellement à initialiser un flot, les opérateurs arithmétiques ou autres sont appliqués point par point aux flots, et l'opérateur pre prend un flot $x_0 x_1 \dots x_n \dots$ et rend le flot nil $x_0 \dots x_n \dots$, où nil est la valeur indéfinie.

Pour l'exemple ci-dessus des entiers naturels, la valeur du flot N à l'instant 0 est 0 à cause de l'initialisation à 0 par l'opérateur →. À l'instant 1, pre(N) vaut 0 et donc N vaut $0 + 1 = 1$, puis 1 à l'instant 2 puisque pre(int) vaut 1, etc. Donc N est bien le flot 0,1,2,..., n,...

L'avantage de cette définition par rapport à celle des mathématiques est double : elle est plus concise et tient en

---

11. C'est fait dans un séminaire de mon cours au Collège de France, *Le Langage Signal et ses applications,* par Albert Benveniste et Thierry Gautier, https://www.college-de-france.fr/fr/agenda/seminaire/esterel-de-z/le-langage-signal-et-ses-applications.

une ligne, et surtout elle permet de ne parler que du passé, ce qui rend impossibles des erreurs de frappe qu'on peut faire en mathématiques, comme d'écrire $N_n = N_{n+1} + 1$, qui conduit à une formule non causale.

En Lustre, la fameuse suite de Fibonacci se définit très simplement :

$$\text{Fib} = 1 \rightarrow 1 \rightarrow \text{pre(Fib)} + \text{pre(pre(Fib))}$$

En maths, on écrit : $Fib(0) = Fib(1) = 1$, $Fib(n) = Fib(n-1) + Fib(n-2)$ pour n > 1.

LES HORLOGES DE LUSTRE

L'opérateur when permet d'extraire les composants d'un flot qui vérifient une condition. Nous le présentons ci-dessous dans une fonction Lustre où mod désigne la fonction modulo, et où le mot-clef node est le pendant du mot-clef module en Esterel :

```
node ExtractEvens (x : int) returns (x_even : int) ;
let
   x_even = x when (s mod 2) = 0 ;
tel ;
```

Ici when extrait les éléments de s quand ils sont pairs (even en anglais). Le flot x_even n'évolue donc pas au même rythme que x. Lustre introduit alors la notion abstraite d'horloge d'un flot : une horloge est un flot booléen qui a lui-même une horloge qui dit quand ses valeurs sont définies. Par exemple, pour x valant 2,5,7,9,8,12,5,7,10..., le résultat x_even vaut 2,8,12,10..., et son horloge vaut 1,0,0,0,1,1,0,0,1... dans l'horloge de base du nœud. Si l'on veut, on peut aussi la nommer explicitement, sans avoir besoin d'instructions spéciales comme dans le programme suivant où elle est appelée h_even :

```
node ExtractEvens (s : int) returns (s_even : int)
let
    h_even = (s mod2) = 1 ;
    s_even = s when h_even ;
tel ;
```

On peut ensuite itérer une autre extraction à partir de s_even, par exemple celle des multiples de 3, ce qui construira de nouvelles horloges dérivées de h_even, etc. Cela finit par construire une hiérarchie d'horloges, dans laquelle on descend par when. Mais on peut aussi remonter d'un cran dans cette hiérarchie à l'aide de l'opérateur current, qui ramène la suite à l'horloge de son horloge par bégaiement de la dernière valeur pertinente : ici, current(x_even) vaut 2,2,2,2,8,12,12,12,10...

Avoir plusieurs rythmes de calcul est effectivement fréquent dans les programmes liés à l'automatique.

Toutes les opérations de base ne s'appliquant qu'à des suites de même horloge, Lustre utilise un *calcul d'horloges* subtil pour déterminer si ses programmes utilisant plusieurs horloges sont bien corrects, c'est-à-dire si les données tombent toujours en face pour toutes les opérations. Il détecte toutes les incohérences en produisant des messages d'erreurs adéquats, et n'utilise qu'une quantité de mémoire finie et prévisible, ce qui est indispensable pour ses applications.

Tout cela fait que Lustre est un langage conceptuellement simple et assez facile à compiler en C (sauf pour ses optimisations qui sont subtiles). Il passe à l'échelle des très grosses applications de contrôle continu de processus, à condition qu'elles soient plutôt ronronnantes que sautillantes comme pour les exemples Esterel que j'ai donnés ci-dessus, qui peuvent aussi s'écrire mais deviennent bien moins lisibles. Voici par exemple ABRO en Lustre :

```
node mem_with_reset (S : bool, R : bool) returns (S_done : bool) ;
let
   S_done = false -> if R then false else S or pre(S) ;
tel ;


node ABRO (A, B, R : bool) returns (O : bool) ;
let
   A_done = mem_with_reset (A, R) ;
   B_done = mem_with_reset (B, R) ;
   O_done = mem_with_reset (O, R) ;
   O = false -> A_done and B_done and not pre(O_done) ;
tel ;
```

Selon moi c'est moins limpide qu'avec Esterel ou SyncCharts, mais ça marche. Les exemples contraires de meilleure programmation sont aussi nombreux, et les styles des deux langages sont complémentaires. D'où leur jonction en SCADE 6, décrit maintenant.

SCADE 5 ET SCADE 6

SCADE (*Safety Critical Applications Development Environment*) était un environnement uniquement graphique pour Lustre, qui ne permettait pas d'utiliser le langage textuel. Il a été développé par la société Verilog (rien à voir avec le langage précité pour les circuits), ensuite racheté par Telelogic puis par Esterel Technologies. Il fut utilisé entre autres pour diverses fonctions des Airbus A380, A340 et A350. La chaîne secondaire des commandes de vol de l'A380 et plusieurs autres fonctions ont par exemple été entièrement programmées en SCADE. Ce sont de très gros programmes certifiés par les autorités de certification avionique au même titre que le fuselage, les ailes ou les réacteurs. La clarté et la simplicité de Lustre ont beaucoup aidé dans ce processus.

Airbus avait lui-même construit un langage du même type nommé SAO, utilisé pour la chaîne logicielle primaire ; SAO était aussi solide mais beaucoup moins théorisé que Lustre, car il reposait sur des bibliothèques de sous-programmes écrites dans des langages classiques – ce qui n'est plus nécessaire avec Lustre. Mais l'idée d'avoir deux chaînes de pilotage écrites avec des outils différents et de comparer leurs résultats n'est pas rare dans les domaines critiques de ce type.

SCADE 6

Esterel Technologies avait racheté en 2002 SCADE à Telelogic. Cette société a alors démarré le développement d'un nouveau langage mixte contenant de façon cohérente tout Lustre et une bonne partie d'Esterel, ce qui permet de réunir ces deux styles complémentaires de programmation. Il est commercialisé sous le nom de SCADE 6, cette fois en versions graphique et textuelle compatibles, et doté d'un environnement de programmation et de mise au point des programmes très complet. SCADE 6 est devenu leader dans la programmation des applications critiques dans de nombreux domaines, avec des centaines de gros clients.

Un exemple graphique est montré dans la figure 29. Les flèches courbes correspondent à un automate SyncCharts comme celui la figure 24, donc de type Esterel bien adapté au contrôle changeant souvent, et les rectangles correspondent à du Lustre textuel ou graphique, mieux adapté au contrôle continu.

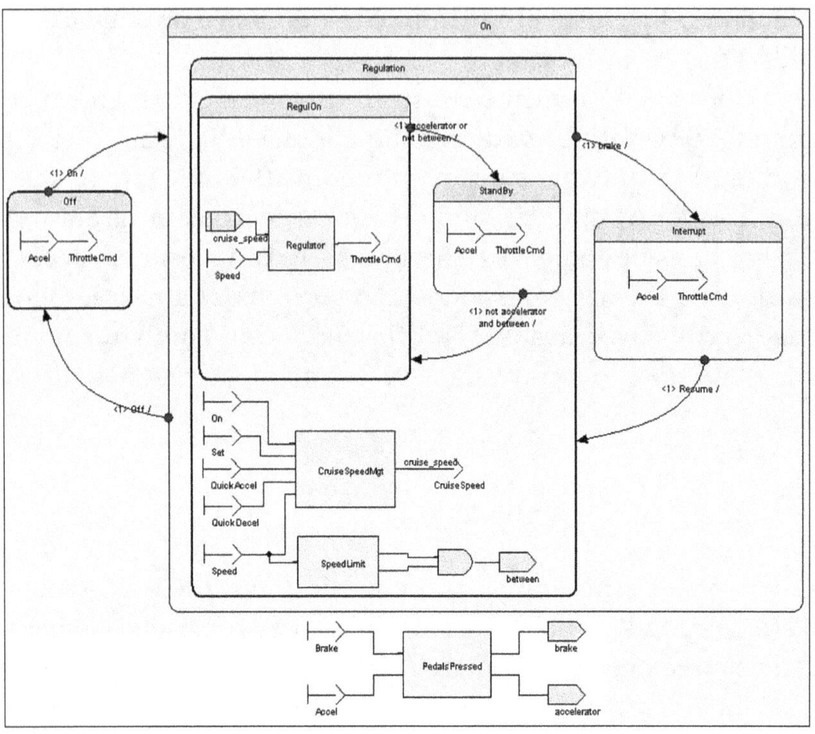

Figure 29. Un modèle SCADE 6.

Le compilateur de SCADE 6 vers C a été écrit dans le langage Caml, un langage classique remarquablement sûr et élégant, principalement dû à mon collègue Xavier Leroy (maintenant professeur au Collège de France). Le code de ce compilateur a lui-même été certifié au plus haut niveau DO-178C des normes avioniques – un processus très lourd et fort rare pour un compilateur. L'intérêt majeur est que la certification des applications des clients peut maintenant se faire au niveau du code source, compréhensible, au lieu d'avoir besoin de la faire au niveau du code C engendré comme pour SCADE, qui est bien plus gros et compliqué.

L'environnement de mise au point et de simulation des programmes SCADE 6 est très complet, et il est très bien couplé avec d'autres outils nécessaires pour les grands acteurs de l'avionique, du spatial, de l'automobile, de l'industrie lourde, etc. SCADE 6 est devenu un acteur majeur du domaine des systèmes embarqués, avec de très nombreux clients en avionique (Airbus en particulier), automobile, industrie lourde, etc. Comme déjà raconté ci-dessus, l'ensemble du système est devenu propriété américaine, Esterel Technologies ayant été racheté par Ansys. Mais ses équipes originales sont restées en France.

Conclusion
et remerciements

Voilà ce livre terminé, sur un sujet qui m'a occupé presque toute ma carrière. Conclusion est un bien grand mot, car je ne sais vraiment pas comment conclure, ayant plutôt proposé un patchwork de chapitres tous reliés au temps d'une façon ou d'une autre. N'étant pas vraiment porté sur la philosophie – pour laquelle j'ai néanmoins un grand respect – je me suis contenté de sujets pragmatiques, souvent pas de mon fait mais qui méritent selon moi d'être racontés. Certains sont drôles, d'autres très sérieux, mais je ne pense pas que ces approches soient incompatibles : je pense que la plaisanterie est un excellent terrain d'attaque pour les sujets sérieux, et j'ai toujours constaté que ceux qui élargissent leur regard vont souvent plus loin que ceux qui se cantonnent dans la technique. Mais ce n'est que mon avis.

Je tiens à remercier mille fois d'abord ma très chère épouse Florence, qui m'a encore une fois supporté dans mes longs moments d'écriture et de correction, ainsi que toutes les personnes avec qui j'ai interagi sur le sujet depuis mes débuts en 1970 – il y a cinquante-quatre ans déjà. Je ne peux pas toutes les citer, mais je nommerai quand même celles et ceux qui m'ont inspiré pour chacun de ces chapitres. Que les autres me pardonnent mes oublis et omissions...

Pour la langue et la 'Pataphysique du temps, merci à Claude Gudin et Thierry Foulc[1], qui m'ont fait entrer au Collège éponyme, ainsi qu'à Milie von Bariter, qui a continué à publier mes petits articles, et Claude Duneton pour ses livres délicieux. Et un merci spécial à Isabelle Grenier qui m'a signalé des erreurs factuelles dans le chapitre 6 – pas autorisées dans cette science de toutes les sciences, sauf bien sûr si elles sont volontaires (ce qui n'était pas le cas).

Pour la mesure du temps, merci à Bernard Melguen, Christophe Salomon, Jacques Jacot et bien sûr Dava Sobel que je salue bien bas et que j'aimerais bien rencontrer.

Pour la distribution du temps, merci à Maurice Gorgy, qui m'a instruit sur le sujet avant de vivre la triste histoire d'un projet majeur qui a échoué à cause d'un système étatique qui n'a pas compris l'importance du sujet, et merci à Konstantin Prorassov qui portait le programme TTIS d'école sur la distribution du temps à La Mure (Isère).

Pour les ondes, merci à Arshia Cont, Patrick Flandrin, Thomas Hélie, Jean-Louis Giavitto, Philippe Manoury, et aux chercheurs de l'Ircam qui m'ont beaucoup montré et appris. Merci aussi à Stanislas Dehaene, François Fages, Michel Zugaro et Sidney Wiener pour m'avoir initié au rôle des ondes dans le cerveau.

Pour le temps en informatique classique, merci à Jean-Jacques Lévy, Gérard Huet, Philippe Flajolet, Jean Vuillemin et tous ceux qui m'ont appris ce sujet au cours des ans – même si je n'y ai pas du tout contribué.

Pour l'informatique asynchrone, merci à Didier Austry, Gérard Boudol, Gordon Plotkin, Robin Milner, Robert de Simone et les autres collègues du labo commun Mines-Inria.

---

1. Hélas occulté, comme on dit en 'Pataphysique...

Pour Esterel au labo, la liste est plus longue, mais cette fois par ordre historique : merci à Jean-Paul Rigault, Jean-Paul Marmorat, Jean-Marc Tanzi, Sabine Moisan, Annie Ressouche, Frédéric Boussinot, Laurent Cosserat, Philippe Couronné, Xavier Fornari, Didier Verganini, Valérie Roy, Georges Gonthier, Charles André, Gilles Kahn, Yves Bertot, Ellen Sentovich et Olivier Tardieu, ainsi que les autres membres de mon équipe.

Chez les clients d'Esterel, grand merci à Yves Auffray et Emmanuel Ledinot chez Dassault Aviation.

Pour les autres langages synchrones, merci à Tim Bourke, Paul Caspi, Nicolas Halbwachs, Florence Maraninchi, Marc Pouzet, Pascal Raymond et Albert Benveniste.

Pour la vérification booléenne, merci à Jean-Christophe Madre, Olivier Coudert, Hervé Touati et Laurent Simon.

Et pour Esterel Technologies, merci à Amar Bouali, Sylvan Dissoubray, Sylvie Granier, Marie Mrozkiewicz, Gunther Siegel, Bruno Pagano, Marc Perreaut et Kim Sunesen, ainsi qu'à Jean-François Baggioni avec qui j'ai partagé beaucoup de voyages pour visiter des clients mais aussi beaucoup de rigolades mémorables.

En Inde, où j'ai passé beaucoup de temps et dont la civilisation m'a beaucoup inspiré, merci à R. K. Shyamasundar (Shyam), S. Ramesh, Mathai Joseph, Paritosh Pandya, Thiagarajan (Thiagu), Madhavan Mukund et R. Ramanujam (Jam) qui m'ont si souvent accueilli et fait progresser, mais aussi instruit à leur fantastique pays.

Aux États-Unis et en Europe, merci à Joe Buck, Stephen Edwards, Reinhard von Hanxleden, Michael Kishinevsky, Luciano Lavagno, Edward Lee, Alberto Sangiovanni-Vincentelli, Ravi Sethi et Tom Shiple, et que j'ai rencontrés ou visités tellement souvent que je ne sais plus compter combien de fois.

À Paris quand j'étais au Collège de France, merci à l'ensemble de mes séminaristes sur mes trois chaires. Et un merci tout spécial à Lionel Rieg, qui a réussi à prouver en grande partie mes algorithmes de traduction en circuits d'Esterel, et à Michael Mendler, qui a brillamment résolu le problème de causalité dans les circuits synchrones et Esterel.

Des mercis spéciaux à Céline Fellag Ariouet, Patrick Flandrin, Maurice Gorgy, Jacques Jacot, Étienne Klein, Rémyane Liger, Philippe Manoury et Jean Vuillemin, qui m'ont appris plein de choses que je ne savais pas au cours de nos discussions.

Et merci à tous ceux que j'ai malencontreusement oublié de citer...

Et pour terminer, un merci tout spécial à Odile Jacob, qui avait publié mon premier livre avec enthousiasme, qui m'a nommé directeur de collection, et qui m'a encouragé à écrire ce livre avec encore plus d'enthousiasme.

L'Hyperpuissance de l'informatique. Algorithmes, données, machines, réseaux, 2017.

Cet ouvrage a été composé
en New Aster
par Nord Compo
à Villeneuve-d'Ascq (Nord).

N° d'édition : 4150-1222-Z

Dépôt légal : février 2025

Inscrivez-vous à notre newsletter !

Vous serez ainsi régulièrement informé(e)
de nos nouvelles parutions et de nos actualités :

https://www.odilejacob.fr/newsletter